高等职业教育数学课程改革创新系列教材

电路数学（第2版）

游安军　主　编
陈史军　副主编

电子工业出版社·
Publishing House of Electronics Industry
北京·BEIJING

内 容 简 介

　　"电路数学"是普通高等院校电类专业（包括电气自动化、电子信息技术和通信技术等）的一门必修课程。它主要介绍函数、向量与复数、导数法、积分法、常微分方程、拉普拉斯变换、无穷级数、傅里叶级数、行列式与矩阵等内容，是学习电类专业技术课程的重要基础。本书采用了丰富的用数学知识解决电类专业问题的实例，还配备了一定数量的习题供读者练习，以便加深对所学知识的理解。

　　本书逻辑结构清晰、语言叙述简明、例题丰富翔实，非常适合作为普通高等院校（包括职业本科院校和高职高专院校）电类专业的数学课程教材，也可供相关工程技术人员阅读与参考。

图书在版编目（CIP）数据

电路数学 / 游安军主编. -- 2 版. -- 北京：电子
工业出版社，2025. 2. -- ISBN 978-7-121-49776-6

Ⅰ. TM13

中国国家版本馆 CIP 数据核字第 20254R3R06 号

责任编辑：孙　伟
印　　刷：三河市君旺印务有限公司
装　　订：三河市君旺印务有限公司
出版发行：电子工业出版社
　　　　　北京市海淀区万寿路 173 信箱　邮编 100036
开　　本：787×1092　1/16　　印张：18.5　　字数：473.6 千字
版　　次：2014 年 8 月第 1 版
　　　　　2025 年 2 月第 2 版
印　　次：2025 年 2 月第 1 次印刷
定　　价：59.80 元

凡所购买电子工业出版社图书有缺损问题，请向购买书店调换。若书店售缺，请与本社发行部联系，联系及邮购电话：（010）88254888，88258888。

质量投诉请发邮件至 zlts@phei.com.cn，盗版侵权举报请发邮件至 dbqq@phei.com.cn。

本书咨询联系方式：（010）88254608 或 sunw@phei.com.cn。

再版前言

　　《电路数学》自出版以来，受到了高等院校师生的普遍欢迎。借本书再版之机，我们修改了原书中的部分内容，补充了部分与时俱进的案例，修订了原书中存在的不足之处，调整了部分习题的编排，便于教师教学和学生学习。所有的这些工作都使本教材增色甚多。

　　本书得以再版，要感谢全国各地高等院校数学教师的大力支持，以及他们对高等数学课程类别化的理解，感谢电子工业出版社的热忱支持和朱怀永先生的辛勤劳动。

游安军

2024 年 10 月于珠海

前　　言

对于普通高等院校（包括职业本科院校和高职高专院校）理工类的电气自动化、电子信息技术、通信技术等专业来说，数学是一门非常重要的基础课程，因为电气工程之中的电路分析涉及大量的高等数学知识。然而，目前我国《高等数学》教材仍然沿袭着传统的学科体系思想，只讲授纯粹的数学知识，根本没有体现数学在电类专业中的广泛应用。这样的课程既不符合学生的实际水平，又不符合电类专业相关课程的教学需要。为了更好地给电类专业学生的课程学习和技术能力的发展提供有效支撑，我尝试着改革传统的高等数学课程教材，重建和编写一门适合普通高等院校电类专业的《电路数学》教材。

这种想法是多年来我在电气自动化、电子信息技术和通信技术等专业的高等数学课程教学过程中逐渐形成的。其间，很多学生给我的反馈是"数学课总是自说自话，虽然有用，但我们实在没有什么感觉"。对此，我一直铭记于心，总想做出一点让人感到有些踏实的东西来，也让学生对数学应用有更具体、更真切的感受。只是因为前几年我受到了其他事情的纷扰而无暇顾及于此，腾不出更多时间和精力来扩展自己的知识领域。直到完成它们后，我才开始将自己的视角转向了数学之外，尝试接触电类专业的一些东西。当我从图书馆借阅到国内外学者撰写的几本大部头的与电路知识相关的著作时，欣喜之情不胜言表，因为这些著作所涉及的高等数学知识是如此的丰富和具体，远远超出了我大学时期（20世纪80年代）在数学系所学习的普通物理课程存留在自己脑海里的模糊印象。正如美国斯坦福大学电气工程学教授小戴维·弗·塔特尔在其著作中所说的，"研究电路必须大量地依靠数学工具"。虽然不同专家所使用的数学工具可能会有所侧重，但基本的数学内容还是比较稳定的。这坚定了我改革电类专业数学课程教材的信心。另外，从2007年到2011年，本人多次参加高职高专院校高等数学骨干教师培训班和高等数学课程改革研讨会，来自全国各地的数学教师都很关注课程改革，很期待数学与相关专业知识的深度融合，但总是见不到比较有特色的普通高等院校数学教材面世。这一直让我有一种莫名的压力和紧迫感。于是，我决定不再迟疑，动手做出有点特色的东西，给大家提供一些比较有价值的参考与借鉴。

我通过与电类专业任课教师的交流，深入学习了电类专业的相关教材，根据"必需、够用"原则、"能用"原则，注重应用能力的培养方向，对传统的高等数学内容，包括函数、极限与连续、导数、不定积分、定积分、向量与空间解析几何、多元微积分、微分方程、无穷级数、线性代数、概率与统计等进行了大胆的删减和重新整理，希望通过削枝强干，让学生在有限时间里切实掌握对电类专业学习非常有用的知识。同时也不再拘泥于知识体系的完整和形式化推导，基本上采取直观的方法来增强学生的理解。更为重要的是，我选取了大量与电路分析密切相关的例题和习题，将它们编排到相应知识的学习过程中，从而更好地实现高等数学知识与电类专业应用的广泛而深入的融合，更有效地培养学生的数学应用能力。因此，本书是我国普通高等教育领域中数学课程改革与创新的一个大胆而有益的探索。

本书共有 9 章。第 1 章函数和第 2 章向量与复数是整个学习的基础，虽然大部分内容是学生已经熟悉的，但却包含着比较重要的知识和新的方法。第 3 章导数法，主要介绍极限的概念、导数与微分的概念、求导法则与公式、函数的极值及洛必达法则。第 4 章积分法，主要介绍不定积分与定积分的概念、性质与计算方法，定积分的应用及广义积分。第 3 章和第 4 章两章包含了学生必须掌握的一些公式和方法，其中的许多例题和习题充分体现了导数与积分在电路分析中的基础性和应用性。讲授上述这些内容约需要60 学时，可放在大学一年级上学期。第 5 章至第 8 章分别讲述常微分方程、拉普拉斯变换、无穷级数、傅里叶级数等，这些内容充分体现了数学在电路分析中的重要作用。第 9 章中所讲述的行列式与矩阵则是一种比较普遍的数学工具。讲授这 5 章内容约需要 70 学时，可放在大学一年级下学期。从学习电类专业课程的角度来说，所有的这些内容是必需的、重要的；从对学生能力进行培养的角度来说，它们是学生的职业技能可持续发展的坚实基础。

在此要特别指出，本书中有些内容与电路知识有着非常密切的联系，它们可能是许多数学教师未曾接触过的。因此，刚开始教学时，可能需要数学教师参阅电类专业的相关书籍（如《电路》或《电路分析》等），逐渐扩展自己的知识范围。这是本书的鲜明特色。其实，我一直在思考，普通高等院校数学课程的改革与创新必须要有比较大的突破，或是突破固有知识的藩篱，或是突破固定程式的教法。唯有如此，普通高等院校数学课程改革的路子才会越走越有活力，才会越走越宽阔。

本书曾在我所在学校电子信息技术和电气自动化等专业的两届学生中试用过。同学们的反响非常热烈，他们再也没有抱怨说"数学有什么用呀"。接下来，他们开始认真发现试用稿中的错漏或不当之处，这种精神让我十分感动。而课堂教学中所表现出来的平等、开放、活泼的学习氛围更让同学们充分感受到了学习的快乐，这样的时刻和场景也成了我自己教学历程中最愉快的回忆。

非常感谢国内外的诸多学者，从他们的著作中我获益良多。也要感谢珠海城市职业技术学院电气自动化、电子信息技术等专业的教师，他们积极支持数学课程的改革，并提供了具体的帮助。还要感谢珠海城市职业技术学院 2011 级计算机专业的徐嘉莉同学和北京师范大学珠海分校应用数学学院 2009 级数学与应用数学专业的陈晓燕同学，她们也为本书做了大量细致的工作。然而，因本人学识水平有限，许多问题都未能讲得透彻，不足之处也不可避免，欢迎广大读者批评指正，并将意见发送至邮箱anjun65@sina.com。记得 2013 年上半年，我用东北师范大学数学与统计学院资深教授高夯先生编著的《现代数学与中学数学》一书作为教材，并就其中的一个具体问题与高教授进行交流时，他的态度既谦逊又坦诚，这给我留下了深刻印象。我认为，这是每一位学者型教师都应该具备的。

　　最后，要真诚感谢电子工业出版社朱怀永先生和束传政先生，他们真正把推动和推广我国普通高等教育领域中数学课程的改革与创新作为自己的追求，体现了崇高的专业精神和职业素养。与他们的两度合作，是轻松愉快的。感谢他们给予我的支持与鼓励，也祝他们事业顺利。

游安军

2014 年 4 月于珠海

目　　录

第1章 函　　数

函数表达的是变量之间相互依赖的关系，它几乎是所有应用数学的基础。电气工程中很多概念及其关系都是通过函数表示的。本章主要是熟悉与巩固曾经学习过的函数概念、三角函数的定义与基本公式、指数函数与对数函数等内容，同时介绍正弦交流电的有关知识。

1.1　函数的概念

中学时我们就曾学习过函数。比如，圆的面积 A 与半径 r 的关系表示为函数

$$A = \pi r^2, \ 0 \leqslant r < +\infty$$

又如，自由落体运动的物体下落距离 s 与下落时间 t 之间的关系表示为函数

$$s = \frac{1}{2}gt^2, \ \text{其中，} g \approx 9.8\text{m}/\text{s}^2$$

它们都是描述变量之间变化的函数。

其实，一个函数就是一个法则，对于每一个输入变量 x，都有唯一确定的输出变量 y 与之对应。因此，函数可以被看作是一个"匣子"，在这个匣子里面进行着某种精确的数学运算。比如，法则是"2 倍再加上 3"，就可以理解为

$$x \longrightarrow \boxed{2\text{倍再加上}3} \longrightarrow y$$

但是，为了准确地描述这种法则，通常采用下面的形式来表示两个变量之间的关系：

$$y = 2x + 3 \quad \text{或} \quad f(x) = 2x + 3$$

一般地，我们如下定义函数。

定义 1.1.1

设两个集合 X 和 Y，若对集合 X 中的每一个元素 x，按照一定的对应规则 f，集合 Y 中总有唯一确定的元素 y 与之对应，则称 y 是 x 的函数。记作

$$y = f(x), \ x \in X$$

其中，集合 X 称为函数的定义域，x 称为自变量，y 称为因变量。

比如，我们很熟悉的二次函数

$$y = f(x) = x^2 + 5x$$

其定义域 X 是所有实数，规则 f 是

$$(\ ) \rightarrow (\ )^2 + 5(\ )$$

又如，在函数

$$y = \frac{1}{x+1}$$

中，定义域 X 是所有不等于 -1 的实数，规则 f 是

$$(\ ) \rightarrow \frac{1}{(\ )+1}$$

对于每一个具体的 x_0，通过规则 f，有唯一确定的具体值 y_0 与之对应，则称 y_0 为函数 $y = f(x)$ 在 x_0 处的函数值。这些函数值所构成的集合称为函数的值域，记为 M。

函数相关知识被广泛应用于电路中。如欧姆定律将电压表示为电流的函数，即 $U = I \cdot R$；也可以通过转换将电流表示为电压的函数，即 $I = \dfrac{U}{R}$；电功率是电流的函数，即 $P = I^2 \cdot R$。

为了更好地理解函数概念，我们做如下几点说明：

（1）"函数"所表达的是自变量与因变量的一种对应规则或对应关系，这种规则用 f 表示，因此，f 是一个函数符号。在函数 $y = f(x) = x^2 - 3x + 2$ 中，f 代表

$$(\ ) \rightarrow (\ )^2 - 3(\ ) + 2$$

但是，在某些情况下，这个规则 f 可能无法用单一的式表达出来。比如，根据函数的定义，如图 1.1.1 所示的某函数的对应规则就不太容易用一个式子表达出来，即该函数无法用一个式子表达出来。对此，读者还可以举出其他的例子。

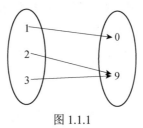

图 1.1.1

（2）定义域是函数的另一个要素。给定一个函数，也意味着同时给出了这个函数的定义域。比如，函数 $y = \sqrt{x^2 - 3x}$ 的定义域是所有使得 $x^2 - 3x \geqslant 0$ 的实数 x。

（3）在关系式

$$y^2 = 4x$$

中，对每一个 $x > 0$ 的 x 值，都有不止一个 y 值与之对应。所以在本书里，y 不是 x 函数。在其他书里，通常称其为多值函数，这不属于本书讨论的范围。但从另一方面看，对于每一个 y 值，都有唯一的 x 值与之对应，此时可以说，x 是 y 的函数，可以写成

$$x = \frac{1}{4} y^2$$

（4）有时候，把一个函数理解为一个模型也是重要的。比如，函数

$$W(\text{kg}) = H(\text{cm}) - 100$$

是描述成年人的体重 W 与身高 H 两者关系的模型。在学习和应用电气工程领域的相关

知识时，把函数解释为模型的情况很普遍，并且会用不同的词语（如信号）来代替函数中的变量名称，比如把输入的信号称为激励，输出的信号称为响应。不管是激励还是响应，它们的关系在具体情况下通常都可以表示为一个函数。

例 1.1.1

已知 $f(x) = 4x^2 + 5x - 7$，求 $f(0)$、$f\left(\dfrac{\pi}{2}\right)$、$f(\theta)$。

解：将 0，$\dfrac{\pi}{2}$，θ 分别代入函数的表达式中，得

$$f(0) = 4 \times 0^2 + 5 \times 0 - 7 = -7$$

$$f\left(\frac{\pi}{2}\right) = 4 \times \left(\frac{\pi}{2}\right)^2 + 5 \times \left(\frac{\pi}{2}\right) - 7 = \pi^2 + \frac{5\pi}{2} - 7$$

$$f(\theta) = 4 \times (\theta)^2 + 5 \times (\theta) - 7 = 4\theta^2 + 5\theta - 7$$

例 1.1.2

已知 $f(x+1) = 4x^2 + 5x - 7$，求 $f(x)$ 的值。

解：令 $x+1 = t$，则 $x = t-1$，于是

$$f(t) = 4(t-1)^2 + 5(t-1) - 7 = 4t^2 - 3t - 8$$

$$所以 \ f(x) = 4x^2 - 3x - 8$$

函数通常有三种不同的表示方法：公式法、表格法和图像法。本书中用得比较多的是公式法和图像法。

图像法是一种直观地表达函数变化规律的方法。在中学里，我们曾经用描点法在直角坐标系里画出一个函数的图像，通过图像观察一个函数的变化趋势。对此，我们不再重复。不过，这里还是请读者思考如何描绘函数 $y = 1 - e^{-x}$ 的图像。

公式法是最常见的表示函数的方法。比如，$y = 4x^3 + x + 3$ 就是一个三次函数。又如，在工程技术中常用的单位阶跃函数

$$u(t) = \begin{cases} 0 & t < 0 \\ 1 & t \geqslant 0 \end{cases}$$

也是用公式法表示的。由于它在定义域的不同范围内有不同的表达式，这样的函数也被称为分段函数。单位阶跃函数的图像如图 1.1.2 所示。

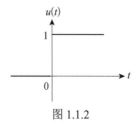

图 1.1.2

在控制工程中，控制信号通常都是用公式法来表示的。比如

直流信号：
$$f(t) = A(A为常数) \quad -\infty < t < +\infty$$

正弦信号：
$$f(t) = K\sin(\omega t + \theta) \quad -\infty < t < +\infty$$

矩形脉冲信号：
$$g(t) = \begin{cases} 0 & |t| > \dfrac{\tau}{2} \\ 1 & |t| < \dfrac{\tau}{2} \end{cases}$$

斜坡信号：
$$r(t) = \begin{cases} t & t \geqslant 0 \\ 0 & t < 0 \end{cases}$$

实指数信号：
$$f(t) = K\mathrm{e}^{-\alpha t}(常数\,\alpha > 0) \quad t > 0$$

采样函数：
$$s(t) = \frac{\sin t}{t} \quad t > 0$$

例 1.1.3

画出 $2U(t+2) - 3U(t-2)$ 的图像，其中，$U(x)$ 是单位阶跃函数。

解：根据单位阶跃函数的定义，可得

当 $t < -2$ 时，$2U(t+2) - 3U(t-2) = 2 \times 0 - 3 \times 0 = 0$；

当 $-2 \leqslant t < 2$ 时，$2U(t+2) - 3U(t-2) = 2 \times 1 - 3 \times 0 = 2$；

当 $t \geqslant 2$ 时，$2U(t+2) - 3U(t-2) = 2 \times 1 - 3 \times 1 = -1$；

请读者根据上述计算结果画出相应的图像。

例 1.1.4

用单位阶跃函数的组合表示图 1.1.3 所示的函数。

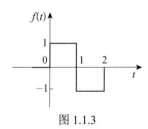

图 1.1.3

解：如图 1.1.3 所示，（0，1）区间上的表达式可表示为：

$$U(t) - U(t-1)$$

这可以从函数 $U(t)$ 与 $U(t-1)$ 在对应区间上的差计算出来。

类似地，（1，2）区间上的表达式可表示为：

$$-[U(t-1) - U(t-2)]$$

所以，图 1.1.3 所示的函数可以表示为：

$$f(t) = U(t) - U(t-1) - [U(t-1) - U(t-2)]$$
$$= U(t) - 2U(t-1) + U(t-2)$$

有时候，我们会用到一个相反的对应关系。比如，在关系式 $y = 2x+1$ 之中，对每一个实数 x，有唯一确定的 y 值与之对应，因而 y 是 x 的函数。但是，从另一个方向看，我们发现，对每一个实数 y，也有唯一确定的 x 值与之对应。这种对应关系显然也符合前面讲的函数定义，因而此时可以说，x 是 y 的函数，记为

$$x = \frac{y-1}{2}$$

并称它为 $y = 2x+1$ 的反函数。反函数的定义如下。

定义 1.1.2

设函数 $y = f(x)$ 定义在集合 X 上，其值域为 M。如果对集合 M 中的每一个 y 值，集合 X 中都有唯一确定的 x 值使得 $f(y) = x$，则说 x 是 y 的函数，并称这个函数为 **$y = f(x)$ 的反函数**，记为

$$x = f^{-1}(y)$$

其定义域为 M，值域为 X。此时的自变量为 y，因变量为 x。

为了更清晰地理解一个函数与其反函数的关系，可以做对比，见表 1.1.1。

表 1.1.1

x 与 y 的关系式	自变量	因变量	对应规则	函数
$y = 2x+1$	对每个 x 值	有唯一的 y 值与之对应	$(\ ) \to 2(\ )+1$	y 是 x 的函数
	对每个 y 值	有唯一的 x 值与之对应	$(\ ) \to \frac{(\ )-1}{2}$	x 是 y 的函数

但是，并不是每一个函数 $y = f(x)$ 都有其相应的反函数。比如，函数

$$y = x^2$$

就没有反函数，因为在 $y = x^2$ 之中，对于每一个 y 值，与之对应的 x 值不是唯一的，$y = 0$ 时除外。但是，函数

$$y = x^2 ，x \geq 0$$

是存在反函数的，因为此时对于每一个 y 值，都存在唯一确定的 x 值与之对应。其反函数为

$$x = \sqrt{y} \quad , y \geqslant 0$$

因此，一个函数存在反函数是有条件的。这个条件就是要求函数的自变量与因变量之间的对应关系必须是一对一的。

例 1.1.5

求函数 $y = \sqrt{x} + 1$ 的反函数，并写出它的定义域与值域。

解：函数 $y = \sqrt{x} + 1$ 的定义域为 $x \geqslant 0$，值域为 $y \geqslant 1$。

对函数 $y = \sqrt{x} + 1$ 的值域中的每一个 y 值，在其定义域中都有唯一确定的 x 值与之对应。通过 $y = \sqrt{x} + 1$ 求出 x，得

$$x = (y-1)^2 \tag{1.1.1}$$

这就是所求的反函数，其定义域为 $y \geqslant 1$，值域为 $x \geqslant 0$。

通常情况下，人们习惯于用 x 表示自变量，y 表示因变量。所以，式（1.1.1）也可写为

$$y = (x-1)^2 , \quad x \geqslant 1$$

这样一来，我们就可以把函数 $y = \sqrt{x} + 1$ 与其反函数 $y = (x-1)^2$ 画在同一直角坐标系中进行比较。通过比较可以发现，一个函数与其反函数的图像关于直线 $y = x$ 对称。

请读者在同一直角坐标系中描绘函数 $y = x^2$，$x \geqslant 0$ 及其反函数的图像，并观察它们是否关于直线 $y = x$ 对称？

习题 1.1

1. 写出一个函数，并用公式法将其表示出来。

2. 写出一个不能用公式法表示出来的函数。

3. 已知分段函数 $f(t) = \begin{cases} t-2 & t > -1 \\ (t+1)^2 & t = -1 \\ t & t < -1 \end{cases}$，求 $f(0)$、$f(-5)$、$f(-1)$。

4. 设 $f(t-1) = 4(t-1)^2 - 5t$，求 $f(t)$。

5. 已知 $f(t) = \dfrac{1}{t-1}$，求 $f[f(t)]$ 和 $f\{f[f(t)]\}$。

6. 画出单位阶跃函数 $U(-t)$、$U(t-2)$、$U(t+3)$、$U(t-t_0)$ 的图像。

7. 画出下列表达式的图像，其中，$U(x)$ 是单位阶跃函数。

（1） $4[U(t) + U(t-1) - 2U(t-3)]$

（2） $2[3U(t-3) - 4U(t-4)]$

8. 用单位阶跃信号（函数）表示矩形脉冲信号。

9. 用单位阶跃信号表示图 1.1.4 所示的函数。

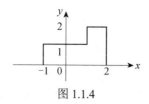

图 1.1.4

10. 判别下列函数是否存在反函数。若存在，则求出它的反函数。

（1） $y = \sqrt[3]{x+1}$　　　　　　（2） $y = x^3$　　　　　　（3） $y = x^2 + 4$

11. 写出一个函数，并且它没有反函数。

1.2 三角函数

如图 1.2.1 所示，在平面直角坐标系 xOy 中任取一点 P （如果点 P 在第二、三、四象限，讨论是类似的），设其坐标为 (x, y)，$\overline{OP} = r > 0$。记 $\angle QOP = \theta$ （θ 的单位为度或弧度），那么角 θ 的三角函数定义如下：

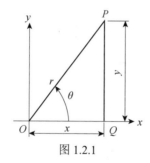

图 1.2.1

$$\text{正弦函数 } \sin\theta = \frac{\overline{QP}}{\overline{OP}} = \frac{y}{r} \qquad\qquad \text{余弦函数 } \cos\theta = \frac{\overline{OQ}}{\overline{OP}} = \frac{x}{r}$$

$$\text{正切函数 } \tan\theta = \frac{\overline{QP}}{\overline{OQ}} = \frac{y}{x} \qquad\qquad \text{余切函数 } \cot\theta = \frac{\overline{OQ}}{\overline{QP}} = \frac{x}{y}$$

$$\text{正割函数 } \sec\theta = \frac{\overline{OP}}{\overline{OQ}} = \frac{r}{x} \qquad\qquad \text{余割函数 } \csc\theta = \frac{\overline{OP}}{\overline{QP}} = \frac{r}{y}$$

在本书里，我们主要讨论前面 4 个三角函数。

下面看其中的正弦函数 $\sin\theta$。对于一个给定的角 θ，这个角在直角坐标系里总是对应着唯一确定的一条终边（始边总在 x 轴的正半轴上），在此终边上任取一点 P，设其坐标为 (x, y)，通过计算

$$\frac{y}{r}$$

就可以唯一地确定 $\sin\theta$ 的值，这个值与点 P 的选取是没有关系的。也就是说，对于每一个角 θ，$\frac{y}{r}$ 的值都是唯一确定的。这样就在 θ 与 $\frac{y}{r}$ 之间建立了一个符合函数定义的对

应关系，这个对应关系就可以写成正弦函数

$$\sin\theta = \frac{y}{r}$$

其他的三角函数可以做类似的理解。

由于点 $P(x, y)$ 所处的象限不同，它的两个坐标分量 x 和 y 可能会出现正与负的情况。比如，如果点 P 在第二象限中（如图 1.2.2 所示），则有 $x<0$，$y>0$，从而可以确定三角函数 $\sin\theta>0$，$\cos\theta<0$，$\tan\theta<0$。点 P 在其他象限时，也可做类似讨论。

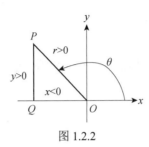

图 1.2.2

在此，我们将不同角度三角函数值的正负列于表 1.2.1 中。

表 1.2.1

	第一象限	第二象限	第三象限	第四象限
	$0<\theta<\pi/2$	$\pi/2<\theta<\pi$	$\pi<\theta<3\pi/2$	$3\pi/2<\theta<2\pi$
$\sin\theta$，$\csc\theta$	+	+	−	−
$\cos\theta$，$\sec\theta$	+	−	−	+
$\tan\theta$，$\cot\theta$	+	−	+	−

为了方便计算，我们把经常用到的特殊角 θ 所对应的 $\sin\theta$，$\cos\theta$，$\tan\theta$ 制成表，如表 1.2.2 所示，其中的一些三角函数值需要读者自己填写。

表 1.2.2

	0	$\frac{\pi}{6}$	$\frac{\pi}{4}$	$\frac{\pi}{3}$	$\frac{\pi}{2}$	$\frac{2\pi}{3}$	$\frac{3\pi}{4}$	$\frac{5\pi}{6}$	π
$\sin\theta$	0	$\frac{1}{2}$	$\frac{\sqrt{2}}{2}$	$\frac{\sqrt{3}}{2}$	1				
$\cos\theta$	1	$\frac{\sqrt{3}}{2}$	$\frac{\sqrt{2}}{2}$	$\frac{1}{2}$	0				
$\tan\theta$	0	$\frac{\sqrt{3}}{3}$	1	$\sqrt{3}$	∞				

前面介绍到，函数可以通过图像表示出来。但并不是所有函数都可以画出其相应的图像。比如，迪里赫勒函数

$$D(x) = \begin{cases} 0 & \text{当} x \text{为无理数时} \\ 1 & \text{当} x \text{为有理数时} \end{cases}$$

的图像就无法很好地画出来。但是，对于三角函数来说，它们的图像是可以被描绘出来的，而且这些图像对于理解它们的性质很有帮助。

在此，我们绘出 $\sin\theta$、$\tan\theta$、$\cot\theta$ 的图像，分别如图 1.2.3（a）～1.2.3（c）所示。请读者自己画出 $\cos\theta$ 的图像。

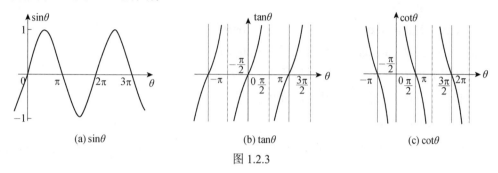

(a) $\sin\theta$ (b) $\tan\theta$ (c) $\cot\theta$

图 1.2.3

从这 4 个三角函数的图像中容易看出

$$-1 \leqslant \sin\theta \leqslant 1, -1 \leqslant \cos\theta \leqslant 1$$

$$-\infty \leqslant \tan\theta \leqslant \infty, -\infty \leqslant \cot\theta \leqslant \infty$$

进一步可以发现，当 θ 值每间隔 2π 变化时，$\sin\theta$ 和 $\cos\theta$ 所对应的函数值会重复出现。由此可得

$$\sin\theta = \sin(\theta + 2n\pi)$$

$$\cos\theta = \cos(\theta + 2n\pi)$$

其中，$n = 0, \pm 1, \pm 2, \cdots$ 也就是说，$\sin\theta$ 和 $\cos\theta$ 是以 2π 为周期的周期函数。

当 θ 值每间隔 π 变化时，函数 $\tan\theta$ 和 $\cot\theta$ 的值也会重复出现，即

$$\tan\theta = \tan(\theta + n\pi)$$

$$\cot\theta = \cot(\theta + n\pi)$$

其中，$n = 0, \pm 1, \pm 2, \cdots$ 因此，$\tan\theta$ 和 $\cot\theta$ 是以 π 为周期的周期函数。

根据这 4 个三角函数的图像，容易看出它们的奇偶性。即

$$\sin(-\theta) = -\sin\theta$$

$$\cos(-\theta) = \cos\theta$$

$$\tan(-\theta) = -\tan\theta$$

$$\cot(-\theta) = -\cot\theta$$

也就是说，除 $\cos\theta$ 是偶函数外，其余的 $\sin\theta$、$\tan\theta$、$\cot\theta$ 都是奇函数。

三角函数是没有反函数的，以正弦函数 $y = \sin\theta$ 为例，对自变量 θ 的每一个值，都有唯一确定的 y 值与之对应；反过来，对函数 $y = \sin\theta$ 值域之中的每一个 y 值，却有不止一个 θ 值与之对应，比如，当 $y = \dfrac{1}{2}$ 时，θ 可以等于 $\dfrac{\pi}{6}, \dfrac{5\pi}{6}, \dfrac{13\pi}{6}, \cdots$

但是，如果将变量 θ 的值限定在区间 $\left[-\dfrac{\pi}{2}, \dfrac{\pi}{2}\right]$ 内时，从函数 $y = \sin\theta$ 的图像可以看到，对每一个 y 的值，就有唯一确定的 θ 值与之对应。此时 y 与 θ 是一对一的。也就

是说，函数 $y = \sin\theta$ 在区间 $\left[-\dfrac{\pi}{2}, \dfrac{\pi}{2}\right]$ 上存在反函数，记为 $\theta = \arcsin y$，称为反正弦函数，此时的这个 θ 值区间 $\left[-\dfrac{\pi}{2}, \dfrac{\pi}{2}\right]$ 称为反正弦函数的主值区间。

类似地讨论，还有

反余弦函数 $\theta = \arccos y$，它对应于 $y = \cos\theta$；

反正切函数 $\theta = \arctan y$，它对应于 $y = \tan\theta$；

反余切函数 $\theta = \operatorname{arccot} y$，它对应于 $y = \cot\theta$。

只不过，θ 的值要限定在某个区间内。

通常情况下，我们规定：

函数 $\theta = \arcsin y$ 的定义域 D 为 $[-1, 1]$，值域为 $\left[-\dfrac{\pi}{2}, \dfrac{\pi}{2}\right]$。从图像上可以看出，此时的反正弦函数是关于原点对称的，它是奇函数，所以

$$\arcsin(-y) = -\arcsin(y)$$

函数 $\theta = \arccos y$ 的定义域 D 为 $[-1, 1]$，值域为 $[0, \pi]$。从图像上可以看出，此时的反余弦函数是非奇非偶的函数，而且

$$\arccos(-y) = \pi - \arccos y$$

请读者自己尝试说明这个关系。

函数 $\theta = \arctan y$ 的定义域 D 为 $(-\infty, +\infty)$，值域为 $\left(-\dfrac{\pi}{2}, \dfrac{\pi}{2}\right)$。从图像上可以看出，反正切函数是关于原点对称的，它是奇函数，所以

$$\arctan(-y) = -\arctan y$$

函数 $\theta = \operatorname{arccot} y$ 的定义域 D 为 $(-\infty, +\infty)$，值域为 $(0, \pi)$。反余切函数是非奇非偶的函数，而且

$$\operatorname{arccot}(-y) = \pi - \operatorname{arccot} y$$

由上述定义可知，三角函数都是周期函数，但其在某个区间内的反三角函数都不是周期函数。

请读者画出上述 4 个反三角函数的图像。

例 1.2.1

求下列反三角函数值。

（1）$\arcsin\dfrac{\sqrt{2}}{2}$　　　　　　（2）$\arccos\left(-\dfrac{1}{2}\right)$　　　　　　（3）$\arctan\left(-\dfrac{\sqrt{3}}{3}\right)$

解：参照表 1.2.2 给出的三角函数值，有

（1）因为 $\sin\dfrac{\pi}{4} = \dfrac{\sqrt{2}}{2}$，所以 $\arcsin\dfrac{\sqrt{2}}{2} = \dfrac{\pi}{4}$

（2）$\arccos\left(-\dfrac{1}{2}\right) = \pi - \arccos\dfrac{1}{2} = \pi - \dfrac{\pi}{3} = \dfrac{2\pi}{3}$

（3）因为 $\arctan y$ 是奇函数，所在

$$\arctan\left(-\dfrac{\sqrt{3}}{3}\right) = -\arctan\dfrac{\sqrt{3}}{3} = -\dfrac{\pi}{6}$$

根据反三角函数的定义，这里所求出的反三角函数值一定要在规定的值域之内。

习题 1.2

1. 如图 1.2.4 所示，根据三角函数的定义，当 $\theta = \dfrac{7\pi}{4}$ 时，求 $\sin\theta$、$\cos\theta$、$\tan\theta$、$\cot\theta$ 的值。

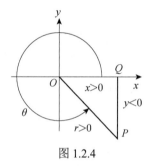

图 1.2.4

2. 在三边之长分别为 $a = 3$、$b = 4$、$c = 5$ 的三角形中，求角 A（与边 a 相对的角）对应的 $\sin A$、$\cos A$、$\tan A$、$\cot A$ 的值。

3. 观察三角函数 $\sin\theta$、$\cos\theta$、$\tan\theta$ 的图像，并从图像上说明它在定义域的哪个区间内有反函数，哪个区间内没有反函数。

4. 画出下列函数的图像，观察并写出它们的周期。

（1）$y = |\sin\theta|$　　　　（2）$y = |\cos\theta|$　　　　（3）$y = |\tan\theta|$

5. 求下列反三角函数值。

（1）$\arcsin\left(-\dfrac{1}{2}\right)$　　　　（2）$\arccos\dfrac{\sqrt{3}}{2}$　　　　（3）$\arctan(-1)$

（4）$\arcsin\dfrac{\sqrt{3}}{2}$　　　　（5）$\arccos(-1)$　　　　（6）$\arctan(1)$

（7）$\arcsin(-1)$　　　　（8）$\arccos\left(-\dfrac{1}{2}\right)$　　　　（9）$\arctan(0)$

6. 已知 $A = \arcsin\left(-\dfrac{1}{\sqrt{2}}\right)$，求 $\sin A$、$\cos A$、$\tan A$、$\cot A$ 的值。

7. 已知 $B = \arctan\dfrac{\sqrt{3}}{2}$，求 $\sin B$、$\cos B$、$\tan B$、$\cot B$ 的值。

1.3　三角函数的基本公式

根据三角函数的定义和性质，容易得到下列关系。

（1）倒数关系

$$\csc\theta = \frac{1}{\sin\theta} , \quad \sec\theta = \frac{1}{\cos\theta} , \quad \tan\theta = \frac{1}{\cot\theta}$$

也可以写成：$\sin\theta\csc\theta = 1$，$\cos\theta\sec\theta = 1$，$\tan\theta\cot\theta = 1$。

还有如下关系

$$\tan\theta = \frac{\sin\theta}{\cos\theta} , \quad \cot\theta = \frac{\cos\theta}{\sin\theta}$$

（2）平方关系

$$\sin^2\theta + \cos^2\theta = 1，1 + \tan^2\theta = \sec^2\theta，1 + \cot^2\theta = \csc^2\theta$$

下面证明这 3 个平方关系。根据三角函数的定义，得

$$\sin^2\theta + \cos^2\theta = \left(\frac{y}{r}\right)^2 + \left(\frac{x}{r}\right)^2$$

$$= \frac{y^2 + x^2}{r^2} = \frac{r^2}{r^2} = 1$$

$$1 + \tan^2\theta = 1 + \left(\frac{y}{x}\right)^2 = \frac{x^2 + y^2}{x^2}$$

$$= \frac{r^2}{x^2} = \sec^2\theta$$

$$1 + \cot^2\theta = 1 + \left(\frac{x}{y}\right)^2 = \frac{y^2 + x^2}{y^2}$$

$$= \frac{r^2}{y^2} = \csc^2\theta$$

（3）诱导公式

同名转换：

$$\sin(\pi + \theta) = -\sin\theta \qquad\qquad \sin(\pi - \theta) = \sin\theta$$
$$\cos(\pi + \theta) = -\cos\theta \qquad\qquad \cos(\pi - \theta) = -\cos\theta$$
$$\tan(\pi + \theta) = \tan\theta \qquad\qquad \tan(\pi - \theta) = -\tan\theta$$

异名转换：

$$\sin\left(\frac{\pi}{2} + \theta\right) = \cos\theta \qquad\qquad \sin\left(\frac{\pi}{2} - \theta\right) = \cos\theta$$

$$\cos\left(\frac{\pi}{2} + \theta\right) = -\sin\theta \qquad\qquad \cos\left(\frac{\pi}{2} - \theta\right) = \sin\theta$$

$$\tan\left(\frac{\pi}{2}+\theta\right) = -\cot\theta \qquad \tan\left(\frac{\pi}{2}-\theta\right) = \cot\theta$$

读者可以根据"奇变偶不变，符号看象限"的规律记住这些诱导公式。

（4）加法定理

$$\sin(\theta_1+\theta_2) = \sin\theta_1\cos\theta_2 + \cos\theta_1\sin\theta_2$$
$$\cos(\theta_1+\theta_2) = \cos\theta_1\cos\theta_2 - \sin\theta_1\sin\theta_2$$

在此，我们不加证明地引入上面的两个公式。

由这两个公式，容易得到

$$\begin{aligned}
\sin(\theta_1-\theta_2) &= \sin[\theta_1+(-\theta_2)] \\
&= \sin\theta_1\cos(-\theta_2) + \cos\theta_1\sin(-\theta_2) \\
&= \sin\theta_1\cos\theta_2 + \cos\theta_1(-\sin\theta_2) \\
&= \sin\theta_1\cos\theta_2 - \cos\theta_1\sin\theta_2
\end{aligned}$$

同理

$$\cos(\theta_1-\theta_2) = \cos\theta_1\cos\theta_2 + \sin\theta_1\sin\theta_2$$

进一步地，容易得到

$$\tan(\theta_1+\theta_2) = \frac{\tan\theta_1+\tan\theta_2}{1-\tan\theta_1\tan\theta_2}$$
$$\tan(\theta_1-\theta_2) = \frac{\tan\theta_1-\tan\theta_2}{1+\tan\theta_1\tan\theta_2}$$

下面证明上面的第一个公式，请读者完成第二个公式的证明。

$$\begin{aligned}
\tan(\theta_1+\theta_2) &= \frac{\sin(\theta_1+\theta_2)}{\cos(\theta_1+\theta_2)} = \frac{\sin\theta_1\cos\theta_2+\cos\theta_1\sin\theta_2}{\cos\theta_1\cos\theta_2-\sin\theta_1\sin\theta_2} \\
&= \frac{\dfrac{\sin\theta_1\cos\theta_2}{\cos\theta_1\cos\theta_2}+\dfrac{\cos\theta_1\sin\theta_2}{\cos\theta_1\cos\theta_2}}{\dfrac{\cos\theta_1\cos\theta_2}{\cos\theta_1\cos\theta_2}-\dfrac{\sin\theta_1\sin\theta_2}{\cos\theta_1\cos\theta_2}} = \frac{\tan\theta_1+\tan\theta_2}{1-\tan\theta_1\tan\theta_2}
\end{aligned}$$

类似地，读者不难得到

$$\cot(\theta_1+\theta_2) = \frac{\cot\theta_1\cot\theta_2-1}{\cot\theta_1+\cot\theta_2}$$

（5）积化和差

$$\sin\theta_1\cos\theta_2 = \frac{1}{2}[\sin(\theta_1+\theta_2)+\sin(\theta_1-\theta_2)]$$
$$\cos\theta_1\cos\theta_2 = \frac{1}{2}[\cos(\theta_1+\theta_2)+\cos(\theta_1-\theta_2)]$$
$$\sin\theta_1\sin\theta_2 = -\frac{1}{2}[\cos(\theta_1+\theta_2)-\cos(\theta_1-\theta_2)]$$

（6）和差化积

$$\sin\theta_1+\sin\theta_2 = 2\sin\frac{\theta_1+\theta_2}{2}\cos\frac{\theta_1-\theta_2}{2}$$

$$\sin\theta_1 - \sin\theta_2 = 2\cos\frac{\theta_1+\theta_2}{2}\sin\frac{\theta_1-\theta_2}{2}$$

$$\cos\theta_1 + \cos\theta_2 = 2\cos\frac{\theta_1+\theta_2}{2}\cos\frac{\theta_1-\theta_2}{2}$$

$$\cos\theta_1 - \cos\theta_2 = -2\sin\frac{\theta_1+\theta_2}{2}\sin\frac{\theta_1-\theta_2}{2}$$

下面我们证明上面的第一个公式。

由加法定理得

$$\sin(\theta_1+\theta_2) + \sin(\theta_1-\theta_2) = 2\sin\theta_1\cos\theta_2$$

$$\sin(\theta_1+\theta_2) - \sin(\theta_1-\theta_2) = 2\cos\theta_1\sin\theta_2$$

在此令 $\theta_1+\theta_2=\varphi_1$，$\theta_1-\theta_2=\varphi_2$，则

$$\theta_1 = \frac{\varphi_1+\varphi_2}{2}, \quad \theta_2 = \frac{\varphi_1-\varphi_2}{2}$$

于是

$$\sin\varphi_1 + \sin\varphi_2 = 2\sin\frac{\varphi_1+\varphi_2}{2}\cos\frac{\varphi_1-\varphi_2}{2}$$

（7）倍角公式

$$\sin 2\theta = 2\sin\theta\cos\theta$$

$$\cos 2\theta = \cos^2\theta - \sin^2\theta$$

$$= 2\cos^2\theta - 1$$

$$= 1 - 2\sin^2\theta$$

在加法定理中，令 $\theta_1=\theta_2=\theta$，则

$$\sin 2\theta = \sin(\theta+\theta) = \sin\theta\cos\theta + \cos\theta\sin\theta$$

$$= 2\sin\theta\cos\theta$$

$$\cos 2\theta = \cos(\theta+\theta) = \cos^2\theta - \sin^2\theta$$

由平方关系得

$$\cos^2\theta = 1 - \sin^2\theta$$

$$\sin^2\theta = 1 - \cos^2\theta$$

于是

$$\cos 2\theta = \cos^2\theta - (1-\cos^2\theta)$$

$$= 2\cos^2\theta - 1$$

$$= (1-\sin^2\theta) - \sin^2\theta$$

$$= 1 - 2\sin^2\theta$$

$$\tan 2\theta = \frac{\sin 2\theta}{\cos 2\theta} = \frac{2\sin\theta\cos\theta}{\cos^2\theta - \sin^2\theta}$$

$$= \frac{2\tan\theta}{1-\tan^2\theta}$$

习题 1.3

1. 证明下列关系式。

（1）$a\sin\theta \pm b\cos\theta = \sqrt{a^2+b^2}\sin(\theta \pm \varphi)$　　　其中，$\varphi = \arctan\dfrac{b}{a}$

（2）$\sin\left(\theta + \dfrac{\pi}{6}\right) + \sin\left(\theta - \dfrac{\pi}{6}\right) = \sqrt{3}\sin\theta$

（2）$\cos\left(\theta + \dfrac{\pi}{6}\right) + \cos\left(\theta - \dfrac{\pi}{6}\right) = \sqrt{3}\cos\theta$

（4）$(\sin\theta \pm \cos\theta)^2 = 1 \pm \sin 2\theta$

（5）$\sin 3\theta = 3\sin\theta - 4\sin^3\theta$

（6）$\cos 3\theta = -3\cos\theta + 4\cos^3\theta$

2. 求证下列公式。

（1）$\sin(n\pi \pm \theta) = \pm(-1)^n\sin\theta$

（2）$\cos(n\pi \pm \theta) = (-1)^n\cos\theta$

（3）$\sin\left(\dfrac{2n+1}{2}\pi \pm \theta\right) = (-1)^n\cos\theta$

（4）$\cos\left(\dfrac{2n+1}{2}\pi \pm \theta\right) = \mp(-1)^n\sin\theta$

3. 当 $\tan\theta_1 = \dfrac{X_1}{R_1}$，$\tan\theta_2 = \dfrac{X_2}{R_2}$ 时，求 $\tan(\theta_1 \pm \theta_2)$ 的值。

1.4　正弦波交流

在直流电路中，电流、电压的大小和方向是不随时间变化的。而在正弦稳态分析中，电流与电压等都与时间成正弦函数关系，其大小和方向会随时间按正弦函数的规律发生周期性的变化。人们把这种按正弦规律变化的电流与电压称为正弦交流电或正弦量。

一个按正弦规律变化的正弦量既可用正弦函数表示，也可用余弦函数表示。比如，交流电流可表示为

$$i = I\cos(\omega t + \varphi)$$

正弦量随时间变化的图像被称为正弦波。因此，在电路分析中，正弦量、正弦波与正弦函数的所指都视为相同的。

如图 1.4.1 所示，在均匀磁场内线圈 C 以一定的角速度 ω（弧度/秒，rad/s）旋转时，线圈从最初的位置 XX'，旋转 $\theta = \omega t$（t 为旋转的时间）到达图中所示位置时，线圈 C 上被感应出的正弦交流电压 e 为

$$e = E\sin\omega t$$

我们把电压 e 加到电阻 R 上时，就产生交流电流 i，并流过电阻 R，如图 1.4.2 所示。

$$i = \frac{e}{R} = \frac{E}{R}\sin\omega t = I\sin\omega t$$

其中，$I = \dfrac{E}{R}$。

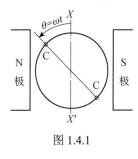

图 1.4.1

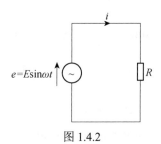

图 1.4.2

在上述的两个式子中，E 和 I 分别为 e 和 i 的幅值或最大值；ω 称为正弦交流电的角频率，它反映了交流电变化的快慢。ωt 是相位角（位相），它不仅可以表示交流电的大小和方向，还表示出交流电强度变化的趋势（是变大还是变小）。

假设线圈 C 旋转一周所用的时间为 T（通常称为周期），那么 $\omega T = 2\pi$，于是

$$T = \frac{2\pi}{\omega}$$

这表明，旋转一周所用的时间 T 与角速度 ω 成反比。也就是说，角速度 ω 越大，周期 T 越小。

再引入符号 f，并令

$$f = \frac{1}{T}$$

即，f 为正弦交流电的频率，其单位为赫兹（Hz）。于是

$$\omega = 2\pi f$$

为了直观地了解正弦交流电的情况，常需要做出函数的图像。在此，我们把 e 和 i 的图像分别画在横轴为相位角 ωt 和时间 t 的两种坐标系上，如图 1.4.3 所示。

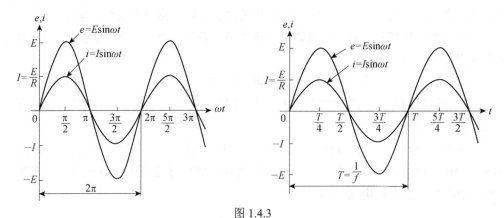

图 1.4.3

从图 1.4.3 可以看出，在纯电阻电路中，e 和 i 是同相位（从零时刻起，同时达到正最大值和通过零点）的。

为了以后的需要，下面介绍如何描绘函数

$$i = I\sin(\omega t + \varphi_0)$$

的图像。具体方法如下：

（1）首先，把 $i = \sin t$ 图像上沿 t 轴方向进行缩小（或放大），缩小（或放大）到原来的 $\dfrac{1}{\omega}$，得到 $i = \sin \omega t$ 图像。也就是说，把 $i = \sin t$ 的周期缩短（或加大）为原来的 $\dfrac{1}{\omega}$，得到 $i = \sin \omega t$ 的图像。

（2）其次，令 $\omega t + \varphi_0 = 0$，得

$$t = -\frac{\varphi_0}{\omega}$$

如果 $t > 0$（即 $\varphi_0 < 0$），就把 $i = \sin \omega t$ 的图像向右平移 $\left|\dfrac{\varphi_0}{\omega}\right|$ 个单位；如果 $t < 0$（即 $\varphi_0 > 0$），就把 $i = \sin \omega t$ 的图像向左平移 $\left|\dfrac{\varphi_0}{\omega}\right|$ 个单位。这时得到 $i = \sin(\omega t + \varphi_0)$ 的图像。

（3）最后，把 $i = \sin(\omega t + \varphi_0)$ 的图像沿 i 轴方向进行缩小（或放大），缩小（或放大）I，从而得到 $i = I\sin(\omega t + \varphi_0)$ 的图像。

通过上述过程，读者应该知道 ω、φ_0、I 三个要素是如何影响正弦波的。

对于 $i = I\cos(\omega t + \varphi_0)$ 的图像，可以类似地进行讨论。

例 1.4.1

计算正弦交流电压

$$v = 300\cos(1000t + 30°)$$

的角频率、频率、周期、幅值、相位及初相位。

解：

角频率 $\omega = 1000$

频率 $f = \dfrac{\omega}{2\pi} = \dfrac{1000}{2\pi} = \dfrac{500}{\pi}$

周期 $T = \dfrac{1}{f} = \dfrac{\pi}{500}$

幅值 $E = 300$

相位角 $1000t + 30°$

初相位 $\varphi_0 = 30° = \dfrac{\pi}{6}$

注意：在不引起误解的情况下，本书有时也会用 v 表示交流电压。

例 1.4.2

画出正弦交流电流 $i = \dfrac{5}{2}\sin\left(2t - \dfrac{\pi}{3}\right)$ 的图像。

解：（1）第一步，画出 $i = \sin t$ 的图像，计算

$$T = \frac{2\pi}{\omega} = \frac{2\pi}{2} = \pi$$

然后，沿 t 轴方向将 $i = \sin t$ 的图像进行缩小，缩小到原来的 $\dfrac{1}{2}$，从而得到 $i = \sin 2t$ 的图像。也就是，把 $i = \sin t$ 的周期从 2π 缩小到 π，得到 $i = \sin 2t$。

（2）第二步，由于 $\varphi_0 = -\dfrac{\pi}{3} < 0$，所以把 $i = \sin 2t$ 的图像向右平移 $\dfrac{\pi}{6}$ 个单位。这时得到 $i = \sin\left(2t - \dfrac{\pi}{3}\right)$ 的图像。

（3）第三步，把 $i = \sin\left(2t - \dfrac{\pi}{3}\right)$ 的图像沿 i 轴方向放大到原来的 $\dfrac{5}{2}$ 倍，从而得到 $i = \dfrac{5}{2}\sin\left(2t - \dfrac{\pi}{3}\right)$ 的图像。

例 1.4.3

已知正弦电压表达式为

$$e(t) = 311\cos(120\pi t - 60°)$$

（1）将此正弦电压函数沿着 ωt 轴右移 $\pi/4$，试求 $e(t)$ 的表达式；（2）将此正弦电压函数沿着时间轴右移 $125/9$ ms，求 $e(t)$ 的表达式。

解：（1）将此正弦电压函数沿着 ωt 轴右移 $\pi/4$，也就是在相位角上减去 $\pi/4$，得

$$e(t) = 311\cos(120\pi t - 60° - 45°)$$
$$= 311\cos(120\pi t - 105°)$$

（2）当正弦函数沿着时间轴右移时，就在时间 t 上减去一个右移的时间量。于是

$$e(t) = 311\cos\left\{120\pi\left(t - \frac{125}{9} \times 10^{-3}\right) - 60°\right\}$$
$$= 311\cos\{120\pi t - 2\pi\}$$
$$= 311\cos 120\pi t$$

例 1.4.4

已知角频率相等的两个正弦交流电流 $i_1 = I_1\sin(\omega t + \theta_1)$，$i_2 = I_2\sin(\omega t + \theta_2)$，求证它们的和 $i = i_1 + i_2$ 仍是一个正弦交流电流，即

$$i = i_1 + i_2 = I\sin(\omega t + \theta)$$

其中，$I = \sqrt{I_1^2 + I_2^2 + 2I_1I_2\cos(\theta_1 - \theta_2)}$， $\theta = \arctan\dfrac{I_1\sin\theta_1 + I_2\sin\theta_2}{I_1\cos\theta_1 + I_2\cos\theta_2}$。

证明：$i = i_1 + i_2$

$\qquad = I_1\sin(\omega t + \theta_1) + I_2\sin(\omega t + \theta_2)$

$\qquad = I_1(\sin\omega t\cos\theta_1 + \cos\omega t\sin\theta_1) + I_2(\sin\omega t\cos\theta_2 + \cos\omega t\sin\theta_2)$

$\qquad = \sin\omega t(I_1\cos\theta_1 + I_2\cos\theta_2) + \cos\omega t(I_1\sin\theta_1 + I_2\sin\theta_2)$

在此令 $I = \sqrt{(I_1\cos\theta_1 + I_2\cos\theta_2)^2 + (I_1\sin\theta_1 + I_2\sin\theta_2)^2}$，并将其整理，得

$$I = \sqrt{I_1^2 + I_2^2 + 2I_1I_2\cos(\theta_1 - \theta_2)}$$

于是

$$i = i_1 + i_2 = I\cdot\left(\sin\omega t\cdot\frac{I_1\cos\theta_1 + I_2\cos\theta_2}{I} + \cos\omega t\cdot\frac{I_1\sin\theta_1 + I_2\sin\theta_2}{I}\right)$$

$$= I\cdot(\sin\omega t\cos\theta + \cos\omega t\sin\theta)$$

$$= I\sin(\omega t + \theta)$$

其中，$\theta = \arctan\dfrac{I_1\sin\theta_1 + I_2\sin\theta_2}{I_1\cos\theta_1 + I_2\cos\theta_2}$。

此例告诉我们一个重要结论：两个同频率的正弦电流之和仍是同一频率的正弦电流。

下面再看在 RLC 电路中所产生的正弦波。

例 1.4.5

在如图 1.4.4 所示的电路中，在电感 L 上施加交流电压 $e = E\sin\omega t$ 时，将产生电流 i，即

$$i = I\sin\left(\omega t - \frac{\pi}{2}\right)$$

上式中，$I = \dfrac{E}{X_L}$，而 $X_L = \omega L$，X_L 被称为感抗。试画出 e 和 i 关于 ωt 的图像。

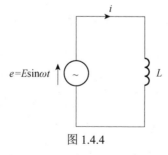

图 1.4.4

解：从电流 i 的表达式（以后给出电流表达式的导出过程）可知，在纯电感电路中，i 比 e 滞后 $\pi/2$ 相位，也就是说，从零时刻起，e 比 i 先达到正的最大值，而且先后相差 $\pi/2$。根据 e 和 i 表达式，可以画出它们的图像，如图 1.4.5 所示。

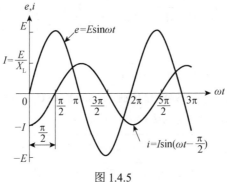

图 1.4.5

根据电路知识，电感是一种抵抗电流变化的电子元件，其作用是"通直流阻交流"。它由环绕在磁性或非磁性材料支柱心上的线圈组成。电感的特性基于磁场的现象，磁场的源是运动中的电荷，即电流。如果电流随时间变化，则磁场也随时间变化。

例 1.4.6

在图 1.4.6 所示的电路中，在电容 C 上施加交流电压 $e = E\sin\omega t$ 时，则有交流电流 i，即

$$i = I\sin\left(\omega t + \frac{\pi}{2}\right)$$

上式中 $I = \dfrac{E}{X_C}$，而 $X_C = \dfrac{1}{\omega C}$，$X_C$ 被称为容抗。试根据 e 和 i 表达式画出它们关于 ωt 的图像。

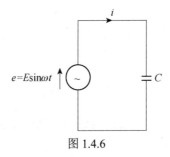

图 1.4.6

解：从电流 i 的表达式可知，在纯电容电路中，i 比 e 超前 $\pi/2$ 相位。它们的图像如图 1.4.7 所示。

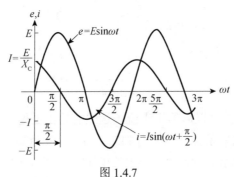

图 1.4.7

其中的电流表达式的导出过程如下：

$$i = C\frac{\mathrm{d}e}{\mathrm{d}t} = C\frac{\mathrm{d}}{\mathrm{d}t}(E\sin\omega t)$$

$$= CE\omega\cos\omega t$$

$$= CE\omega\sin\left(\omega t + \frac{\pi}{2}\right)$$

$$= I\sin\left(\omega t + \frac{\pi}{2}\right)$$

其中，$I = \dfrac{E}{X_C}$，$X_C = \dfrac{1}{\omega C}$。

注意：此处的 $\dfrac{\mathrm{d}e}{\mathrm{d}t}$ 表示求函数 e 关于 t 的导数，在第 3 章将会详细讨论。

根据电路知识，电容也是一种电子元件，其作用是"通交流阻直流"。它是由绝缘体或电介质材料隔离的两个导体组成的。电容的特性基于电场的现象，电场的源是电荷的分离，即电压。如果电压随时间变化，则电场也随时间变化。

例 1.4.7

将电阻 R 和电感 L 串联在电路中，如图 1.4.8 所示，施加电压 $e = E\sin\omega t$ 时，则有电流 i，即

$$i = \frac{E}{|Z|}\sin(\omega t - \varphi)$$

上式中，$|Z| = \sqrt{R^2 + X_L^2}$，$X_L = \omega L$，$\tan\varphi = \dfrac{X_L}{R}$，$\varphi > 0$。其中，$Z$ 称为阻抗，φ 称为功率因数角。据此求解下列问题：

（1）当 $R = 0$ 时，求 i 的瞬时表达式；

（2）当 $\dfrac{X_L}{R} = \dfrac{1}{\sqrt{3}}$ 时，求 i 的瞬时表达式与功率因数 $\cos\varphi$，并绘出 e 和 i 关于 ωt 的图像。

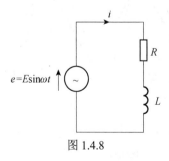

图 1.4.8

解：（1）令 $R = 0$，由

$$\tan\varphi = \frac{X_L}{R} = \frac{X_L}{0} = \infty$$

得

$$\varphi = \frac{\pi}{2}$$

所以

$$i = \frac{E}{|Z|}\sin\left(\omega t - \frac{\pi}{2}\right)$$

记 $I = \dfrac{E}{|Z|} = \dfrac{E}{X_L}$，则

$$i = I\sin\left(\omega t - \frac{\pi}{2}\right)$$

显然，这是只有电感的电路中流过的电流。

在上述电流表达式的导出过程中，要用到微分方程的知识，后面会详细介绍。

（2）根据已知，可得

$$\tan\varphi = \frac{X_L}{R} = \frac{1}{\sqrt{3}}$$

$$\varphi = \frac{\pi}{6}$$

所以

$$i = I\sin\left(\omega t - \frac{\pi}{6}\right)$$

其中，$I = \dfrac{E}{|Z|}$，$|Z| = \sqrt{R^2 + X_L^2} = \dfrac{2}{\sqrt{3}}R = 2X_L$。于是

$$\cos\varphi = \cos\frac{\pi}{6} = \frac{\sqrt{3}}{2}$$

函数 e 和 i 的图像如图 1.4.9 所示，i 比 e 滞后 $\pi/6$ 相位。

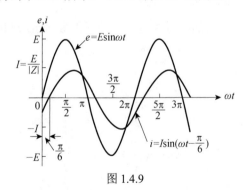

图 1.4.9

在电路理论中，功率因数角是电压初相位与电流初相位之差，即 $\varphi = \varphi_v - \varphi_i$。功率因数角的余弦值称为功率因数。一般情况下，功率因数并不能确定功率因数角的大小，通常用相位滞后功率因数或超前功率因数来描述。滞后功率因数表示电流滞后于电压，常出现在具有感性负载（如变压器、电动机等）的电路中；超前功率因数表示电流超前

于电压，常出现在具有容性负载（如电脑、电视等）的电路中。例 1.4.7 中出现的情况是滞后功率因数。

例 1.4.8

如图 1.4.10 所示，在由电阻 R 和电容 C 串联而成的电路中加上交流电压 $e = E\sin\omega t$，则有电流 i，

$$i = I\sin(\omega t - \varphi)$$

式中，$I = \dfrac{E}{|Z|}$，其中，$|Z| = \sqrt{R^2 + X_C^2}$，$X_C = \dfrac{1}{\omega C}$，$\tan\varphi = -\dfrac{X_C}{R}$，$\varphi < 0$。

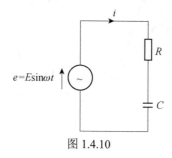

图 1.4.10

（1）当 $R = 0$ 时，求 i 的瞬时表达式；（2）当 $X_C / R = 1$ 时，求 i 的瞬时表达式及功率因数 $\cos\varphi$，画出对应的电压 e 和电流 i 关于 ωt 的图像。

解：（1）令 $R = 0$，由

$$\tan\varphi = -\frac{X_C}{R} = -\frac{X_C}{0} = -\infty$$

得

$$\varphi = -\frac{\pi}{2}$$

所以

$$i = I\sin\left(\omega t + \frac{\pi}{2}\right)$$

其中，$I = \dfrac{E}{|Z|} = \dfrac{E}{X_C}$。

显然，这是只有电容 C 的电路中流过的电流。

（2）由已知，得

$$\tan\varphi = -\frac{X_C}{R} = -1$$

$$\varphi = \arctan(-1) = -\frac{\pi}{4}$$

所以

$$i = I \sin\left(\omega t + \frac{\pi}{4}\right)$$

其中，$I = \dfrac{E}{|Z|}$，而 $|Z| = \sqrt{R^2 + X_C^2} = \sqrt{2}R = \sqrt{2}X_C$

于是 $\cos\varphi = \cos\left(-\dfrac{\pi}{4}\right) = \cos\dfrac{\pi}{4} = \dfrac{\sqrt{2}}{2}$

电压 e 和电流 i 的图像如图 1.4.11 所示，电流 i 比电压 e 的相位超前 $\dfrac{\pi}{4}$。

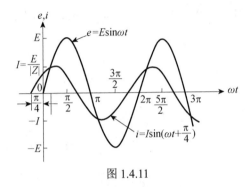

图 1.4.11

例 1.4.8 中出现的情况是超前功率因数。

例 1.4.9

如图 1.4.12 所示，在由电阻 R、电感 L 和电容 C 串联而成的电路中加上电压 $e = E\sin\omega t$ 时，会产生电流 i，

$$i = I\sin(\omega t - \varphi)$$

上式中，$I = \dfrac{E}{|Z|}$，$|Z| = \sqrt{R^2 + X^2}$，$X = X_L - X_C$，$X_L = \omega L$，$X_C = \dfrac{1}{\omega C}$，$\tan\varphi = \dfrac{X}{R}$。求解下列问题：

（1）电路中何时出现滞后功率因数；（2）电路中何时出现超前功率因数；（3）功率因数为 1（e 与 i 相位相同）的条件。

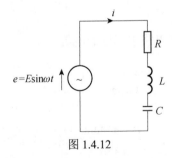

图 1.4.12

解：（1）当 $X_L > X_C$ 时，$X = X_L - X_C > 0$，则

$$\tan\varphi = \frac{X}{R} > 0$$

所以

$$\varphi = \varphi_v - \varphi_i > 0$$

此时电压超前于电流，即电流滞后于电压，电路中出现滞后功率因数。

（2）当 $X_L < X_C$ 时， $X = X_L - X_C < 0$ ，则

$$\tan\varphi = \frac{X}{R} < 0$$

所以

$$\varphi = \varphi_v - \varphi_i < 0$$

此时电压滞后于电流，即电流超前于电压，电路中出现超前功率因数。

（3）当 $X_L = X_C$ 时， $X = X_L - X_C = 0$ ，则

$$\tan\varphi = 0$$

$$\varphi = 0$$

此时功率因数 $\cos\varphi = 1$ ，即 $e = E\sin\omega t$ 和 $i = I\sin\omega t$ 具有相同的相位。

例 1.4.10

如图 1.4.13 所示，在某负载电路中加上正弦交流电压 $e = E\sin\omega t$ ，则有电流 $i = I\sin(\omega t - \varphi)$ 流过，求证电路通电瞬间的电功率 P 为

$$P = ei = E_e I_e[\cos\varphi - \cos(2\omega t - \varphi)]$$

其中， $E_e = \dfrac{E}{\sqrt{2}}$ ， $I_e = \dfrac{I}{\sqrt{2}}$ ，它们分别为 e 和 i 的有效值。

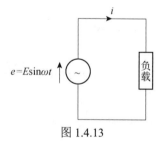

图 1.4.13

证明： $P = e \cdot i = E\sin\omega t \cdot I\sin(\omega t - \varphi)$

$$= EI\left(-\frac{1}{2}\right)\{\cos[\omega t + (\omega t - \varphi)] - \cos[\omega t - (\omega t - \varphi)]\}$$

$$= -\frac{E}{\sqrt{2}}\frac{I}{\sqrt{2}}[\cos(2\omega t - \varphi) - \cos\varphi]$$

$$= \frac{E}{\sqrt{2}}\frac{I}{\sqrt{2}}[\cos\varphi - \cos(2\omega t - \varphi)]$$

$$= E_e I_e[\cos\varphi - \cos(2\omega t - \varphi)]$$

注意：将在第 4 章中给出有效值 E_e 和 I_e 的定义。

例 1.4.11

在图 1.4.14 所示的三相负荷电路中，各相的电压 e_a、e_b、e_c 和电流 i_a、i_b、i_c 分别为

$$e_a = E\sin\omega t, \quad e_b = E\sin\left(\omega t - \frac{2\pi}{3}\right), \quad e_c = E\sin\left(\omega t - \frac{4\pi}{3}\right)$$

$$i_a = I\sin(\omega t - \varphi), \quad i_b = I\sin\left(\omega t - \frac{2\pi}{3} - \varphi\right), \quad i_c = I\sin\left(\omega t - \frac{4\pi}{3} - \varphi\right)$$

试证：（1） $i_a + i_b + i_c = 0$；

（2）三相瞬时它功率 $P = 3E_e I_e \cos\varphi$，其中，$E_e = E/\sqrt{2}$，$I_e = I/\sqrt{2}$。

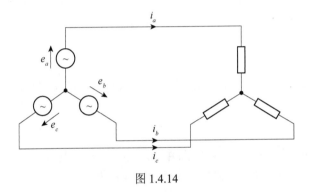

图 1.4.14

证明：（1） $i_a + i_b + i_c$

$$= I\left[\sin(\omega t - \varphi) + \sin\left(\omega t - \varphi - \frac{2\pi}{3}\right) + \sin\left(\omega t - \varphi - \frac{4\pi}{3}\right)\right]$$

$$= I\left\{\sin(\omega t - \varphi) + \left[\sin(\omega t - \varphi)\cos\left(-\frac{2\pi}{3}\right) + \cos(\omega t - \varphi)\sin\left(-\frac{2\pi}{3}\right)\right]\right.$$

$$\left. + \left[\sin(\omega t - \varphi)\cos\left(-\frac{4\pi}{3}\right) + \cos(\omega t - \varphi)\sin\left(-\frac{4\pi}{3}\right)\right]\right\}$$

$$= I\left[\sin(\omega t - \varphi) - \frac{1}{2}\sin(\omega t - \varphi) - \frac{\sqrt{3}}{2}\cos(\omega t - \varphi)\right.$$

$$\left. - \frac{1}{2}\sin(\omega t - \varphi) + \frac{\sqrt{3}}{2}\cos(\omega t - \varphi)\right] = 0$$

（2）计算 a、b、c 各相的瞬时电功率 P_a、P_b、P_c。

$$P_a = e_a i_a$$

$$= E\sin\omega t \cdot I\sin(\omega t - \varphi)$$

$$= -\frac{EI}{2}\left\{\cos\left[\omega t + (\omega t - \varphi)\right] - \cos\left[\omega t - (\omega t - \varphi)\right]\right\}$$

$$= -E_e I_e\left[\cos(2\omega t - \varphi) - \cos\varphi\right]$$

$$P_b = e_b i_b$$

$$= E \sin\left(\omega t - \frac{2\pi}{3}\right) \cdot I \sin\left(\omega t - \frac{2\pi}{3} - \varphi\right)$$

$$= -E_e I_e \left[\cos\left(2\omega t - \frac{4\pi}{3} - \varphi\right) - \cos\varphi\right]$$

$$P_c = e_c i_c$$

$$= EI \sin\left(\omega t - \frac{4\pi}{3}\right) \sin\left(\omega t - \frac{4\pi}{3} - \varphi\right)$$

$$= -E_e I_e \left[\cos\left(2\omega t - \frac{8\pi}{3} - \varphi\right) - \cos\varphi\right]$$

所以

$$P = P_a + P_b + P_c$$

$$= E_e I_e \left[3\cos\varphi - \cos(2\omega t - \varphi) - \cos\left(2\omega t - \frac{4\pi}{3} - \varphi\right) - \cos\left(2\omega t - \frac{8\pi}{3} - \varphi\right)\right]$$

根据和差化积公式

$$\cos\left(2\omega t - \frac{4\pi}{3} - \varphi\right) + \cos\left(2\omega t - \frac{8\pi}{3} - \varphi\right)$$

$$= \cos\left(2\omega t - \frac{4\pi}{3} - \varphi\right) + \cos\left(2\omega t - \frac{2\pi}{3} - \varphi\right)$$

$$= 2\cos\frac{\left(2\omega t - \frac{4\pi}{3} - \varphi\right) + \left(2\omega t - \frac{2\pi}{3} - \varphi\right)}{2} \cdot \cos\frac{\left(2\omega t - \frac{4\pi}{3} - \varphi\right) + \left(2\omega t - \frac{2\pi}{3} - \varphi\right)}{2}$$

$$= 2\cos(2\omega t - \pi - \varphi)\cos\left(-\frac{\pi}{3}\right)$$

$$= 2\left(-\frac{1}{2}\right)\cos(2\omega t - \varphi)$$

$$= -\cos(2\omega t - \varphi)$$

所以

$$P = E_e I_e [3\cos\varphi - \cos(2\omega t - \varphi) + \cos(2\omega t - \varphi)]$$

$$= 3E_e I_e \cos\varphi$$

三相电源一般是由 3 个同频率、等幅值、初相位依次相差 120° 的正弦电压源按一定方式连接而成的。三相电路是将三相电源和三相负载连接起来组成的。

习题 1.4

1. 已知正弦交流电流

$$i(t) = 5\cos\left(\omega t + \frac{\pi}{6}\right)$$

若 $f = 50\text{Hz}$，求当 $t = 0.1\text{s}$ 时电流的瞬时值。

2. 已知正弦电压

$$e(t) = 100\cos(240\pi t + 45°)\ \text{mV}$$

求出下列各值：

（1）频率 f；（2）周期 T；（3）幅值；（4）$e(0)$ 的值；（5）初相位；（6）使 $e = 0$ 的最短时间 $t\,(t > 0)$。

3. 已知两个正弦交流电流分别为

$$i_1 = 10\sin\left(\omega t + \frac{\pi}{4}\right)$$

$$i_2 = 20\sin\left(\omega t - \frac{\pi}{6}\right)$$

试画出它们在同一周期的闭区间上的图像，并比较它们的相位关系。

4. 已知两个正弦交流电压分别为

$$e_1 = 36\cos\omega t$$

$$e_2 = 24\sin\left(\omega t + \frac{\pi}{3}\right)$$

试画出它们在同一周期的闭区间上的图像，并比较它们的相位关系。

5. 试求 $f = 60\text{Hz}$ 的正弦交流电的周期和角频率。

6. 已知一个交流电压的初相位为 $\frac{\pi}{5}$，频率为 50Hz，幅值为 311V，试写出电压与瞬时时间的表达式。

7. 对于正弦电压

$$e = 170\cos(120\pi t - 60°)\ \text{V}$$

试求：（1）电压的幅值、频率 f、角频率、初相位、周期 T；（2）从 $t = 0$ 开始，第一次到达 $e = 170\text{V}$ 的时间；（3）当正弦函数沿着时间轴右移 $125/18$ ms 时，求 $e(t)$ 的表达式；（4）要使 $e = 170\cos 120\pi t\ \text{V}$，函数图像必须最少向左移动多少？

8. 在如图 1.4.15 所示的三相星形交流电源中，当 $e_1 = E\sin\omega t$，$e_2 = E\sin\left(\omega t - \frac{2\pi}{3}\right)$，$e_3 = E\sin\left(\omega t - \frac{4\pi}{3}\right)$ 时，试证线间电压分别为

（1）$e_{12} = e_1 - e_2 = \sqrt{3}E\sin\left(\omega t + \frac{\pi}{6}\right)$；

（2）$e_{23} = e_2 - e_3 = \sqrt{3}E\sin\left(\omega t - \frac{2\pi}{3} + \frac{\pi}{6}\right)$；

（3）$e_{31} = e_3 - e_1 = \sqrt{3}E\sin\left(\omega t - \frac{4\pi}{3} + \frac{\pi}{6}\right)$。

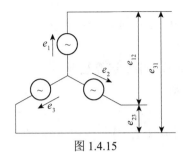

图 1.4.15

1.5 指数函数和对数函数

在进行电路分析时，除三角函数之外，指数函数与对数函数也是两个重要函数，在许多地方都要用到，下面将介绍这两种函数。

定义 1.5.1

假设 $a > 0$ 且 $a \neq 1$ 时，把函数

$$y = a^x$$

称为以 a 为底的指数函数。

对于 a 的不同情况，图 1.5.1 中描绘了指数函数 $y = a^x$ 的图像。从图像中可以发现：当 $a > 1$ 时，$y = a^x$ 为单调增加的；当 $0 < a < 1$ 时，$y = a^x$ 为单调减少的。它们都经过 y 轴上的同一点（0，1）。

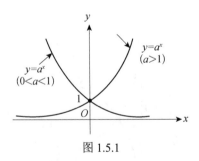

图 1.5.1

特别地，以 e 为底的指数函数写为

$$y = e^x$$

e 是由下式给出的常数

$$e = 1 + \frac{1}{1!} + \frac{1}{2!} + \cdots + \frac{1}{n!} + \cdots = 2.718\,281\,828\cdots$$

以 $\frac{1}{e}$ 为底的指数函数写为

$$y = \left(\frac{1}{e}\right)^x = e^{-x}$$

显然，$y = \mathrm{e}^x$ 在 $(-\infty, +\infty)$ 上是单调增加的，$y = \mathrm{e}^{-x}$ 在 $(-\infty, +\infty)$ 上是单调减少的。请读者画出它们的图像，并作比较。

以后，我们会经常用到下面的指数运算法则。

假设 x、y 为任意实数，则

（1）$a^0 = 1$

（2）$a^n = \underbrace{a \cdot a \cdot a \cdots\cdots a}_{n}$ $(n = 1, 2, \cdots)$

（3）$a^x \cdot a^y = a^{x+y}$

（4）$(a^x)^y = a^{xy}$

（5）$(a \cdot b)^x = a^x \cdot b^x$

与指数函数对应的是对数函数，其定义如下。

定义 1.5.2

设 $a > 0$ 且 $a \neq 1$ 时，把指数函数

$$x = a^y$$

的反函数称为以 a 为底的对数函数，记为

$$y = \log_a x \quad (x > 0)$$

在此要注意，指数函数 $x = a^y$ 存在反函数，因为当 $a > 0$ 且 $a \neq 1$ 时，函数 $x = a^y$ 中的自变量与因变量的对应关系总是一对一的。

从图 1.5.2 中可以看出：当 $a > 1$ 时，$y = \log_a x$ 是单调增加的；当 $0 < a < 1$ 时，$y = \log_a x$ 是单调减少的。

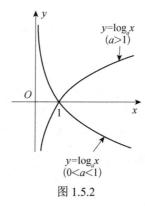

图 1.5.2

特别地，将以 10 为底的对数称为常用对数，记为

$$y = \log_{10} x = \lg x$$

将以 e 为底的对数称为自然对数，记为

$$y = \log_{\mathrm{e}} x = \ln x$$

函数 $y = \mathrm{e}^x$ 与其反函数 $y = \ln x$ 的关系如图 1.5.3 所示。

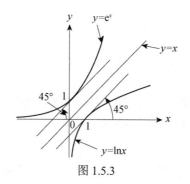

图 1.5.3

下面的对数运算法则是我们经常用到的。

（1）$\log_a 1 = 0$

（2）$\log_a a^x = x$

（3）$\log_a(x \cdot y) = \log_a x + \log_a y$

（4）$\log_a(x/y) = \log_a x - \log_a y$

（5）$\log_a x^n = n \log_a x$

（6）$a^{\log_a x} = x$

（7）换底公式：$\log_a x = \dfrac{\log_b x}{\log_b a}$，$(b > 0,\ b \neq 1)$

（8）$\ln x = \dfrac{\log_{10} x}{\log_{10} e} = \dfrac{\log_{10} x}{0.4342945} \approx 2.303 \lg x$

（9）$y = a^x = e^{x \ln a}$

例 1.5.3

已知 $\lg 2 = 0.3010$，$\lg 3 = 0.4771$，求下列各对数的值。

（1）$\log_{10} 10000$　　　　　（2）$\log_{10} 1$　　　　　（3）$\log_{10} 0.0001$

（4）$\log_{10} 0.2$　　　　　（5）$\log_{10} 6$　　　　　（6）$\ln 2$

解：根据对数运算的法则，有

（1）$\log_{10} 10000 = \log_{10} 10^4 = 4 \log_{10} 10 = 4 \times 1 = 4$

（2）$\log_{10} 1 = \log_{10} 10^0 = 0$

（3）$\log_{10} 0.0001 = \log_{10} 10^{-4} = -4$

（4）$\log_{10} 0.2 = \log_{10} \dfrac{2}{10} = \log_{10} 2 - \log_{10} 10 \approx 0.3010 - 1 = -0.699$

（5）$\log_{10} 6 = \log_{10}(2 \times 3) = \log_{10} 2 + \log_{10} 3 \approx 0.3010 + 0.4771 = 0.7781$

（6）$\ln 2 \approx 2.303 \log_{10} 2 \approx 2.303 \times 0.3010 \approx 0.6932$

例 1.5.4

把某线路送电端的电功率设为 P_1，受电端的电功率设为 P_2 时，线路的输送增益（或损失）表示如下：美国和日本以使用 $b = 10\lg \dfrac{P_1}{P_2}$ 为主，单位为 dB（分贝）；欧洲等国以

使用 $b_n = \dfrac{1}{2}\ln \dfrac{P_1}{P_2}$ 为主，单位为 Np（奈培）。求解下列问题：

（1）当送电端的阻抗 R_1 等于受电端的阻抗 R_2 时，分别用送电端、受电端的电流 I_1 和 I_2，送电端、受电端的电压 E_1 和 E_2 来表示 b；

（2）当 $P_1 / P_2 = 2$ 时，求 b；

（3）如果送电端与受电端的阻抗相等，并且 $b = b_n$，求 Np 与 dB 间的转换关系。

解：（1）由 $P_1 = I_1^2 R_1 = E_1^2 / R_1$，$P_2 = I_2^2 R_2 = E_2^2 / R_2$，$R_1 = R_2$，可得

$$
\begin{aligned}
b &= 10\lg \frac{P_1}{P_2} \\
&= 10\lg \frac{I_1^2 R_1}{I_2^2 R_2} \\
&= 10\lg \left(\frac{I_1}{I_2} \right)^2 \\
&= 20\lg \frac{I_1}{I_2} \, (\text{dB})
\end{aligned}
$$

或者

$$
b = 10\lg \frac{P_1}{P_2}
$$

$$
b = 10\lg \frac{E_1^2 / R_1}{E_2^2 / R_2}
$$

$$
= 10\lg \left(\frac{E_1}{E_2} \right)^2
$$

$$
= 20\lg \frac{E_1}{E_2} \, (\text{dB})
$$

（2）$b = 10\lg \dfrac{P_1}{P_2} = 10\lg 2 \approx 10 \times 0.3 = 3(\text{dB})$

（3）$b_n = \dfrac{1}{2}\ln \dfrac{P_1}{P_2} \approx \dfrac{1}{2} \times 2.303 \lg \dfrac{P_1}{P_2} \approx 1.15\lg \dfrac{P_1}{P_2}(\text{Np})$

因为 $b = b_n$，所以

$$
10\lg \frac{P_1}{P_2}(\text{dB}) = 1.15\lg \frac{P_1}{P_2}(\text{Np})
$$

$$
10 \text{ dB} = 1.15 \text{ Np}
$$

即

$$
1 \text{ dB} = 0.115 \text{ Np}
$$

习题 1.5

1. 已知 $\lg 2 = 0.3010$，$\lg 3 = 0.4771$，试求下列各对数的值。

（1）$\lg 0.4$

（2）$\lg 1.2$

（3）$\lg 400$

（4）$\ln 4$

（5）$\lg 50$

（6）$\ln 20$

2. 改写下列各式，表示出其中的 x。

（1）$y = \lg(x + 2)$

（2）$y = \ln x - 3$

（3）$y = \lg(x - 4)$

（4）$y = e^x - 4$

（5）$y = e^{x-1}$

（6）$y = e^x + 3$

3. 一台扩音机的输入功率为 1.12×10^{-6} W，输出功率为 15.1 W，求此扩音机的输送增益为多少 dB？

1.6　初等函数

前面我们介绍了四种函数，包括三角函数、反三角函数、指数函数和对数函数，它们在工程技术中得到了广泛应用。另外有两种函数，它们是常数函数

$$y = K$$

和幂函数

$$y = x^a \ (a \text{为常数})$$

它们相对比较简单，本书不再讨论。

我们把这六种函数（常数函数、幂函数、三角函数、反三角函数、指数函数、对数函数）统称为基本初等函数。

在实际问题中，会遇到一些比较复杂的函数，它们是由基本初等函数经过组合而得到的。比如，$y = e^{-3x^2}$ 可以看作是由 $y = e^u$ 与 $u = -3x^2$ 复合组成的，这时称 $y = e^{-3x^2}$ 为复合函数，u 为中间变量。

一般地，有如下定义。

定义 1.6.1

设 y 是 u 的函数

$$y = f(u)$$

u 是 x 的函数

$$u = g(x)$$

且函数 $u = g(x)$ 的值域与函数 $y = f(u)$ 的定义域的交集非空，那么就称

$$y = f(g(x))$$

是由 $y = f(u)$ 与 $u = g(x)$ 复合而成的**复合函数**，u 为中间变量。

比如，函数 $y = \ln u$，$u = \ln v$，$v = \ln x$ 通过复合可以得到函数

$$y = \ln(\ln(\ln x))$$

当然，并不是任意两个（或多个）函数都能够进行复合而成为一个新函数。比如，$y = \ln u$ 与 $u = -x^2 - 3$ 就不能构成复合函数，因为函数 $u = -x^2 - 3$ 的值域与函数 $y = \ln u$ 的定义域没有公共部分。

例 1.6.1

将函数 $y = \ln\sqrt{x^2 + x + 2}$ 分解成简单函数。

解：函数 $y = \ln\sqrt{x^2 + x + 2}$ 可分解为 $y = \ln u$，$u = \sqrt{v}$，$v = x^2 + x + 2$ 三个基本初等函数。

在本章的最后，我们给出初等函数的定义。

由基本初等函数经过有限次的四则运算或有限次的复合所构成的，并且可以用一个式子表示的函数，称为初等函数。

比如，$y = \mathrm{e}^x + \sin x$ 和 $f(x) = \sqrt{2x - 3} + 8\ln(5x + 1)$ 都是初等函数。初等函数在工程技术中的应用是非常广泛的。

习题 1.6

1. 将下列复合函数分解为基本初等函数。

（1）$f(x) = \sqrt[3]{4x + 8}$　　　　　　　　（2）$y = \ln(x^2 + 2x + 3)$

（3）$y = \cos(5x)$　　　　　　　　　　　（4）$f(x) = \mathrm{e}^{\sin x^2}$

2. 写出下列各组函数构成的复合函数。

（1）$y = \sin u$，$u = 314t + 50$

（2）$y = \mathrm{e}^{-v}$，$v = 3x - 2$

（3）$y = \ln(u^2 + 1)$，$u = \cos t$

3. 设 $f(x) = \mathrm{e}^{-x}$，$g(x) = \sqrt{x + 1}$，求 $f(g(x))$、$g(f(x))$、$f(f(x))$、$g(g(x))$。

4. 判断下列函数表达式是否为初等函数，并说明理由。

（1）$f(x) = \begin{cases} 2x - 3 & x \geqslant 1 \\ \sin x & x < 1 \end{cases}$　　　　　　（2）$g(x) = x + x^2 + x^3 + \cdots$

第 2 章　向量与复数

向量与复数是正弦稳态电路和三相电路分析的基本工具。本章主要介绍向量与复数的概念，向量与正弦波，复数的表示法和基本运算，以及复数阻抗等非常有用的知识。

2.1　向量及其运算

在工程技术中经常遇到的量大致可分为两类：一类是只有大小的量，如长度、密度、体积、温度等，这一类量称为标量；另一类是既有大小又有方向（用箭头标记）的量，如力、加速度、电场、磁场等，这一类量称为向量。在几何上，向量用一个带有箭头的线段表示。如图 2.1.1 所示，从任意点 O 朝着箭头的方向引出一条线段 $\overrightarrow{OP}$，并在其端点 P 处标上箭头，此向量就表示为 $\overrightarrow{OP}$，其中，O 称为向量的始点，P 称为向量的终点。在代数运算时，一般用加粗斜体字母（如 A、a）表示向量。例如

$$\overrightarrow{OP} = A$$

向量 $\overrightarrow{OP}$ 的大小称为向量的模（或绝对值），表示为

$$|\overrightarrow{OP}| = |A|$$

模等于 1 的向量称为**单位向量**，记作 u。模等于 0 的向量称为零向量，记为 0，零向量的方向是任意的。

当 u 和 A 的方向相同时，则

$$A = \overrightarrow{OP} \cdot u = |A| u$$

假设在空间直角坐标系中有一向量 $\overrightarrow{OP} = A$，它与 x、y、z 轴正方向的夹角分别为 α、β、γ。这三个角统称为**向量 A 的方向角**，如图 2.1.2 所示。

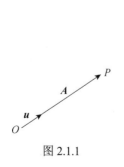

图 2.1.1

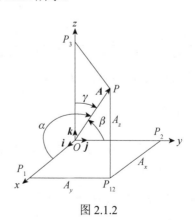

图 2.1.2

那么，向量 A 在各坐标轴上的正投影

$$A_x = |A|\cos\alpha$$

$$A_y = |A|\cos\beta$$

$$A_z = |A|\cos\gamma$$

分别称为**向量 A 的 x 坐标、y 坐标、z 坐标**。

由于 $0 \leqslant \alpha \leqslant \pi$，$0 \leqslant \beta \leqslant \pi$，$0 \leqslant \gamma \leqslant \pi$，，所以坐标 A_x、A_y、A_z 的符号会出现几种不同情况。坐标符号的正负由 $\cos\alpha$、$\cos\beta$、$\cos\gamma$ 确定，或可以通过观察向量 $\overrightarrow{OP}$ 的终点 P 所在的卦限来确定。

记

$$\lambda = \cos\alpha = \frac{A_x}{|A|}$$

$$\mu = \cos\beta = \frac{A_y}{|A|}$$

$$v = \cos\gamma = \frac{A_z}{|A|}$$

λ、μ、v 分别称为向量 A 在 x、y、z 方向上的**方向余弦**。

由勾股定理，得

$$|A| = \sqrt{A_x^2 + A_y^2 + A_z^2} = |A|\sqrt{\lambda^2 + \mu^2 + v^2}$$

所以

$$\lambda^2 + \mu^2 + v^2 = \cos^2\alpha + \cos^2\beta + \cos^2\gamma = 1$$

现分别在 x、y、z 轴上取一个与它们的正方向相同的单位向量，分别记为 i、j、k，这三个单位向量被称为直角坐标系的**基本向量**，那么向量 A 就可以用其坐标 A_x、A_y、A_z 表示为

$$A = iA_x + jA_y + kA_z = (A_x,\ A_y,\ A_z)$$

一般地，给定空间一点 $P(x,\ y,\ z)$，连接 OP 就可以得到一个向量 $\overrightarrow{OP}$，它可表示为

$$\overrightarrow{OP} = ix + jy + kz$$

这一类起点在坐标原点 O 的向量有时也称为**向径**。比如，第 6 卦限中的点 $P(-2, 3, -5)$ 所对应的向径为 $\overrightarrow{OP} = -i2 + j3 - k5$。

例 2.1.1

求下列向量的模 $|A|$ 及方向余弦 λ、μ、v。

（1）$A = i + j + k$　　　　　　　　　　（2）$A = i2 + j3 - k$

解：根据 $|A| = \sqrt{A_x^2 + A_y^2 + A_z^2}$，有

（1）$|A| = \sqrt{1^2 + 1^2 + 1^2} = \sqrt{3}$，所以

$$\lambda = \frac{A_x}{|A|} = \frac{1}{\sqrt{3}}$$

同理，$\mu = \dfrac{A_y}{|A|} = \dfrac{1}{\sqrt{3}}$，$v = \dfrac{A_z}{|A|} = \dfrac{1}{\sqrt{3}}$

（2）$|A| = \sqrt{2^2 + 3^2 + (-1)^2} = \sqrt{14}$，所以

$$\lambda = \frac{A_x}{|A|} = \frac{2}{\sqrt{14}} = \frac{2\sqrt{14}}{14} = \frac{\sqrt{4}}{7}$$

同理，$\mu = \dfrac{3}{\sqrt{14}} = \dfrac{3\sqrt{14}}{14}$，$v = -\dfrac{1}{\sqrt{14}} = -\dfrac{\sqrt{14}}{14}$

例 2.1.2

如图 2.1.3 所示，在点 O 处有一点电荷 Q，求在 $\overline{OP} = r$ 上的点 P 处产生的电场强度 E。假设周围空气的介电常数为 ε_0。

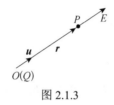

图 2.1.3

解：若在点 P 处有点电荷 Q'，则 Q 与 Q' 之间有相互作用的库仑力。根据库仑定律，得

$$F = r\frac{QQ'}{4\pi\varepsilon_0 r^3}$$

而

$$r = \overline{OP} = ru$$

所以

$$F = u\frac{QQ'}{4\pi\varepsilon_0 r^2}$$

当 $Q' = 1$C(库仑) 时，作用在其上的力就是 P 点的电场强度 E，所以

$$E = \frac{F}{Q'} = \frac{F}{1} = u\frac{Q}{4\pi\varepsilon_0 r^2}$$

当 $Q > 0$ 时，E 的方向和 u 的方向相同；当 $Q < 0$ 时，E 与 u 的方向相反。

如果两个向量 A、B 的方向相同且大小相等，则称这两个向量相等，记为 $A = B$。假设向量

$$A = iA_x + jA_y + kA_z$$
$$B = iB_x + jB_y + kB_z$$

则 $A = B$ 的条件是

$$A_x = B_x, \quad A_y = B_y, \quad A_z = B_z$$

两向量之和：如图 2.1.4 所示，如果向量 $\overrightarrow{OP} = A$，$\overrightarrow{PQ} = B$，那么将以向量 A 的始点 O 为始点、以向量 B 的终点 Q 为终点的向量 $\overrightarrow{OQ} = C$ 定义为 A 与 B 之和，记为

$$C = A + B$$
$$= i(A_x + B_x) + j(A_y + B_y) + k(A_z + B_z)$$

所以，$C = A + B$ 是以 A、B 为相邻两条边组成的平行四边形的对角线，如图 2.1.5 所示。

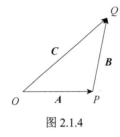

图 2.1.4

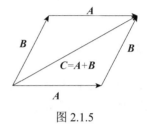

图 2.1.5

两向量之差：向量 A 与 B 之差为

$$C = A - B$$
$$= A + (-B)$$
$$= i(A_x - B_x) + j(A_y - B_y) + k(A_z - B_z)$$

故 C 是以 A、$-B$ 为相邻两条边组成的平行四边形的对角线，如图 2.1.6 所示。

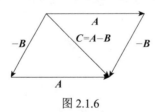

图 2.1.6

标量与向量之积：标量 ϕ 与向量 A 的积 C 为

$$C = \phi A$$

它是一个平行于 A 的向量。当 $\phi > 0$ 时，C 与 A 同方向；当 $\phi < 0$ 时，C 与 A 反方向，如图 2.1.7 所示。

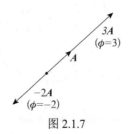

图 2.1.7

定义 2.1.1

假设向量 A、B 的夹角 $\angle(A, B) = \theta$（$0 \leqslant \theta \leqslant \pi$，无向角），规定

$$A \cdot B = |A||B|\cos\theta$$

为两个向量 A、B 的内积。

显然，两个向量的内积不再是一个向量，而是一个标量。由定义容易得到

$$A \cdot B = \begin{cases} |A||B| & \text{当}A\text{和}B\text{同向时，} \theta = 0 \\ 0 & \text{当}A \perp B\text{时，} \theta = \pi/2 \\ -|A||B| & \text{当}A\text{和}B\text{反向时，} \theta = \pi \\ A \cdot A = |A|^2 & \text{当}A = B\text{时，} \theta = 0 \end{cases}$$

把向量内积的定义运用到基本向量 i、j、k 上，容易得到

$$i \cdot i = j \cdot j = k \cdot k = 1$$
$$i \cdot j = j \cdot k = k \cdot i = 0$$

向量的内积运算有如下基本性质：

（1）交换律：$A \cdot B = B \cdot A$

（2）分配律：$A \cdot (B + C) = A \cdot B + A \cdot C$

在此，我们不做证明。

如果用直角坐标分量表示向量的内积，则有

$$\begin{aligned} A \cdot B &= (iA_x + jA_y + kA_z) \cdot (iB_x + jB_y + kB_z) \\ &= i \cdot iA_xB_x + i \cdot jA_xB_y + i \cdot kA_xB_z + j \cdot iA_yB_x + j \cdot jA_yB_y + \\ &\quad j \cdot kA_yB_z + k \cdot iA_zB_x + k \cdot jA_zB_y + k \cdot kA_zB_z \\ &= A_xB_x + A_yB_y + A_zB_z \end{aligned}$$

两个向量的夹角余弦就为

$$\cos\theta = \frac{A \cdot B}{|A||B|} = \frac{A_xB_x + A_yB_y + A_zB_z}{\sqrt{A_x^2 + A_y^2 + A_z^2} \cdot \sqrt{B_x^2 + B_y^2 + B_z^2}}$$

定义 2.1.2

假设向量 A、B 的夹角 $\angle(A, B) = \theta$（$0 \leqslant \theta \leqslant \pi$，无向角）时，规定向量

$$C = A \times B$$

为两个向量 A、B 的外积。

两个向量的外积仍是一个向量，其模为

$$|C| = |A \times B| = |A||B|\sin\theta$$

这是以 A、B 为相邻两条边的平行四边形面积；其方向垂直于向量 A 与 B 所确定的平面，而且 A、B、C 符合右手法则，如图 2.1.8 所示。

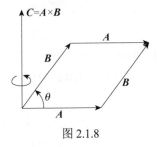

图 2.1.8

根据向量外积的定义，有

$$B \times A = -A \times B$$

对于基本向量 i、j、k 来说，容易得到

$$i \times i = j \times j = k \times k = 0$$
$$i \times j = -j \times i = k$$
$$j \times k = -k \times j = i$$
$$k \times i = -i \times k = j$$

对于三个向量 A、B、C，有下述的分配律成立：

$$A \times (B + C) = A \times B + A \times C$$

如果用直角坐标分量表示向量的外积，则有

$$
\begin{aligned}
A \times B &= (iA_x + jA_y + kA_z) \times (iB_x + jB_y + kB_z) \\
&= i \times iA_xB_x + i \times jA_xB_y + i \times kA_xB_z + j \times iA_yB_x + j \times jA_yB_y + \\
&\quad j \times kA_yB_z + k \times iA_zB_x + k \times jA_zB_y + k \times kA_zB_z \\
&= i(A_yB_z - A_zB_y) - j(A_xB_z - A_zB_x) + k(A_xB_y - A_yB_x) \\
&= \begin{vmatrix} i & j & k \\ A_x & A_y & A_z \\ B_x & B_y & B_z \end{vmatrix}
\end{aligned}
$$

此处用行列式表示两个向量的外积更便于记忆，行列式的知识将在以后章节中介绍。

例 2.1.3

求两个向量 $A = i + j + k$ 与 $B = i2 + j3 - k$ 的和、差、内积、夹角、外积。

解：（1）$A + B = (i + j + k) + (i2 + j3 - k) = i3 + j4$

（2）$A - B = (i + j + k) - (i2 + j3 - k) = -i - j2 + k2$

（3）$A \cdot B = (i + j + k) \cdot (i2 + j3 - k) = 1 \times 2 + 1 \times 3 + 1 \times (-1) = 2 + 3 - 1 = 4$

（4）$|A| = \sqrt{1^2 + 1^2 + 1^2} = \sqrt{3}$，$|B| = \sqrt{2^2 + 3^2 + (-1)^2} = \sqrt{14}$

于是

$$\cos \theta = \frac{A \cdot B}{|A||B|} = \frac{4}{\sqrt{3} \times \sqrt{14}} = \frac{2\sqrt{42}}{21}$$

所以

$$\theta = \arccos\left(\frac{2\sqrt{42}}{21}\right)$$

$$(6)\ \boldsymbol{A} \times \boldsymbol{B} = \begin{vmatrix} \boldsymbol{i} & \boldsymbol{j} & \boldsymbol{k} \\ 1 & 1 & 1 \\ 2 & 3 & -1 \end{vmatrix}$$

$$= \boldsymbol{i}[1 \times (-1) - 1 \times 3] - \boldsymbol{j}[1 \times (-1) - 1 \times 2] + \boldsymbol{k}(1 \times 3 - 1 \times 2)$$

$$= -\boldsymbol{i}4 + \boldsymbol{j}3 + \boldsymbol{k}$$

习题 2.1

1. 求下列向量的模 $|\boldsymbol{A}|$ 及方向余弦 λ、μ、ν。

（1）$\boldsymbol{A} = \boldsymbol{i} + \boldsymbol{j} - \boldsymbol{k}\dfrac{1}{2}$　　　　　　（2）$\boldsymbol{A} = -\boldsymbol{i} - \boldsymbol{j} + \boldsymbol{k}$

（3）$\boldsymbol{A} = -\boldsymbol{i}2 + \boldsymbol{j} + \boldsymbol{k}2$　　　　　　（4）$\boldsymbol{A} = -\boldsymbol{i}\dfrac{1}{2} + \boldsymbol{j} + \boldsymbol{k}\dfrac{1}{3}$

2. 求向量 $\boldsymbol{A} = \boldsymbol{i}2 - \boldsymbol{j} - \boldsymbol{k}$ 与 $\boldsymbol{B} = -\boldsymbol{i} + \boldsymbol{j}3 + \boldsymbol{k}$ 的和、差、内积、夹角、外积。

3. 已知空间直角坐标系中两点 $P(-1,2,-3), Q(0,4,-2)$，试求

（1）$\overrightarrow{OP}$、$\overrightarrow{OQ}$、$\overrightarrow{PQ}$、$\overrightarrow{QP}$；

（2）$\overrightarrow{OP} \cdot \overrightarrow{OQ}$、$\overrightarrow{OP} \times \overrightarrow{OQ}$；

（3）$\overrightarrow{OP}$ 与 $\overrightarrow{OQ}$ 的夹角。

2.2　旋转向量与正弦量

　　正弦交流电路的稳态分析中会涉及许多的正弦量，涉及它们的运算会比较繁杂。在此介绍一种处理正弦量的方法：把一个正弦量（或正弦函数）转换成一个旋转向量。下面我们以交流电压

$$e = E\sin(\omega t + \varphi)$$

为例介绍这种方法。

　　在平面直角坐标系上做一个圆，使其半径等于交流电压的幅值 E，再在此圆内作一向径，使其与横轴正方向所成的夹角等于交流电压的初相位 φ，如图 2.2.1 所示。现在，令此向量以正弦量的角速度 ω 沿逆时针方向旋转，则该向量在纵轴上的投影即为交流电压的瞬时值 e。

　　该向量经过时间 t 后，它与横轴的夹角为 $\omega t + \varphi$，因此它在纵轴上的投影为 $e = E\sin(\omega t + \varphi)$。当时间 t 取不同的值时，旋转向量在纵轴上会有不同的投影长度 e，这样就得到一系列的点 (t, e)，用光滑曲线把这些点连接起来，即得到图 2.2.1 中右边的

正弦曲线，所以一个正弦量对应着一个旋转向量。旋转向量的模对应于正弦量的幅值，旋转向量的初始方向对应于正弦量的初相位，旋转向量的转速对应于正弦量的角频率。可以说，旋转向量直观地反映了正弦量的三个要素：幅值、初相位和角频率。

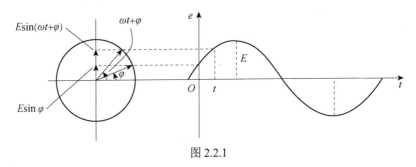

图 2.2.1

可以证明，在线性电路中，如果全部激励信号（输入信号）都是同一频率的正弦波函数，则电路中的全部稳态响应信号（输出信号）也是同一频率的正弦波函数，所以在正弦稳态分析中可以暂时不考虑角频率，而只考虑它们的幅值（或有效值）和初相位。正是基于这样的考虑，正弦量可以用相应的向量来表示，向量的模对应于正弦量的幅值（或有效值），向量的方向对应于正弦量的初相位。正弦量 $e = E\sin(\omega t + \varphi)$ 所对应的向量可以记为

$$\dot{E} = E\angle\varphi$$

这里用在 E 上加一黑点表示正弦波电压所对应的电压向量。今后对正弦交流电流也采用类似的记法。这种表示方法在电路分析中非常普遍。

有时，把这种转换记为

$$\wp\{E\sin(\omega t + \varphi)\} = \dot{E} = E\angle\varphi$$

或者，反过来

$$E\sin(\omega t + \varphi) = \wp^{-1}\{E\angle\varphi\}$$

正弦波函数所对应的向量也可以用含有幅值和初相位的复数来表示，将在后文中介绍。

例 2.2.1

用向量表示下列正弦波，并画出其对应的向量图。

（1）$e = 32\sin\left(\omega t + \dfrac{\pi}{6}\right)$　　　　　　　　　　（2）$i = 24\sin\left(\omega t - \dfrac{\pi}{3}\right)$

（3）$e = 311\sin\left(\omega t + \dfrac{2\pi}{3}\right)$

解：（1）$\dot{E} = 32\angle\dfrac{\pi}{6}$

（2）$\dot{I} = 24\angle -\dfrac{\pi}{3}$

（3）$\dot{E} = 311\angle\dfrac{2\pi}{3}$

它们对应的向量图（略）。

例 2.2.2

画出下列两个正弦波

$$e_1 = 20\sin\left(\omega t - \frac{\pi}{4}\right), \quad e_2 = 10\sin\left(\omega t + \frac{3\pi}{4}\right)$$

所对应的向量图，并求它们的相位差。

解：请读者画出它们的向量图。

相位差为 $\dfrac{3\pi}{4} - \left(-\dfrac{\pi}{4}\right) = \pi$，这说明 e_1 与 e_2 是反相的。也就是说，当 e_1 到达正的最大值时，e_2 到达负的最大值。

例 2.2.3

已知角频率相等的正弦交流电流 $i_1 = I_1\sin(\omega t + \theta_1)$，$i_2 = I_2\sin(\omega t + \theta_2)$，求它们的和 $i = i_1 + i_2$ 随时间变化的规律。

解：此题在第 1 章例 1.4.4 中用三角公式计算过，下面用向量法计算正弦交流电流的和。

如图 2.2.2 所示，用 $\overrightarrow{OP_1}$、$\overrightarrow{OP_2}$ 表示正弦交流电流 i_1、i_2 在 $t = 0$ 时所对应的向量，则 i_1、i_2 就分别是旋转向量 $\overrightarrow{OP_1}$、$\overrightarrow{OP_2}$ 的纵坐标，$i_1 + i_2$ 就是向量 $\overrightarrow{OP} = \overrightarrow{OP_1} + \overrightarrow{OP_2}$ 的纵坐标。

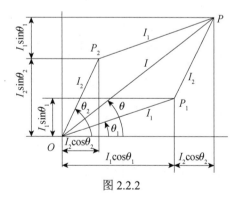

图 2.2.2

由于这两个正弦交流电的角频率相等，因此 $\overrightarrow{OP_1}$ 与 $\overrightarrow{OP_2}$ 的夹角（$\theta_2 - \theta_1$）不会随时间 t 变化，从而向量 $\overrightarrow{OP} = \overrightarrow{OP_1} + \overrightarrow{OP_2}$ 也以角频率 ω 沿逆时针方向做匀速转动，所以 $\overrightarrow{OP}$ 也是一个角频率为 ω 的正弦交流电。

根据图 2.2.2 中的关系，由勾股定理，容易得到向量 $\overrightarrow{OP}$ 的模为

$$I = \sqrt{(I_1 \cos \theta_1 + I_2 \cos \theta_2)^2 + (I_1 \sin \theta_1 + I_2 \sin \theta_2)^2}$$
$$= \sqrt{I_1^2 + I_2^2 + 2 I_1 I_2 \cos(\theta_1 - \theta_2)}$$

向量 $\overrightarrow{OP}$ 与横轴正方向的夹角正切为

$$\tan \theta = \frac{I_1 \sin \theta_1 + I_2 \sin \theta_2}{I_1 \cos \theta_1 + I_2 \cos \theta_2}$$

从而 $i = I \sin(\omega t + \theta)$。

请读者思考，如果正弦波函数为 $i_1 = I_1 \cos(\omega t + \theta_1)$，$i_2 = I_2 \cos(\omega t + \theta_2)$ 时，如何计算它们的和 $i = i_1 + i_2$。

例 2.2.4

已知两个正弦交流电流

$$i_1 = 2 \sin\left(\omega t + \frac{\pi}{6}\right), \quad i_2 = 2 \sin\left(\omega t - \frac{\pi}{2}\right)$$

求 $i = i_1 + i_2$ 随时间变化的规律。

解：根据例 2.2.3 的结论，代入相应数值得

$$I = \sqrt{I_1^2 + I_2^2 + 2 I_1 I_2 \cos(\theta_1 - \theta_2)}$$
$$= \sqrt{2^2 + 2^2 + 2 \times 2 \times 2 \cos\left(\frac{\pi}{6} + \frac{\pi}{2}\right)}$$
$$= \sqrt{8 + 8 \cos\left(\frac{2\pi}{3}\right)} = \sqrt{8 - 4} = 2$$

$$\tan \theta = \frac{I_1 \sin \theta_1 + I_2 \sin \theta_2}{I_1 \cos \theta_1 + I_2 \cos \theta_2}$$
$$= \frac{2 \sin \frac{\pi}{6} + 2 \sin\left(-\frac{\pi}{2}\right)}{2 \cos \frac{\pi}{6} + 2 \cos\left(-\frac{\pi}{2}\right)} = -\frac{\sqrt{3}}{3}$$

$$\theta = -\frac{\pi}{6}$$

所以

$$i = 2 \sin\left(\omega t - \frac{\pi}{6}\right)$$

习题 2.2

1. 用向量表示下列正弦波，并画出其对应的向量图。

（1）$e = 220\sqrt{2} \sin\left(314t - \frac{\pi}{4}\right)$ 　　　　　　（2）$i = 311 \cos(377t + 30°)$

（3）$i = 170\cos(1000t - 45°)$　　　　（4）$e = 110\sin(314t + 51.3°)$

（5）$e = 300\sin\left(\omega t + \dfrac{2\pi}{3}\right)$　　　（6）$i = 100\sqrt{2}\cos\left(314t + \dfrac{\pi}{2}\right)$

2. 把下列向量改写为正弦波形式。

（1）$240\angle\dfrac{\pi}{3}$　　　　（2）$314\angle\dfrac{3\pi}{4}$　　　　（3）$100\sqrt{2}\angle 0°$

3. 已知两个正弦交流电流
$$i_1 = 300\cos(314t - 45°), \quad i_2 = 100\cos(314t + 60°)$$
求 $i = i_1 + i_2$ 随时间 t 变化的规律。

4. 已知两个正弦交流电压
$$e_1 = 2\cos\omega t, \quad e_2 = 3\sin\left(\omega t - \dfrac{\pi}{3}\right)$$
求 $e = e_1 + e_2$ 随时间 t 变化的规律。

2.3　复数的表示

我们知道，在实数范围内，方程
$$x^2 + 1 = 0$$
是无解的，因为没有一个实数的平方等于 -1。为了解决这个问题，人们引入了一个新的数 j，称为虚数单位，并规定
$$j^2 = -1 \text{ 或 } j = \sqrt{-1}$$
在引入虚数单位之后，$\pm j$ 是方程 $x^2 + 1 = 0$ 的两个根。

在数学中，通常用 i 表示 $\sqrt{-1}$，但这容易与电流的符号引起混淆，所以电气工程中一般用 j 表示 $\sqrt{-1}$。

虚数单位的特性：
$$j^1 = j, \quad j^2 = -1, \quad j^3 = j^2 \cdot j = -j, \quad j^4 = j^2 \cdot j^2 = 1$$
$$j^5 = j^4 \cdot j^1 = j, \quad j^6 = j^4 \cdot j^2 = -1, \quad j^7 = j^4 \cdot j^3 = -j, \, j^8 = j^4 \cdot j^4 = 1$$
$$\cdots\cdots$$

一般地，如果 n 为正整数，则
$$j^{4n} = 1, \quad j^{4n+1} = j, \quad j^{4n+2} = -1, \quad j^{4n+3} = -j$$
由此可见，j 的整数次幂的变化周期是 4。

定义 2.3.1

对于任意两个实数 x、y，称
$$z = x + jy$$
为复数，其中，x 是实部，y 是虚部，记作

$$x = \text{Re}(z)，\quad y = \text{Im}(z)$$

当 $x = 0$ 时，$z = \mathrm{j}y$ 称为纯虚数；当 $y = 0$ 时，$z = x$，这时 z 就是实数。

可见，复数比实数多了一个部分，于是复数与实数就有一些不同特性。比如，两个复数如果都是实数，可以比较它们的大小；如果不全是实数，就不能比较它们的大小。也就是说，复数是不能比较大小的。

显然，复数 $z = x + \mathrm{j}y$ 是由实数对 (x, y) 来确定的。如图 2.3.1 所示，在建立平面直角坐标系 xOy 之后，复数 $z = x + \mathrm{j}y$ 就与坐标平面上的点 $P(x, y)$ 构成一对一的关系。平面上每一个点都可以用一个复数表示，称这个平面为复平面或高斯平面，x 轴为实轴，y 轴为虚轴。

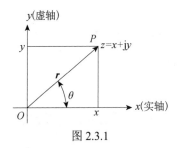

图 2.3.1

另外，称复数 $\bar{z} = x - \mathrm{j}y$ 为 $z = x + \mathrm{j}y$ 的共轭复数。显然，复数与它的共轭复数关于实轴对称，如图 2.3.2 所示。

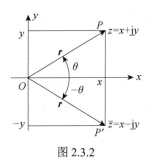

图 2.3.2

复数在复平面上有不同的表示方法：代数形式、三角形式、极坐标形式、指数形式。

将形如

$$z = x + \mathrm{j}y$$

的表式方法称为复数 z 的代数形式。

如图 2.3.2 所示，在复平面上任取一点 $P(x, y)$，P 关于 x 轴的对称点为 P'，且 $\overline{OP} = \overline{OP'} = r > 0$，$OP$ 与 x 轴正方向夹角为 θ。通常规定：沿逆时针方向，θ 为正角；沿顺时针方向，θ 为负角。那么

$$x = r\cos\theta$$
$$y = r\sin\theta$$

于是，z 和 $\bar{z}$ 可以表示如下：

$$z = x + \mathrm{j}y = r(\cos\theta + \mathrm{j}\sin\theta) = r\angle\theta$$

$$\overline{z} = x - \mathrm{j}y = r(\cos\theta - \mathrm{j}\sin\theta) = r[\cos(-\theta) + \mathrm{j}\sin(-\theta)] = r\angle -\theta$$

上式中的 r 称为复数 z 的绝对值或模，θ 称为辐角。它们由下式确定：

$$r = |z| = \sqrt{x^2 + y^2}$$

$$\theta = \arctan\frac{y}{x} = \mathrm{Arg}(z)$$

任何一个复数 $z \neq 0$ 都有无穷多个辐角，如果 θ 是其中的一个，那么

$$\mathrm{Arg}(z) = 2k\pi + \theta \qquad (k\text{为整数})$$

就给出了复数 z 的所有辐角（无穷多个）。在复数 $z(z \neq 0)$ 的所有辐角中，将满足 $-\pi < \theta \leqslant \pi$ 的 θ 称为复数的辐角主值，记为 $\mathrm{arg}(z)$。于是

$$\mathrm{Arg}(z) = 2k\pi + \mathrm{arg}(z)$$

当 $z = 0$ 时，它的辐角是不能确定的。

一般地，称

$$z = r(\cos\theta + \mathrm{j}\sin\theta)$$

为复数 z 的三角形式；

称

$$z = r\angle\theta$$

为复数 z 的极坐标形式。

例 2.3.1

求下列复数的辐角。

（1）$\mathrm{Arg}(3 - 4\mathrm{j})$　　　　　　　　　　　（2）$\mathrm{Arg}(-3 + 4\mathrm{j})$

（3）$\mathrm{Arg}(2 - 2\mathrm{j})$　　　　　　　　　　　（4）$\mathrm{Arg}(-1 - \sqrt{3}\mathrm{j})$

解：先求复数的辐角主值 $\mathrm{arg}(z)$，再加上 $2k\pi$。

（1）$\mathrm{Arg}(3 - 4\mathrm{j}) = \mathrm{arg}(3 - 4\mathrm{j}) + 2k\pi = \arctan\dfrac{-4}{3} + 2k\pi$

$$= -\arctan\frac{4}{3} + 2k\pi \quad (k = 0,\ \pm 1,\ \cdots)$$

（2）$\mathrm{Arg}(-3 + 4\mathrm{j}) = \mathrm{arg}(-3 + 4\mathrm{j}) + 2k\pi = \pi + \arctan\dfrac{4}{-3} + 2k\pi$

$$= \pi - \arctan\frac{4}{3} + 2k\pi \quad (k = 0,\ \pm 1,\ \cdots)$$

需要注意，复数 $3 - 4\mathrm{j}$ 在第四象限，而复数 $-3 + 4\mathrm{j}$ 在第二象限，这两个复数的辐角是不同的。

（3）$\mathrm{Arg}(2 - 2\mathrm{j}) = \mathrm{arg}(2 - 2\mathrm{j}) + 2k\pi = \arctan\dfrac{-2}{2} + 2k\pi = -\dfrac{\pi}{4} + 2k\pi$

（4）$\mathrm{Arg}\left(-1 - \sqrt{3}\mathrm{j}\right) = \mathrm{arg}\left(-1 - \sqrt{3}\mathrm{j}\right) + 2k\pi = -\pi + \arctan\dfrac{-\sqrt{3}}{-1} + 2k\pi = -\dfrac{2\pi}{3} + 2k\pi$

根据欧拉公式

$$e^{j\theta} = \cos\theta + j\sin\theta$$

可以将复数的三角形式改写为

$$z = r(\cos\theta + j\sin\theta)$$
$$= re^{j\theta}$$

称为复数 z 的指数形式。

例 2.3.2

将下列复数的代数形式改写为指数形式。

（1）　-2　　　　　　　　　　　　　　　　（2）　$-j2$

（3）　$\sqrt{3} + j$　　　　　　　　　　　　　（4）　$-\sqrt{3} - j$

解：（1）因为 $-2 = -2 + j0$，所以

$$r = \sqrt{(-2)^2 + 0^2} = 2$$

$$\theta = \arctan\frac{0}{-2} = \arctan 0 = \pi$$

于是

$$-2 = 2(\cos\pi + j\sin\pi) = 2\angle\pi = 2e^{j\pi}$$

（2）同理，$-j2 = 0 - j2$，此复数在虚轴的下半轴上，所以

$$r = \sqrt{0^2 + (-2)^2} = 2$$

$$\theta = -\frac{\pi}{2}$$

于是

$$-j2 = 2\left(\cos\left(-\frac{\pi}{2}\right) + j\sin\left(-\frac{\pi}{2}\right)\right) = 2\angle-\frac{\pi}{2} = 2e^{-j(\pi/2)}$$

（3）对于 $\sqrt{3} + j$，

$$r = \sqrt{3 + 1} = 2$$

$$\theta = \arctan\frac{1}{\sqrt{3}} = \frac{\pi}{6}$$

于是

$$\sqrt{3} + j = 2\left(\cos\frac{\pi}{6} + j\sin\frac{\pi}{6}\right) = 2\angle\frac{\pi}{6} = 2e^{j(\pi/6)}$$

（4）对于 $-\sqrt{3} - j$，

$$r = \sqrt{3 + 1} = 2$$

$$\theta = \arctan\frac{-1}{-\sqrt{3}} = -\frac{5\pi}{6}$$

于是

$$-\sqrt{3} - j = 2\left(\cos\left(-\frac{5\pi}{6}\right) + j\sin\left(-\frac{5\pi}{6}\right)\right) = 2\angle - \frac{5\pi}{6} = 2e^{-j(5\pi/6)}$$

这 4 个复数表示的向量如图 2.3.3 所示。

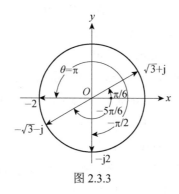

图 2.3.3

例 2.3.3

把下列复数改写成代数形式。

（1）$e^{j(\pi/3)}$

（2）$2e^{-j(\pi/3)}$

（3）$7\angle 45°$

（4）$3\angle\arctan\dfrac{1}{2}$

解：根据复数 4 种表达形式之间的关系，可以得到

（1）$e^{j(\pi/3)} = \cos\dfrac{\pi}{3} + j\sin\dfrac{\pi}{3} = \dfrac{1}{2} + j\dfrac{\sqrt{3}}{2}$

（2）$2e^{-j(\pi/3)} = 2\left[\cos\left(-\dfrac{\pi}{3}\right) + j\sin\left(-\dfrac{\pi}{3}\right)\right]$

$$= 2\left[\cos\dfrac{\pi}{3} - j\sin\dfrac{\pi}{3}\right] = 2\left(\dfrac{1}{2} - j\dfrac{\sqrt{3}}{2}\right) = 1 - j\sqrt{3}$$

（3）$7\angle 45° = 7\left(\cos\dfrac{\pi}{4} + j\sin\dfrac{\pi}{4}\right)$

$$= 7\left(\dfrac{1}{\sqrt{2}} + j\dfrac{1}{\sqrt{2}}\right) = \dfrac{7}{\sqrt{2}} + j\dfrac{7}{\sqrt{2}}$$

（4）$3\angle\arctan\dfrac{1}{2} = 3\left(\cos\left(\arctan\dfrac{1}{2}\right) + j\sin\left(\arctan\dfrac{1}{2}\right)\right)$

$$= 3\left(\dfrac{2}{\sqrt{5}} + j\dfrac{1}{\sqrt{5}}\right) = \dfrac{6}{\sqrt{5}} + j\dfrac{3}{\sqrt{5}}$$

请读者思考上式中 $\sin\left(\arctan\dfrac{1}{2}\right)$ 是如何求出的。

在此，我们有必要再回到前面的欧拉公式，因为它给出了正弦函数和余弦函数的另一种表示方法：将余弦函数作为指数函数的实部，正弦函数作为指数函数的虚部。即

$$\cos\theta = \text{Re}(e^{j\theta}), \quad \sin\theta = \text{Im}(e^{j\theta})$$

上述两个式子需要根据正弦稳态分析中所使用的函数（余弦或正弦）来选择。

比如，在正弦稳态分析过程中，如果电压源是由正弦波 $e = E\sin(\omega t + \varphi)$ 表示的，那么

$$e = E\sin(\omega t + \varphi) = E \cdot \text{Im}(e^{j(\omega t + \varphi)})$$
$$= E \cdot \text{Im}(e^{j\omega t} \cdot e^{j\varphi})$$
$$= \text{Im}(e^{j\omega t} \cdot E e^{j\varphi})$$

或者，如果电压源是由正弦波 $e = E\cos(\omega t + \varphi)$ 表示的，那么

$$e = E\cos(\omega t + \varphi) = E \cdot \text{Re}(e^{j(\omega t + \varphi)})$$
$$= E \cdot \text{Re}(e^{j\omega t} \cdot e^{j\varphi})$$
$$= \text{Re}(e^{j\omega t} \cdot E e^{j\varphi})$$

这说明，一个实数范围的正弦函数与一个复数范围的复指数函数是一对一的。

由于正弦稳态分析中正弦波的角频率都是相同的，因此上式中的 $e^{j\omega t}$ 可以暂不考虑，而只考虑 $E e^{j\varphi}$，它是一个包含给定正弦函数的幅值与初相位的复数，这个复数就是给定正弦波函数所对应的向量。即

$$e = E\sin(\omega t + \varphi) \leftrightarrow \dot{E} = E e^{j\varphi} = E\angle\varphi = E(\cos\varphi + j\sin\varphi)$$

前面曾把这种对应简记为

$$\wp\{E\sin(\omega t + \varphi)\} = \dot{E} = E\angle\varphi = E e^{j\varphi} = E(\cos\varphi + j\sin\varphi)$$

这样我们就把时域上的正弦波函数转换到复数域（有时也称为频率域）上的复数或向量，再对 $\dot{E}$ 用复数运算进行处理。

显然，这与前面用旋转向量进行转换得到的结果是一致的。而这里清晰地告诉了我们向量 $E\angle\varphi$ 的运算方法。

接下来，我们还需要一个相反的转换：把运算的结果（一个复数或向量）改写成相对应的正弦波函数。比如，$\wp^{-1}\{\dot{E}\} = \wp^{-1}\{100\angle 26°\} = 100(\cos 26° + j\sin 26°)$，其对应的正弦波函数表达式为 $e = 100\sin(\omega t + 26°)$ 或者 $e = 100\cos(\omega t + 26°)$。由于向量或复数中仅仅包含幅值和初相位信息，不能从向量中推导出 ω 的值，此时只要在转换时自动加上 ωt 就可以了。

上述的这种方法称为**向量变换法**。它在电路分析中非常有用，因为它将求解正弦稳态响应的幅值和相位角的过程简化成了相应的复数运算过程。比如，已知 $i = i_1 + i_2 + i_3$，其中，i_1、i_2、i_3 是相同频率的正弦电流，那么

$$\dot{I} = \dot{I}_1 + \dot{I}_2 + \dot{I}_3$$

即总向量是所有分量的向量之和。

例 2.3.4

已知 $i_1 = 20\cos(\omega t - 30°)$，$i_2 = 40\cos(\omega t + 60°)$，求 $i = i_1 + i_2$。

解：（1）用三角函数的基本公式计算

$$i = i_1 + i_2 = 20\cos(\omega t - 30°) + 40\cos(\omega t + 60°)$$

$$= 20\cos\omega t\cos 30° + 20\sin\omega t\sin 30° + 40\cos\omega t\cos 60° - 40\sin\omega t\sin 60°$$

$$= (20\cos 30° + 40\cos 60°)\cos\omega t + (20\sin 30° - 40\sin 60°)\sin\omega t$$

$$\approx 37.32\cos\omega t - 24.64\sin\omega t$$

$$= 44.72 \times \left(\frac{37.32}{44.72}\cos\omega t - \frac{24.64}{44.72}\sin\omega t \right)$$

$$= 44.72 \times (\cos 33.43°\cos\omega t - \sin 33.43°\sin\omega t)$$

$$= 44.72\cos(\omega t + 33.43°)$$

（2）用向量变换法计算

$$\dot{I} = \dot{I}_1 + \dot{I}_2 = 20\angle -30° + 40\angle 60°$$

$$= 20[\cos(-30°) + j\sin(-30°)] + 40[\cos(60°) + j\sin(60°)]$$

$$= 20\left[\frac{\sqrt{3}}{2} - j\frac{1}{2} \right] + 40\left[\frac{1}{2} + j\frac{\sqrt{3}}{2} \right]$$

$$= 10\sqrt{3} - 10j + 20 + j20\sqrt{3}$$

$$= (10\sqrt{3} + 20) + j(20\sqrt{3} - 10)$$

$$\approx 37.32 + j24.64$$

$$= \sqrt{37.32^2 + 24.64^2}\left(\frac{37.32}{\sqrt{37.32^2 + 24.64^2}} + j\frac{24.64}{\sqrt{37.32^2 + 24.64^2}} \right)$$

$$= 44.72[\cos 33.43° + j\sin 33.43°]$$

$$= 44.72\angle 33.43°$$

根据向量写出相应的正弦波函数，得

$$i = 44.72\cos(\omega t + 33.43°)$$

习题 2.3

1. 计算 j^{35}、j^{121}、j^{1024} 的值。

2. 写出下列复数的共轭复数，并在复平面上表示出来。

（1）$-j4$ 　　　　　　　　　　　（2）$-\sqrt{3} + j$

（3）$-\sqrt{3} - j$ 　　　　　　　　（4）$5 + j4$

3. 求下列复数的模与辐角。

（1）$-j3$ 　　　　　　　　　　　（2）$-\sqrt{3} + j$

（3）$-\sqrt{3} - j$ 　　　　　　　　（4）$\sqrt{3}j$

（5）$5 + j4$ 　　　　　　　　　　（6）$1 - j2$

4. 把下列各复数改写成其他 3 种表示形式。

（1）$-j$ 　　　　　　　　　　　（2）$-1 + j$

（3）$2e^{j(\pi/2)}$ 　　　　　　　　　（4）$\sqrt{3} + j$

（5）$2\angle\dfrac{3\pi}{4}$　　　　　　　　　　　　（6）$e^{-j(3\pi/4)}$

（7）$3\angle\arctan\dfrac{1}{4}$　　　　　　　　　　（8）$2\angle-\dfrac{2\pi}{3}$

5. 指出满足下列条件的复数 z 所对应的点 Z 的集合是什么图像。

（1）$|z|=3$　　　　　　　　　　　　　（2）$1<|z|\leqslant 2$

6. 写出下列向量所对应的一个正弦波函数。

（1）$e=211\angle-45°$　　　　　　　　　（2）$i=40\angle\dfrac{2\pi}{3}$

（3）$i=78.72\angle15°$　　　　　　　　　（4）$e=18.6\angle\dfrac{3\pi}{4}$

7. 用向量变换法计算下列各题。

（1）$i=100\cos(300t+90°)+500\cos(300t-60°)$

（2）$e=250\cos(\omega t+90°)-150\sin(\omega t)$

（3）$e=250\sin(\omega t)+150\sin(\omega t+30°)$

8. 已知某电路的电压、电流分别为

$$e=10\sin(314t-20°)，\quad i=2\cos(314t-50°)$$

（1）试画出它们的波形图与向量图；（2）求它们的相位差与比值 $\dfrac{\dot{E}}{\dot{I}}$。

2.4　复数的运算

假设有两个复数 z_1 和 z_2 如下：

$$z_1=x_1+jy_1=r_1(\cos\theta_1+j\sin\theta_1)=r_1e^{j\theta_1}=r_1\angle\theta_1$$
$$z_2=x_2+jy_2=r_2(\cos\theta_2+j\sin\theta_2)=r_2e^{j\theta_2}=r_2\angle\theta_2$$

我们可以定义：如果

$$x_1=x_2,\ y_1=y_2$$

或

$$r_1=r_2,\quad \theta_1=\theta_2+2k\pi\quad（k是整数）$$

时，称两个复数 z_1、z_2 相等，记作

$$z_1=z_2$$

也就是说，当且仅当两个复数的实部和虚部分别相等时，两个复数才相等；当且仅当复数的实部和虚部均等于 0 时，该复数才等于 0。

在实数集里可以进行加、减、乘、除等运算，类似地，我们也可以对复数进行一些代数运算。比如

（1）和：$z=z_1+z_2=(x_1+x_2)+j(y_1+y_2)$
$$=(r_1\cos\theta_1+r_2\cos\theta_2)+j(r_1\sin\theta_1+r_2\sin\theta_2)$$

（2）差：$z = z_1 - z_2 = (x_1 - x_2) + j(y_1 - y_2)$

$$= (r_1 \cos\theta_1 - r_2 \cos\theta_2) + j(r_1 \sin\theta_1 - r_2 \sin\theta_2)$$

（3）积：$z = z_1 z_2 = (x_1 x_2 - y_1 y_2) + j(x_1 y_2 + x_2 y_1)$

$$= r_1 r_2 [\cos(\theta_1 + \theta_2) + j\sin(\theta_1 + \theta_2)]$$

$$= r_1 r_2 e^{j(\theta_1 + \theta_2)} = r_1 r_2 \angle(\theta_1 + \theta_2)$$

证明：$z = z_1 z_2 = (x_1 + jy_1)(x_2 + jy_2)$

$$= x_1 x_2 + jx_1 y_2 + jx_2 y_1 + j^2 y_1 y_2$$

$$= (x_1 x_2 - y_1 y_2) + j(x_1 y_2 + x_2 y_1)$$

$$= [(r_1 \cos\theta_1)(r_2 \cos\theta_2) - (r_1 \sin\theta_1)(r_2 \sin\theta_2)] +$$

$$\quad j[(r_1 \cos\theta_1)(r_2 \sin\theta_2) + (r_2 \cos\theta_2)(r_1 \sin\theta_1)]$$

$$= r_1 r_2 [(\cos\theta_1 \cos\theta_2 - \sin\theta_1 \sin\theta_2) + j(\sin\theta_1 \cos\theta_2 + \cos\theta_1 \sin\theta_2)]$$

$$= r_1 r_2 [\cos(\theta_1 + \theta_2) + j\sin(\theta_1 + \theta_2)] = r_1 r_2 e^{j(\theta_1 + \theta_2)} = r_1 r_2 \angle(\theta_1 + \theta_2)$$

或另证如下：

$$z = z_1 z_2 = r_1 e^{j\theta_1} r_2 e^{j\theta_2} = r_1 r_2 e^{j(\theta_1 + \theta_2)}$$

$$= r_1 r_2 [\cos(\theta_1 + \theta_2) + j\sin(\theta_1 + \theta_2)] = r_1 r_2 \angle(\theta_1 + \theta_2)$$

（4）商：$z = \dfrac{z_1}{z_2} = \dfrac{x_1 x_2 + y_1 y_2}{x_2^2 + y_2^2} + j\dfrac{x_1 y_2 - x_2 y_1}{x_2^2 + y_2^2}$

$$= \frac{r_1}{r_2} [\cos(\theta_1 - \theta_2) + j\sin(\theta_1 - \theta_2)]$$

$$= \frac{r_1}{r_2} e^{j(\theta_1 - \theta_2)} = \frac{r_1}{r_2} \angle(\theta_1 - \theta_2)$$

证明：

$$z = \frac{z_1}{z_2} = \frac{x_1 + jy_1}{x_2 + jy_2} = \frac{x_1 + jy_1}{x_2 + jy_2} \cdot \frac{x_2 - jy_2}{x_2 - jy_2}$$

$$= \frac{x_1 x_2 - jx_1 y_2 + jy_1 x_2 - j^2 y_1 y_2}{x_2^2 - jx_2 y_2 + jy_2 x_2 - j^2 y_2^2}$$

$$= \frac{(x_1 x_2 + y_1 y_2) + j(x_1 y_2 - x_2 y_1)}{x_2^2 + y_2^2}$$

$$= \frac{r_1 r_2}{r_2^2 (\cos^2\theta_2 + \sin^2\theta_2)} [\cos\theta_1 \cos\theta_2 + \sin\theta_1 \sin\theta_2 +$$

$$\quad j(\sin\theta_1 \cos\theta_2 - \cos\theta_1 \sin\theta_2)]$$

$$= \frac{r_1}{r_2} [\cos(\theta_1 - \theta_2) + j\sin(\theta_1 - \theta_2)]$$

$$= \frac{r_1}{r_2} e^{j(\theta_1 - \theta_2)} = \frac{r_1}{r_2} \angle(\theta_1 - \theta_2)$$

或另证如下：

$$z = \frac{z_1}{z_2} = \frac{r_1 e^{j\theta_1}}{r_2 e^{j\theta_2}}$$

$$= \frac{r_1}{r_2} e^{j\theta_1 - j\theta_2} = \frac{r_1}{r_2} e^{j(\theta_1 - \theta_2)}$$

$$= \frac{r_1}{r_2}[\cos(\theta_1 - \theta_2) + j\sin(\theta_1 - \theta_2)]$$

在进行复数的加减运算时，必须将复数表示为代数形式才能进行；在进行复数的乘除运算时，虽然也可以用代数形式，但用极坐标形式或指数形式会更方便一些。

例 2.4.1

计算下列各式。

（1）$(1 + j)(2 + j3)$　　　　　　　　　　（2）$(2 - 4j) + (-2 + j3)$

（3）$\dfrac{1 + j}{2 + j3}$　　　　　　　　　　　　（4）$2e^{j\frac{\pi}{2}} + 6e^{j\pi}$

解：（1）$(1 + j)(2 + j3) = 2 + j3 + j2 + j \cdot j3 = 2 + j5 - 3 = -1 + j5$

（2）请读者自己完成。

（3）$\dfrac{1 + j}{2 + j3} = \dfrac{1 + j}{2 + j3} \cdot \dfrac{2 - j3}{2 - j3} = \dfrac{2 - j3 + j2 - j \cdot j3}{2^2 - (j3)^2} = \dfrac{5}{13} - j\dfrac{1}{13}$

（4）$2e^{j\frac{\pi}{2}} + 6e^{j\pi} = 2\left(\cos\dfrac{\pi}{2} + j\sin\dfrac{\pi}{2}\right) + 6(\cos\pi + j\sin\pi)$

$$= j2 + 6 \times (-1) = -6 + j2$$

例 2.4.2

已知 $z_1 = 10\angle -\dfrac{2\pi}{3}$，$z_2 = 5\angle \dfrac{\pi}{3}$，计算下列各式。

（1）$z_1 + z_2$　　　　　（2）$z_1 \cdot z_2$　　　　　（3）$\dfrac{z_1}{z_2}$　　　　　（4）$\dfrac{z_2}{z_1}$

解：（1）$z_1 + z_2 = 10\left(\cos\left(-\dfrac{2\pi}{3}\right) + j\sin\left(-\dfrac{2\pi}{3}\right)\right) + 5\left(\cos\dfrac{\pi}{3} + j\sin\dfrac{\pi}{3}\right)$

$$= 10\left(-\dfrac{1}{2} - j\dfrac{\sqrt{3}}{2}\right) + 5\left(\dfrac{1}{2} + j\dfrac{\sqrt{3}}{2}\right)$$

$$= -5\left(\dfrac{1}{2} + j\dfrac{\sqrt{3}}{2}\right)$$

（2）$z_1 \cdot z_2 = 10\angle -\dfrac{2\pi}{3} \cdot 5\angle \dfrac{\pi}{3} = 50\angle -\dfrac{\pi}{3}$

（3）$\dfrac{z_1}{z_2} = \dfrac{10\angle -\dfrac{2\pi}{3}}{5\angle \dfrac{\pi}{3}} = 2\angle -\pi$

（4）请读者自己完成。

与实数的情形类似，复数运算也满足一些基本规律。比如

（1）加法交换律

$$z_1 + z_2 = z_2 + z_1$$

（2）乘法交换律

$$z_1 \cdot z_2 = z_2 \cdot z_1$$

（3）加法结合律

$$z_1 + (z_2 + z_3) = (z_1 + z_2) + z_3$$

（4）乘法结合律

$$z_1 \cdot (z_2 \cdot z_3) = (z_1 \cdot z_2) \cdot z_3$$

（5）乘法对加法的分配律

$$z_1 \cdot (z_2 + z_3) = z_1 \cdot z_2 + z_1 \cdot z_3$$

对于这些规律，读者可以进行验证。

当然，对于复数与共轭复数，也容易验证下面的结果。

（1）和：$z + \overline{z} = 2x \Rightarrow x = \dfrac{z + \overline{z}}{2} = \mathrm{Re}(z)$

（2）差：$z - \overline{z} = \mathrm{j}2y \Rightarrow y = \dfrac{z - \overline{z}}{\mathrm{j}2} = \mathrm{Im}(z)$

（3）积：$z \cdot \overline{z} = x^2 + y^2 = |z|^2 \Rightarrow |z| = \sqrt{x^2 + y^2}$

（4）商：$\dfrac{\overline{z}}{z} = \dfrac{x^2 - y^2}{x^2 + y^2} - \mathrm{j}\dfrac{2xy}{x^2 + y^2}$

（5）和差的共轭：$\overline{z_1 \pm z_2} = \overline{z_2} \pm \overline{z_1}$

（6）积的共轭：$\overline{z_1 \cdot z_2} = \overline{z_2} \cdot \overline{z_1}$，特别地 $\overline{z^2} = (\overline{z})^2$

（7）商的共轭：$\overline{\left(\dfrac{z_1}{z_2}\right)} = \dfrac{\overline{z_1}}{\overline{z_2}}$　$(z_2 \neq 0)$

（8）$\overline{\overline{z}} = z$

例 2.4.3

设 $z = \dfrac{1 - \mathrm{j}2}{3 - \mathrm{j}4}$，求 $\mathrm{Re}(z)$、$\mathrm{Im}(z)$、$z \cdot \overline{z}$。

解：$z = \dfrac{1 - \mathrm{j}2}{3 - \mathrm{j}4} = \dfrac{1 - \mathrm{j}2}{3 - \mathrm{j}4} \cdot \dfrac{3 + \mathrm{j}4}{3 + \mathrm{j}4} = \dfrac{11 - \mathrm{j}2}{25}$

$\mathrm{Re}(z) = \dfrac{11}{25}$，$\mathrm{Im}(z) = -\dfrac{2}{25}$

$z \cdot \overline{z} = \dfrac{11 - \mathrm{j}2}{25} \cdot \dfrac{11 + \mathrm{j}2}{25} = \dfrac{1}{5}$

最后，复数与其他函数的关系也经常用到。

（1）复数与三角函数

比如，在欧拉公式中把 θ 换为 $\pm x$ 时会得到

$$\cos x + \text{j}\sin x = \text{e}^{\text{j}x}$$

$$\cos x - \text{j}\sin x = \text{e}^{-\text{j}x}$$

由此可得

$$\sin x = \frac{\text{e}^{\text{j}x} - \text{e}^{-\text{j}x}}{2\text{j}}$$

$$\cos x = \frac{\text{e}^{\text{j}x} + \text{e}^{-\text{j}x}}{2}$$

（2）复数与对数函数

令 $z = x + \text{j}y = r\text{e}^{\text{j}\theta}$，对其两边取自然对数，得

$$\ln z = \ln(r\text{e}^{\text{j}\theta}) = \ln r + \text{j}\theta\ln\text{e} = \ln r + \text{j}\theta$$

其中，$r = \sqrt{x^2 + y^2}$，$\theta = \arctan\dfrac{y}{x}$。

（3）复数与指数函数

以复数 $z = x + \text{j}y$ 为变量的指数函数是

$$\text{e}^z = \text{e}^{x+\text{j}y} = \text{e}^x(\cos y + \text{j}\sin y)$$

$$= \text{e}^x\cos y + \text{j}\text{e}^x\sin y$$

由于 x、y 是实数，所以 e^x、$\cos y$、$\sin y$ 也是实数，因此 $\text{e}^{x+\text{j}y}$ 是复数。特别地

$$\text{e}^{2+\text{j}\pi} = \text{e}^2(\cos\pi + \text{j}\sin\pi) = -\text{e}^2 \quad \text{（是一个实数）}$$

$$\text{e}^{2+\text{j}\frac{\pi}{2}} = \text{e}^2\left(\cos\frac{\pi}{2} + \text{j}\sin\frac{\pi}{2}\right) = \text{j}\text{e}^2 \quad \text{（是一个纯虚数）}$$

习题 2.4

1. 计算下列各式，并将结果表示为复数的其他形式。

（1）$(1+\text{j}) / (1 - \text{j}\sqrt{3})$

（2）$(1-\text{j}) / (\sqrt{3} - \text{j})$

（3）$4\angle\dfrac{\pi}{4} + 10\angle\dfrac{\pi}{3}$

（4）$\left(2\angle -\dfrac{\pi}{6}\right) \cdot \left(5\angle\dfrac{\pi}{2}\right)$

（5）$3\angle 20° / 8\angle 50°$

（6）$2\angle\dfrac{3\pi}{4} \cdot 3\angle\arctan\dfrac{\sqrt{2}}{2}$

（7）$2\text{e}^{\text{j}(\pi/2)} \cdot \text{e}^{-\text{j}(3\pi/4)}$

（8）$2\text{e}^{\text{j}\pi} / \text{e}^{\text{j}(2\pi/3)}$

2. 已知复数 z_1 和 z_2，试求 $z_1 z_2$ 与 $\dfrac{z_1}{z_2}$，并将结果表示为复数的其他形式。

（1）$z_1 = 3\left(\cos\dfrac{\pi}{4} + \text{j}\sin\dfrac{\pi}{4}\right)$，$z_2 = 5\left(\cos\dfrac{5\pi}{4} + \text{j}\sin\dfrac{5\pi}{4}\right)$

（2）$z_1 = 4\left(\cos\dfrac{3\pi}{2} + \text{j}\sin\dfrac{3\pi}{2}\right)$，$z_2 = 6\left(\cos\dfrac{\pi}{3} + \text{j}\sin\dfrac{\pi}{3}\right)$

2.5　复阻抗

在正弦交流电路中，如果将电流和电压用向量表示，那么将电压向量与电流向量的比称为复阻抗，通常用字母 Z 表示，阻抗的单位为欧姆（Ω）。

（1）只有电阻 R 的回路

由欧姆定律可知，当电阻上的电流随时间呈正弦变化时，即如果 $i = I\cos(\omega t + \theta)$ 时，电阻两端的电压为

$$e = RI\cos(\omega t + \theta)$$

则对应的电压向量为

$$\dot{E} = RIe^{j\theta} = R \cdot I\angle\theta$$

由于 $I\angle\theta = Ie^{j\theta} = \dot{I}$ 是电流向量，所以上式可写为

$$\dot{E} = R \cdot \dot{I}$$

即电阻两端的电压向量等于电阻乘以电流向量，同时这也表明电阻两端的电压和电流之间的相位差为 0。

（2）只有电感 L 的回路

在感应线圈 L 上施加一正弦电流，产生的相应电压为

$$e = L\frac{\mathrm{d}i}{\mathrm{d}t}$$

因此，如果所加电流为 $i = I\cos(\omega t + \theta)$，则电压的表达式就为

$$e = L\frac{\mathrm{d}i}{\mathrm{d}t} = -\omega L\,I\sin(\omega t + \theta)$$

$$= -\omega L\,I\cos\left(\omega t + \theta - \frac{\pi}{2}\right)$$

用向量表示就是

$$\dot{E} = -\omega L \cdot Ie^{j\left(\theta - \frac{\pi}{2}\right)}$$

$$= -\omega L \cdot Ie^{j\theta} \cdot e^{-j\frac{\pi}{2}}$$

$$= j\omega L \cdot Ie^{j\theta}$$

即

$$\dot{E} = j\omega L \cdot \dot{I} = jX_L \cdot \dot{I}$$

其中，$X_L = \omega L$。注意上述过程中用到了结论：$e^{-j\frac{\pi}{2}} = \cos\left(-\frac{\pi}{2}\right) + j\sin\left(-\frac{\pi}{2}\right) = -j$。

上式表明，电感两端的电压向量等于 $j\omega L$ 与电流向量之积。同时它可改写为

$$\dot{E} = \dot{I} \cdot \omega L\angle\frac{\pi}{2} = I\angle\theta \cdot \omega L\angle\frac{\pi}{2} = \omega LI\angle\left(\theta + \frac{\pi}{2}\right)$$

这说明电压超前电流 π / 2 相位。

（3）只有电容 C 的回路

类似于上述的推导过程，可以得到电容两端的电压向量与电流向量之间的关系。

如果 $e = E\cos(\omega t + \theta)$，注意到

$$i = C\frac{\mathrm{d}e}{\mathrm{d}t}$$

代入求导，得

$$i = C\frac{\mathrm{d}e}{\mathrm{d}t} = -C\omega \cdot E\sin(\omega t + \theta)$$

即

$$i = C\omega \cdot E\cos\left(\omega t + \theta + \frac{\pi}{2}\right)$$

用向量表示为

$$\dot{I} = C\omega \cdot Ee^{j\left(\theta + \frac{\pi}{2}\right)} = C\omega \cdot Ee^{j\theta} \cdot e^{j\frac{\pi}{2}}$$

$$= C\omega \cdot Ee^{j\theta} \cdot j = jC\omega \cdot \dot{E}$$

如果将电压表示为电流的函数，记 $X_C = \dfrac{1}{\omega C}$，则有

$$\dot{E} = \frac{1}{jC\omega} \cdot \dot{I} = -jX_C \cdot \dot{I}$$

$$= X_C \angle -\frac{\pi}{2} \cdot I \angle \theta$$

$$= X_C I \angle \left(\theta - \frac{\pi}{2}\right)$$

上式表明，电容两端的电压滞后于电流 $\dfrac{\pi}{2}$ 相位。

综合上述 3 种讨论，一般地总结为

$$\dot{E} = Z \cdot \dot{I}$$

其中的 Z 称为复阻抗，而且电阻的阻抗为 R，电感的阻抗为 $j\omega L$，电容的阻抗为 $-j\dfrac{1}{\omega C}$。

（4）含有 RLC 的串联回路

如图 2.5.1 所示，在由电阻 R、电感 L、电容 C 的串联而成的电路中施加电压 $\dot{E}$ 时，有电流 $\dot{I}$ 通过。此时我们把加在电阻 R、电感 L、电容 C 两端的电压分别记作 $\dot{V}_R$、$\dot{V}_L$、$\dot{V}_C$，根据前面 3 种情况的讨论，有

$$\dot{V}_R = R\dot{I}$$

$$\dot{V}_L = jX_L\dot{I}$$

$$\dot{V}_C = -jX_C\dot{I}$$

其中，$X_L = \omega L$，$X_C = 1/\omega C$。

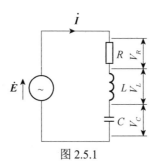

图 2.5.1

由基尔霍夫电压定律，得

$$\dot{E} = \dot{V}_R + \dot{V}_L + \dot{V}_C$$

从而

$$\dot{E} = R\dot{I} + jX_L\dot{I} + (-jX_C\dot{I})$$
$$= [R + j(X_L - X_C)]\dot{I}$$

令 $X = X_L - X_C = \omega L - 1/\omega C$ ，则上式变为

$$\dot{E} = [R + jX] \cdot \dot{I}$$

再令 $Z = R + jX$ ，则可得到欧姆定律

$$\dot{E} = Z \cdot \dot{I}$$

这里的 Z 称为串联复阻抗。它等于电阻 R、电感 L 和电容 C 的阻抗之和。

我们把 Z 的实部和虚部分别记作

$$\mathrm{Re}(Z) = R \text{（称为电阻）}, \quad \mathrm{Im}(Z) = X = X_L - X_C \text{（称为电抗）}$$

其中，当 $X > 0$ 时，X 为电感阻抗；当 $X < 0$ 时，X 为电容阻抗。

于是，可得到串联复阻抗 Z 的模 $|Z|$，

$$|Z| = \sqrt{R^2 + X^2} = \sqrt{R^2 + (X_L - X_C)^2}$$
$$= \sqrt{R^2 + \left(\omega L - \frac{1}{\omega C}\right)^2}$$

与功率相位角 φ，

$$\varphi = \arg\left(\frac{\dot{E}}{\dot{I}}\right) = \arg(Z)$$
$$= \arctan\frac{X}{R} = \arctan\frac{X_L - X_C}{R}$$

当 $X_L > X_C$ 时，$\varphi > 0$，则 $\dot{E}$ 超前 $\dot{I}$ 相位角 φ；当 $X_L = X_C$ 时，$\varphi = 0$，则 $\dot{E}$ 与 $\dot{I}$ 是同相位的；当 $X_L < X_C$ 时，$\varphi < 0$，则 $\dot{E}$ 滞后于 $\dot{I}$ 相位角 φ。

对于复阻抗 $Z = R + jX$，我们称其倒数

$$Y = \frac{1}{Z}$$

为导纳，即

$$Y = \frac{1}{Z} = \frac{1}{R + jX} = \frac{1}{R + jX} \cdot \frac{R - jX}{R - jX} = \frac{R}{|Z|^2} - j\frac{X}{|Z|^2}$$

令

$$G = \frac{R}{|Z|^2}, \quad B = \frac{X}{|Z|^2} = \frac{X_L - X_C}{|Z|^2} = \frac{\omega L - 1/\omega C}{|Z|^2}$$

这里将 G 称为电导，B 称为电纳。

例 2.5.1

已知 RLC 串联电路，如图 2.5.1 所示，其中，$R = 15\,\Omega$，$L = 12\,\mathrm{mH}$，$C = 5\,\mu\mathrm{F}$，端电压为 $e = 100\sqrt{2}\cos(5000t)\,(\mathrm{V})$，试求：

（1）电路中的电流 i；

（2）各元件上电压的瞬时表达式。

解：（1）电路的电压向量为

$$\dot{E} = 100\sqrt{2}\angle 0°$$

电路的复阻抗为

$$Z = R + j(X_L - X_C) = 15 + j60 - j40$$
$$= 15 + j20 = 25\angle 53.13°\,(\Omega)$$

电流向量为

$$\dot{I} = \frac{\dot{E}}{Z} = \frac{100\sqrt{2}\angle 0°}{25\angle 53.13°}$$
$$= 4\sqrt{2}\angle -53.13°\,(\mathrm{A})$$

电路中的电流为

$$i = 4\sqrt{2}\cos(5000t - 53.13°)\,(\mathrm{A})$$

（2）各元件上的电压向量分别为

$$\dot{E}_R = R\dot{I} = 15 \times 4\sqrt{2}\angle -53.13° = 60\sqrt{2}\angle -53.13°\,(\mathrm{V})$$
$$\dot{E}_L = j\omega L\dot{I} = j60 \times 4\sqrt{2}\angle -53.13° = 240\sqrt{2}\angle 36.87°\,(\mathrm{V})$$
$$\dot{E}_C = -j/\omega C \cdot \dot{I} = -j40 \times 4\sqrt{2}\angle -53.13° = 160\sqrt{2}\angle -143.13°\,(\mathrm{V})$$

它们的瞬时表达式为

$$e_R = 60\sqrt{2}\cos(5000t - 53.13°)\,(\mathrm{V})$$
$$e_L = 240\sqrt{2}\cos(5000t + 36.87°)\,(\mathrm{V})$$
$$e_C = 160\sqrt{2}\cos(5000t - 143.13°)\,(\mathrm{V})$$

例 2.5.2

分别求在 RL 串联电路和 RC 串联电路中施加交流电压 $\dot{E}$ 时的欧姆定律表达式，电

路的阻抗 Z 和 $|Z|$，以及功率相位角 φ 。

解：（1）在如图 2.5.1 所示电路中，将电容 C 短路（元件处于接通状态，其电阻值为 0），即令 $V_C = 0$，可得如下的欧姆定律

$$\dot{E} = \dot{V}_R + \dot{V}_L = (R + \mathrm{j}X_L)\dot{I}$$

其中， $X_L = \omega L$ 。阻抗为

$$Z = R + \mathrm{j}X_L$$
$$|Z| = \sqrt{R^2 + X_L^2}$$

从而

$$\dot{E} = Z \cdot \dot{I}$$

功率相位角为

$$\varphi = \arg(\dot{E}) - \arg(\dot{I}) = \arg\left(\frac{\dot{E}}{\dot{I}}\right)$$
$$= \arg(Z) = \arctan(X_L / R)$$

（2）在如图 2.5.1 所示电路中，将电感 L 短路，即令 $V_L = 0$，可得如下的欧姆定律

$$\dot{E} = \dot{V}_R + \dot{V}_C = (R - \mathrm{j}X_C)\dot{I}$$

其中， $X_C = 1/\omega C$ 。阻抗为

$$Z = R - \mathrm{j}X_C$$
$$|Z| = \sqrt{R^2 + X_C^2}$$

功率相位角为

$$\varphi = \arg\left(\frac{\dot{E}}{\dot{I}}\right) = -\mathrm{acrtan}(X_C / R)$$

例 2.5.3

如图 2.5.2 所示，在两个阻抗 Z_1 和 Z_2 串联而成的电路中施加电压源 $\dot{E}$ 时，试求其合成阻抗 Z 。

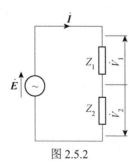

图 2.5.2

解：在 Z_1 和 Z_2 串联而成的电路中施加电压 $\dot{E}$ 时，记流过该回路的电流为 $\dot{I}$ ，加在 Z_1 、 Z_2 上的电压分别为 $\dot{V}_1$ 和 $\dot{V}_2$ ，则

$$\dot{E} = \dot{V}_1 + \dot{V}_2 , \quad \dot{V}_1 = Z_1 \dot{I} , \quad \dot{V}_2 = Z_2 \dot{I}$$

于是

$$\dot{E} = Z_1 \dot{I} + Z_2 \dot{I} = (Z_1 + Z_2) \dot{I}$$

所以，合成阻抗为

$$Z = Z_1 + Z_2$$

例 2.5.4

如图 2.5.3 所示，在两个阻抗 Z_1 和 Z_2 并联而成的电路中施加电压 $\dot{E}$ 时，求合成阻抗 Z 与合成导纳，以及各支路中的电流。

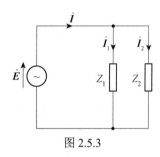

图 2.5.3

解：在并联回路中加上电压 $\dot{E}$ 时，把流过 Z_1 和 Z_2 的电流分别记为 $\dot{I}_1$ 和 $\dot{I}_2$，则

$$\dot{E} = Z_1 \dot{I}_1 = Z_2 \dot{I}_2$$

$$\dot{I} = \dot{I}_1 + \dot{I}_2$$

$$\dot{I} = \frac{\dot{E}}{Z_1} + \frac{\dot{E}}{Z_2} = \left(\frac{1}{Z_1} + \frac{1}{Z_2} \right) \dot{E} = \frac{Z_1 + Z_2}{Z_1 Z_2} \dot{E}$$

所以

$$\dot{E} = \frac{Z_1 Z_2}{Z_1 + Z_2} \dot{I}$$

合成阻抗为

$$Z = \frac{Z_1 Z_2}{Z_1 + Z_2} = 1 / \left(\frac{1}{Z_1} + \frac{1}{Z_2} \right)$$

因为导纳是阻抗的倒数，所以

$$Y = \frac{1}{Z} = \frac{1}{Z_1} + \frac{1}{Z_2}$$

各支路中电流为

$$\dot{I}_1 = \frac{\dot{E}}{Z_1} = \frac{Z_2}{Z_1 + Z_2} \dot{I}$$

$$\dot{I}_2 = \frac{\dot{E}}{Z_2} = \frac{Z_1}{Z_1 + Z_2} \dot{I}$$

例 2.5.5

在如图 2.5.4 所示的电路中，试求合成阻抗与合成导纳。

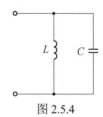

图 2.5.4

解：令 $Z_1 = \mathrm{j}\omega L$，$Z_2 = -\mathrm{j}/\omega C$。

根据上例的结果，合成阻抗为

$$Z = \frac{1}{\dfrac{1}{Z_1} + \dfrac{1}{Z_2}} = \frac{1}{\dfrac{1}{\mathrm{j}\omega L} + \dfrac{1}{-\mathrm{j}/\omega C}} = \frac{\mathrm{j}}{\dfrac{1}{\omega L} - \omega C}$$

合成导纳是合成阻抗的倒数，所以

$$Y = \frac{1}{Z} = \mathrm{j}\left(\omega C - \frac{1}{\omega L}\right)$$

习题 2.5

1. 已知 20mH 电感上的电流为 $i = 10\cos(10000t + 30°)(\mathrm{mA})$，试计算：（1）电感的阻抗；（2）电压向量 $\dot{E}$；（3）$e(t)$ 的稳态表达式。

2. 已知 5μF 电容两端的电压为 $e = 30\cos(4000t + 25°)(\mathrm{V})$，试计算：（1）电容的阻抗；（2）电流向量 $\dot{I}$；（3）$i(t)$ 的稳态表达式。

3. 在交流电压源的电路中，求下列并联电路中的阻抗和导纳。

（1）电阻 R 与电感 L 并联而成的电路；（2）电阻 R 与电容 C 并联而成的电路；（3）电阻 R、电感 L、电容 C 并联而成的电路。

2.6　棣美弗定理

前面讨论了两个复数的乘积，现在我们把复数的乘积推广到任意正整数 n 个复数乘积的情形。假设有 n 个复数 z_1，z_2，$\cdots$，z_n 分别为

$$z_1 = r_1(\cos\theta_1 + \mathrm{j}\sin\theta_1) = r_1\mathrm{e}^{\mathrm{j}\theta_1} = r_1\angle\theta_1$$

$$z_2 = r_2(\cos\theta_2 + \mathrm{j}\sin\theta_2) = r_2\mathrm{e}^{\mathrm{j}\theta_2} = r_2\angle\theta_2$$

$$\vdots$$

$$z_n = r_n(\cos\theta_n + \mathrm{j}\sin\theta_n) = r_n\mathrm{e}^{\mathrm{j}\theta_n} = r_n\angle\theta_n$$

时，则 z_1，z_2，$\cdots$，z_n 的乘积表示为

$$z_1 z_2 \cdots z_n = r_1 r_2 \cdots r_n (\cos\theta_1 + \mathrm{j}\sin\theta_1)(\cos\theta_2 + \mathrm{j}\sin\theta_2) \cdots (\cos\theta_n + \mathrm{j}\sin\theta_n)$$

$$= r_1 r_2 \cdots r_n \mathrm{e}^{\mathrm{j}(\theta_1 + \theta_2 + \cdots + \theta_n)}$$

$$= r_1 r_2 \cdots r_n [\cos(\theta_1 + \theta_2 + \cdots + \theta_n) + \mathrm{j}\sin(\theta_1 + \theta_2 + \cdots + \theta_n)]$$

$$= r_1 r_2 \cdots r_n \angle (\theta_1 + \theta_2 + \cdots + \theta_n)$$

特别地，当 $z_1 = z_2 = \cdots = z_n$ 时，则有

$$r_1 = r_2 = \cdots = r_n = r$$

$$\theta_1 = \theta_2 = \cdots = \theta_n = \theta$$

那么

$$z^n = r^n (\cos\theta + \mathrm{j}\sin\theta)^n = r^n (\cos n\theta + \mathrm{j}\sin n\theta) = r^n \mathrm{e}^{\mathrm{j}n\theta} = r^n \angle n\theta$$

在上式中令 $r = 1$ 时，得

$$(\cos\theta + \mathrm{j}\sin\theta)^n = (\cos n\theta + \mathrm{j}\sin n\theta)$$

上面的式被称为**棣美弗（DeMoivre）定理**。

当 n 为零或负整数时，棣美弗定理也成立。

例 2.6.1

用 $\sin\theta$ 及 $\cos\theta$ 表示出 $\sin 3\theta$ 和 $\cos 3\theta$。

解：由棣美弗定理，得

$$(\cos 3\theta + \mathrm{j}\sin 3\theta) = (\cos\theta + \mathrm{j}\sin\theta)^3$$

$$= \cos^3\theta + 3\mathrm{j}\cos^2\theta\sin\theta - 3\cos\theta\sin^2\theta - \mathrm{j}\sin^3\theta$$

$$= \cos^3\theta - 3\cos\theta\sin^2\theta + 3\mathrm{j}\cos^2\theta\sin\theta - \mathrm{j}\sin^3\theta$$

利用 $\sin^2\theta = 1 - \cos^2\theta$ ，得

$$\cos 3\theta = \cos^3\theta - 3\cos\theta\sin^2\theta = 4\cos^3\theta - 3\cos\theta$$

$$\sin 3\theta = 3\cos^2\theta\sin\theta - \sin^3\theta = 3\sin\theta - 4\sin^3\theta$$

例 2.6.2

求 $(1 - \mathrm{j})^4$ 的值。

解：因为 $1 - \mathrm{j} = \sqrt{2}\left[\cos\left(-\dfrac{\pi}{4}\right) + \mathrm{j}\sin\left(-\dfrac{\pi}{4}\right)\right]$ ，所以

$$(1 - \mathrm{j})^4 = \left(\sqrt{2}\right)^4 [\cos(-\pi) + \mathrm{j}\sin(-\pi)] = -4$$

有时候，我们要求复数 $z = r\mathrm{e}^{\mathrm{j}\theta}$ 的 n 次方根。也就是，如果 $\tau^n = z$，求此方程的根 τ。一般地，有如下结论：

$$\tau = \sqrt[n]{z} = z^{1/n}$$

$$= [r(\cos\theta + \mathrm{j}\sin\theta)]^{1/n} = \sqrt[n]{r}\left(\cos\frac{\theta + 2k\pi}{n} + \mathrm{j}\sin\frac{\theta + 2k\pi}{n}\right)$$

$$= \sqrt[n]{r}\,\mathrm{e}^{\mathrm{j}(\theta + 2k\pi)/n} = \sqrt[n]{r}\angle\frac{\theta + 2k\pi}{n}$$

其中，$k = 0, 1, 2, \cdots, (n-1)$。

下面给出此结论的证明。

假设 $z = r(\cos\theta + \mathrm{j}\sin\theta)$，所求的根为 $\tau = \rho(\cos\varphi + \mathrm{j}\sin\varphi)$，那么

$$[\rho(\cos\varphi + \mathrm{j}\sin\varphi)]^n = r(\cos\theta + \mathrm{j}\sin\theta)$$

由棣美弗定理，得

$$\rho^n(\cos n\varphi + \mathrm{j}\sin n\varphi) = r(\cos\theta + \mathrm{j}\sin\theta)$$

根据复数相等的条件可知，它们模相等，辐角相差 $2k\pi$。也就是

$$\rho^n = r, \quad n\varphi = \theta + 2k\pi$$

于是

$$\rho = \sqrt[n]{r}, \quad \varphi = (\theta + 2k\pi)/n, \quad (k = 0, 1, 2, \cdots, (n-1))$$

因此

$$\tau = z^{1/n} = \sqrt[n]{r}\left(\cos\frac{\theta + 2k\pi}{n} + \mathrm{j}\sin\frac{\theta + 2k\pi}{n}\right)$$

当 $k = 0, 1, 2, \cdots, (n-1)$ 时，可以得到 n 个相异的根

$$\tau_0 = \sqrt[n]{r}\left(\cos\frac{\theta}{n} + \mathrm{j}\sin\frac{\theta}{n}\right)$$

$$\tau_1 = \sqrt[n]{r}\left(\cos\frac{\theta + 2\pi}{n} + \mathrm{j}\sin\frac{\theta + 2\pi}{n}\right)$$

$$\vdots$$

$$\tau_{n-1} = \sqrt[n]{r}\left(\cos\frac{\theta + 2(n-1)\pi}{n} + \mathrm{j}\sin\frac{\theta + 2(n-1)\pi}{n}\right)$$

当 k 以其他的整数值代入时，这些根又重复出现。比如，当 $k = n$ 时，

$$\tau_n = \sqrt[n]{r}\left(\cos\frac{\theta + 2n\pi}{n} + \mathrm{j}\sin\frac{\theta + 2n\pi}{n}\right)$$

$$= \sqrt[n]{r}\left(\cos\frac{\theta}{n} + \mathrm{j}\sin\frac{\theta}{n}\right) = \tau_0$$

从几何上看，$\sqrt[n]{z}$ 的 n 个值就是以原点为中心，$\sqrt[n]{r}$ 为半径的圆内接正 n 边形的 n 个顶点。

例 2.6.3

当 n 是正整数时，求：（1）$z^n = 1$ 的根；（2）在复平面 z 上画出 $n = 3$ 时的图像。

解：（1）因为

$$z^n = 1 = \cos 0 + \mathrm{j}\sin 0$$

所以

$$z = \cos\frac{0 + 2k\pi}{n} + \mathrm{j}\sin\frac{0 + 2k\pi}{n}$$

$$= \cos\frac{2k\pi}{n} + \mathrm{j}\sin\frac{2k\pi}{n}, \quad k = 0, 1, 2, \cdots, n-1$$

也就是，$z = \sqrt[n]{1} = \cos\dfrac{2k\pi}{n} + \mathrm{j}\sin\dfrac{2k\pi}{n}$, $\quad k = 0, 1, 2, \cdots, n-1$

一般地，n 次方程 $z^n = 1$ 在复数范围里有 n 个不同的根。

（2）当 $n = 3$ 时，在上式中取 $k = 0, 1, 2$，则得到如下的三个根：

$$z = \mathrm{e}^{\mathrm{j}0} = \cos 0 + \mathrm{j}\sin 0 = 1$$

$$z = \mathrm{e}^{\mathrm{j}2\pi/3} = \cos\frac{2\pi}{3} + \mathrm{j}\sin\frac{2\pi}{3} = -\frac{1}{2} + \mathrm{j}\frac{\sqrt{3}}{2}$$

$$z = \mathrm{e}^{\mathrm{j}4\pi/3} = \cos\frac{4\pi}{3} + \mathrm{j}\sin\frac{4\pi}{3} = -\frac{1}{2} - \mathrm{j}\frac{\sqrt{3}}{2}$$

把这三个根在复平面 z 上表示出来，如图 2.6.1 所示。

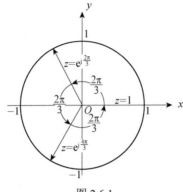

图 2.6.1

事实上，当 n 是正整数时，$z^n = 1$ 的根还可表示为

$$z = \mathrm{e}^{-\mathrm{j}2k\pi/n} = \cos\frac{2k\pi}{n} - \mathrm{j}\sin\frac{2k\pi}{n}, \quad k = 0, 1, 2, \cdots, n-1$$

根据函数的周期性，容易得到

$$\mathrm{e}^{-\mathrm{j}0} = \mathrm{e}^{\mathrm{j}0}, \ \ \mathrm{e}^{-\mathrm{j}2\pi/n} = \mathrm{e}^{\mathrm{j}2(n-1)\pi/n}, \ \cdots, \ \mathrm{e}^{-\mathrm{j}2(n-1)\pi/n} = \mathrm{e}^{\mathrm{j}2\pi/n}$$

这表明，它们也是 $z^n = 1$ 的 n 个根。

特别地，当 $n = 3$ 时，对应的 3 个立方根分别为

$$z = \mathrm{e}^{-\mathrm{j}0} = \cos 0 - \mathrm{j}\sin 0 = \mathrm{e}^{\mathrm{j}0}$$

$$z = \mathrm{e}^{-\mathrm{j}2\pi/3} = \cos\frac{2\pi}{3} - \mathrm{j}\sin\frac{2\pi}{3} = -\frac{1}{2} - \mathrm{j}\frac{\sqrt{3}}{2} = \mathrm{e}^{\mathrm{j}2\pi/3}$$

$$z = \mathrm{e}^{-\mathrm{j}4\pi/3} = \cos\frac{4\pi}{3} - \mathrm{j}\sin\frac{4\pi}{3} = -\frac{1}{2} + \mathrm{j}\frac{\sqrt{3}}{2} = \mathrm{e}^{\mathrm{j}4\pi/3}$$

例 2.6.4

计算 $(1-\mathrm{j})^{2/3}$ 的值。

解：因为 $1 - \mathrm{j} = \sqrt{2}\left[\cos\dfrac{\pi}{4} - \mathrm{j}\sin\dfrac{\pi}{4}\right] = \sqrt{2}\left[\cos\left(-\dfrac{\pi}{4}\right) + \mathrm{j}\sin\left(-\dfrac{\pi}{4}\right)\right]$

由棣美弗定理，得

$$(1-j)^2 = \left\{ \sqrt{2}\left[\cos\left(-\frac{\pi}{4}\right) + j\sin\left(-\frac{\pi}{4}\right)\right]\right\}^2 = 2\left[\cos\left(-\frac{\pi}{2}\right) + j\sin\left(-\frac{\pi}{2}\right)\right]$$

所以

$$(1-j)^{2/3} = \sqrt[3]{2}\left[\cos\frac{-\frac{\pi}{2}+2k\pi}{3} + j\sin\frac{-\frac{\pi}{2}+2k\pi}{3}\right]$$

当 $k = 0,\ 1,\ 2$ 时，

$$\tau_0 = \sqrt[3]{2}\left[\cos\frac{-\frac{\pi}{2}}{3} + j\sin\frac{-\frac{\pi}{2}}{3}\right] = \sqrt[3]{2}\left[\cos\frac{\pi}{6} - j\sin\frac{\pi}{6}\right]$$

$$\tau_1 = \sqrt[3]{2}\left[\cos\frac{-\frac{\pi}{2}+2\pi}{3} + j\sin\frac{-\frac{\pi}{2}+2\pi}{3}\right] = \sqrt[3]{2}\left[\cos\frac{\pi}{2} + j\sin\frac{\pi}{2}\right]$$

$$\tau_2 = \sqrt[3]{2}\left[\cos\frac{-\frac{\pi}{2}+4\pi}{3} + j\sin\frac{-\frac{\pi}{2}+4\pi}{3}\right] = \sqrt[3]{2}\left[\cos\frac{7\pi}{6} + j\sin\frac{7\pi}{6}\right]$$

例 2.6.5

计算 $\sqrt[4]{1+j}$ 的值。

解：因为 $1+j = \sqrt{2}\left[\cos\frac{\pi}{4} + j\sin\frac{\pi}{4}\right]$，所以

$$\sqrt[4]{1+j} = \sqrt[8]{2}\left[\cos\frac{\frac{\pi}{4}+2k\pi}{4} + j\sin\frac{\frac{\pi}{4}+2k\pi}{4}\right] \qquad (k = 0,\ 1,\ 2,\ 3)$$

即

$$\tau_0 = \sqrt[8]{2}\left[\cos\frac{\pi}{16} + j\sin\frac{\pi}{16}\right], \quad \tau_1 = \sqrt[8]{2}\left[\cos\frac{9\pi}{16} + j\sin\frac{9\pi}{16}\right]$$

$$\tau_2 = \sqrt[8]{2}\left[\cos\frac{17\pi}{16} + j\sin\frac{17\pi}{16}\right], \quad \tau_3 = \sqrt[8]{2}\left[\cos\frac{25\pi}{16} + j\sin\frac{25\pi}{16}\right]$$

例 2.6.6

在如图 2.6.2 所示的三相交流 Y 形负载电路中，a、b、c 各相的复数交流电压和电流分别为

$$\dot{E}_a = E, \quad \dot{E}_b = E\mathrm{e}^{-\mathrm{j}2\pi/3} = E\angle -\frac{2\pi}{3}, \quad \dot{E}_c = E\mathrm{e}^{-\mathrm{j}4\pi/3} = E\angle -\frac{4\pi}{3}$$

$$\dot{I}_a = I\mathrm{e}^{-\mathrm{j}\varphi} = I\angle -\varphi, \quad \dot{I}_b = I\mathrm{e}^{-\mathrm{j}[(2\pi/3)+\varphi]}I\angle\left(-\frac{2\pi}{3}-\varphi\right), \quad \dot{I}_c = I\mathrm{e}^{-\mathrm{j}[(4\pi/3)+\varphi]} = I\angle\left(-\frac{4\pi}{3}-\varphi\right)$$

试画出这些电压、电流的相量图。

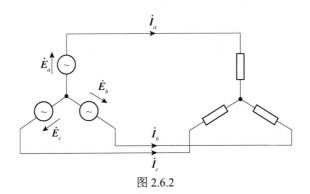

图 2.6.2

解：电压、电流的相量图如图 2.6.3 所示。

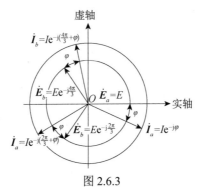

图 2.6.3

例 2.6.7

当 $a = \mathrm{e}^{\pm \mathrm{j}2\pi/n}$ ， $n = 2,3,\cdots$ 时，求证

$$1 + a + a^2 + \cdots + a^{n-1} = 0 ， \quad n = 2,3,\cdots$$

证明：当 $a = \mathrm{e}^{\mathrm{j}2\pi/n}$ 时，可知 a 是 $z^n = 1$ 的根，所以

$$a^n = 1$$

于是

$$1 - a^n = (1-a)(1 + a + a^2 + \cdots + a^{n-1}) = 0$$

当 $n = 2, 3, \cdots$ 时， $1 - a \neq 0$ ，从而

$$1 + a + a^2 + \cdots + a^{n-1} = 0$$

对于 $a = \mathrm{e}^{-\mathrm{j}2\pi/n}$ 情况，请读者自行证明。

习题 2.6

1. 计算下列各式的值。

（1） $(1 - \mathrm{j}\sqrt{3})^2$

（2） $(1 + \mathrm{j})^3$

（3） $\mathrm{j}^{1/2}$

（4） $(1 + \mathrm{j})^{3/2}$

（5） $\sqrt[3]{1 - \mathrm{j}}$

（6） $\sqrt[5]{-7\mathrm{j}}$

2. 解方程 $z^6 + 1 = 0$ 。

第 3 章　导数法

导数与微分是微积分的基本概念。在电路分析中，电流、电压、电感、电容等概念之间的关系都建立在导数的基础上，可以说，导数是整个电路分析的基础。本章主要介绍极限的概念、导数与微分的概念、求导法则与公式、函数的极值，以及洛必达法则。

3.1　函数的极限

极限思想有着非常悠久的历史。它主要研究在自变量的某个变化过程中，函数值的变化趋势。比如，函数

$$f(x) = x^2 + 3$$

当自变量 x 无限接近于1时，$f(x)$ 的值无限接近于一个确定的常数 4。又如，函数

$$g(x) = \frac{1}{x+1}$$

当自变量 x 无限接近于 0 时，$g(x)$ 的值无限接近于一个确定的常数 1。

当然，也存在这样的函数 $f(x)$，当 x 无限接近于某个常数时，函数 $f(x)$ 的值不会无限接近于一个确定的常数。比如，函数

$$f(x) = \frac{1}{x}$$

当自变量 x 无限接近于 0 时，$f(x)$ 的值不会接近于一个确定的常数。

根据上述的不同情况，可以对函数的变化趋势做如下归纳。

定义 3.1.1

设函数 $y = f(x)$ 在点 $x = a$ 的附近有定义，如果在自变量 x 无限接近于 a 的过程中，函数 $y = f(x)$ 的值也无限接近于某一个确定的常数 A，则称常数 A 为函数在这种状态下的极限，记作

$$\lim_{x \to a} y = \lim_{x \to a} f(x) = A \quad 或 \quad f(x) \to A \ (当 x \to a 时)$$

此时也说，当 x 无限趋近于 a 时，$f(x)$ 的极限是 A。或者说，当 x 无限趋近于 a 时，$f(x)$ 收敛于 A。反之，就说函数 $f(x)$ 在这种状态下的极限不存在。

根据上述定义，前面几个例子就可以写成：

$$\lim_{x \to 1} f(x) = \lim_{x \to 1} (x^2 + 3) = 4$$

$$\lim_{x \to 0} g(x) = \lim_{x \to 0} \frac{1}{x+1} = 1$$

$$\lim_{x \to 0} f(x) = \lim_{x \to 0} \frac{1}{x} \quad 不存在$$

在这个定义中，需要注意如下两点：

（1） $x \to a$ 表示 x 无限趋近于 a ，其实也意味着 $x \neq a$ 。

（2） $\lim_{x \to a} f(x)$ 是否存在，与函数 $f(x)$ 在点 $x = a$ 处有没有定义无关。比如，函数

$$f(x) = \frac{x^2 - 1}{x - 1}$$

在 $x = 1$ 处无意义（因为此时分母为 0），但是

$$\lim_{x \to 1} \frac{x^2 - 1}{x - 1} = \lim_{x \to 1} \frac{x+1}{1} = 2$$

也就是说，该函数在 $x = 1$ 处存在极限，并且极限等于 2。

对于简单函数来说，函数的极限可以直接观察得到。

例 3.1.1

求下列极限。

（1） $\lim_{x \to 1}(5x + 1)$ 　　　　（2） $\lim_{x \to 3}(2x^2 + 1)$ 　　　　（3） $\lim_{x \to 1}\ln x$

解：从函数的图像可以看出（请读者自己画出函数的图像）

（1） $\lim_{x \to 1}(5x + 1) = 6$

（2） $\lim_{x \to 3}(2x^2 + 1) = 19$

（3） $\lim_{x \to 1}\ln x = 0$

细心的读者会发现，在求上述的极限时，就是把 $x = a$ 直接代入到函数中求函数值。其实，对连续函数来说，这种求极限的方法是普遍有效的。

例 3.1.2

求下列极限。

（1） $\lim_{x \to 0} e^x$ 　　　　　　　　　　　　（2） $\lim_{x \to -1}(3x^2 + x + 1)$

解：将 $x = 0$ 和 $x = -1$ 分别直接代入两个函数，得

（1） $\lim_{x \to 0} e^x = 1$ 　　　　　　　　　（2） $\lim_{x \to -1}(3x^2 + x + 1) = 3$

利用极限定义的直观性只能计算一些简单函数的极限。而实际问题中的函数要复杂得多，为此，需要学习下面的极限运算的法则来解决更广泛的问题。

法则 3.1.1

设极限 $\lim_{x \to a} f(x)$ ， $\lim_{x \to a} g(x)$ 都存在，则

① 函数之和与差的极限

$$\lim_{x \to a}[f(x) \pm g(x)] = \lim_{x \to a} f(x) \pm \lim_{x \to a} g(x)$$

② 函数之积的极限

$$\lim_{x \to a}[f(x) \cdot g(x)] = \lim_{x \to a}[f(x)] \cdot \lim_{x \to a}[g(x)]$$

③ 函数之商的极限

$$\lim_{x \to a} \frac{f(x)}{g(x)} = \frac{\lim\limits_{x \to a} f(x)}{\lim\limits_{x \to a} g(x)} \quad （此处要求分母 \lim_{x \to a} g(x) \neq 0）$$

例 3.1.3

求极限 $\lim\limits_{x \to 2} \dfrac{3x+5}{x \ln x}$。

解：因为分子、分母的极限都存在，且不为 0，所以

$$\lim_{x \to 2} \frac{3x+5}{x \ln x} = \frac{\lim\limits_{x \to 2}(3x+5)}{\lim\limits_{x \to 2} x \ln x} = \frac{\lim\limits_{x \to 2} 3x + \lim\limits_{x \to 2} 5}{\lim\limits_{x \to 2} x \cdot \lim\limits_{x \to 2} \ln x}$$

$$= \frac{3 \lim\limits_{x \to 2} x + 5}{\lim\limits_{x \to 2} x \cdot \lim\limits_{x \to 2} \ln x} = \frac{3 \times 2 + 5}{2 \times \ln 2} = \frac{11}{2 \ln 2}$$

例 3.1.4

求极限 $\lim\limits_{x \to -3} \dfrac{x(x^2-9)}{x+3}$。

解：当 $x \to -3$ 时，分子分母的极限都为 0，所以不能直接用法则来计算。当 $x \to -3$ 时意味着 $x \neq -3$，因而 $x+3 \neq 0$，故可以从分子、分母中同时约去这个因式，得

$$\lim_{x \to -3} \frac{x(x^2-9)}{x+3} = \lim_{x \to -3} \frac{x(x-3)(x+3)}{x+3}$$

$$= \lim_{x \to -3} \frac{x(x-3)}{1} = 18$$

在电路理论中，下面两种类型的极限也非常重要。

第一种：当 $x \to 0^+$（表示 x 从 0 的右边趋向于 0），或者 $x \to 0^-$（表示 x 从 0 的左边趋向于 0）时，研究函数的变化趋势。

比如，求函数

$$f(x) = \begin{cases} 2x+3, & x \leqslant 0 \\ x-1, & x > 0 \end{cases} \quad 在 x = 0 处的极限。$$

因为这个函数是分段定义的，在分段点 $x=0$ 的左右两边的表达式不相同，所以求它在 $x=0$ 处的极限时就必须从 $x=0$ 的左边和右边分别进行讨论。这种情况下的极限称为左极限和右极限，分别记为

$$左极限 \quad f(0^-) = \lim_{x \to 0^-} f(x) = \lim_{x \to 0^-}(2x+3) = 3$$

右极限　$f(0^+) = \lim\limits_{x \to 0^+} f(x) = \lim\limits_{x \to 0^+}(x-1) = -1$

由于左极限 $f(0^-)$ 与右极限 $f(0^+)$ 不相等，这就说明，当 $x \to 0$ 时，$f(x)$ 不是无限接近一个确定的常数，所以该函数在 $x = 0$ 处的极限不存在。

一般地，我们有如下结论。

定理 3.1.1

函数在 $x = a$ 处的极限 $\lim\limits_{x \to a} f(x)$ 存在且等于 A 的充分必要条件是 $f(x)$ 在 $x = a$ 处的左极限 $f(a^-)$ 和右极限 $f(a^+)$ 分别存在，并且相等，即

$$\lim_{x \to a^-} f(x) = \lim_{x \to a^+} f(x) = A$$

例 3.1.5

求函数 $f(x) = \begin{cases} x-1 & x \leqslant 0 \\ \mathrm{e}^x & x > 0 \end{cases}$ 在 $x = 0$ 和 $x = 3$ 处的极限。

解：（1）对于 $x = 0$，因为

$$f(0^-) = \lim_{x \to 0^-} f(x) = \lim_{x \to 0^-}(x-1) = -1$$

$$f(0^+) = \lim_{x \to 0^+} f(x) = \lim_{x \to 0^+} \mathrm{e}^x = 1$$

$f(0^+) \neq f(0^-)$，所以

$$\lim_{x \to 0} f(x) \text{ 不存在}$$

（2）对于 $x = 3$，因为

$$f(3^-) = \lim_{x \to 3^-} f(x) = \lim_{x \to 3^-} \mathrm{e}^x = \mathrm{e}^3$$

$$f(3^+) = \lim_{x \to 3^+} f(x) = \lim_{x \to 3^+} \mathrm{e}^x = \mathrm{e}^3$$

$f(3^+) = f(3^-) = \mathrm{e}^3$，所以

$$\lim_{x \to 3} f(x) = \mathrm{e}^3$$

例 3.1.6

求下列极限。

（1）$\lim\limits_{x \to 0} \dfrac{1}{x}$ 　　　　　　　　　　　　　　（2）$\lim\limits_{x \to 1^+} \dfrac{1}{x-1}$

解：（1）函数 $f(x) = \dfrac{1}{x}$ 在 $x = 0$ 处无定义，它的图像分别位于 y 轴（$x = 0$）两边。

分别求左、右极限，得

$$\lim_{x \to 0^+} f(x) = \lim_{x \to 0^+} \frac{1}{x} = +\infty, \ \lim_{x \to 0^-} f(x) = \lim_{x \to 0^-} \frac{1}{x} = -\infty$$

所以

$$\lim_{x \to 0} \frac{1}{x} \ \text{不存在}$$

有时我们不需要区分 $+\infty$ 和 $-\infty$，把上式简记为

$$\lim_{x \to 0} \frac{1}{x} = \infty$$

（2）当 $x \to 1^+$ 时，$x - 1 \to 0^+$，所以

$$\lim_{x \to 1^+} \frac{1}{x-1} = +\infty$$

第二种：当 $x \to +\infty$ 或者 $x \to -\infty$ 时，研究函数的变化趋势。比如，函数

$$f(n) = (-1)^n$$

当自变量 n 以取正整数 1，2，3，… 的方式无限增大时，$f(n)$ 的值总是取 1 或 -1，不是无限接近一个确定的常数，所以 $\lim\limits_{n \to +\infty} (-1)^n$ 不存在。

通过函数的图像，我们能够直观地发现下列结论。

$$\lim_{x \to +\infty} \frac{1}{x} = 0$$

从图像上看，当 $x \to +\infty$ 时，函数 $y = \dfrac{1}{x}$ 的变化趋势是与 x 轴无限接近，函数 $y = \dfrac{1}{x}$ 的值无限接近于 0。

$$\lim_{x \to +\infty} \arctan x = \frac{\pi}{2}$$

从图像上看，当 $x \to +\infty$ 时，函数 $y = \arctan x$ 的变化趋势是无限接近直线 $y = \dfrac{\pi}{2}$，所以函数 $y = \arctan x$ 的值无限接近于 $\dfrac{\pi}{2}$。

类似地有，$\lim\limits_{x \to -\infty} \arctan x = -\dfrac{\pi}{2}$

$\lim\limits_{x \to \infty} \dfrac{1}{x} = 0$，这个式子意味着 $\lim\limits_{x \to +\infty} \dfrac{1}{x} = \lim\limits_{x \to -\infty} \dfrac{1}{x} = 0$。

从图像上看，当 $x \to +\infty$ 和 $x \to -\infty$ 时，函数 $y = \dfrac{1}{x}$ 的变化趋势是无限接近 x 轴，即函数 $y = \dfrac{1}{x}$ 的值无限接近于 0。

例 3.1.7

求下列极限。

（1）$\lim\limits_{x \to +\infty} e^{-x}$　　　　（2）$\lim\limits_{x \to -\infty} e^{x}$　　　　（3）$\lim\limits_{x \to +\infty} \ln x$

解：（1）$\lim\limits_{x \to +\infty} e^{-x} = 0$

（2）$\lim\limits_{x \to -\infty} e^{x} = 0$

（3）$\lim\limits_{x \to +\infty} \ln x = +\infty$

虽然这些极限比较简单，但在本书中却是经常用到的。

例 3.1.8

求极限 $\lim\limits_{x \to 1} \left(\dfrac{1}{x-1} - \dfrac{2}{x^2-1} \right)$。

解：当 $x \to 1$ 时，两个分式的分母的极限都为 0，所以不能直接代入，也不能直接用法则来计算。

$$\lim_{x \to 1} \left(\frac{1}{x-1} - \frac{2}{x^2-1} \right) = \lim_{x \to 1} \left(\frac{x+1}{x^2-1} - \frac{2}{x^2-1} \right)$$
$$= \lim_{x \to 1} \frac{x-1}{x^2-1} = \lim_{x \to 1} \frac{1}{x+1} = \frac{1}{2}$$

例 3.1.9

求极限 $\lim\limits_{\Delta x \to 0} \dfrac{\sqrt{x+\Delta x} - \sqrt{x}}{\Delta x}$。

解：这里的变量是 Δx，当时 $\Delta x \to 0$，分子与分母的极限均为 0，可先分子有理化，然后再求极限。

$$\lim_{\Delta x \to 0} \frac{\sqrt{x+\Delta x} - \sqrt{x}}{\Delta x} = \lim_{\Delta x \to 0} \frac{x+\Delta x - x}{\Delta x \left(\sqrt{x+\Delta x} + \sqrt{x} \right)}$$
$$= \lim_{\Delta x \to 0} \frac{1}{\sqrt{x+\Delta x} + \sqrt{x}}$$
$$= \frac{1}{2\sqrt{x}}$$

例 3.1.10

求极限 $\lim\limits_{x \to \infty} \dfrac{3x^2-1}{x^3+2x-3}$。

解：这种极限不能直接代入计算。分子与分母同时除以 x^3，再求极限。

$$\lim_{x \to \infty} \frac{3x^2-1}{x^3+2x-3} = \lim_{x \to \infty} \frac{\dfrac{3}{x} - \dfrac{1}{x^3}}{1 + \dfrac{2}{x^2} - \dfrac{3}{x^3}} = \frac{0}{1} = 0$$

例 3.1.11

求极限 $\lim\limits_{x \to \infty} \dfrac{3x^4+1}{4x^3+2x-1}$。

解：先求其倒数的极限，即

$$\lim_{x\to\infty}\frac{4x^3+2x-1}{3x^4+1}=\lim_{x\to\infty}\frac{\dfrac{4}{x}+\dfrac{2}{x^3}-\dfrac{1}{x^4}}{3+\dfrac{1}{x^4}}=\frac{0+0-0}{3+0}=0$$

所以

$$\lim_{x\to\infty}\frac{3x^4+1}{4x^3+2x-1}=\infty$$

例 3.1.12

试证：

（1）$\displaystyle\lim_{x\to0}\frac{\sin x}{x}=1$　　　　　　　（2）$\displaystyle\lim_{x\to\infty}\left(1+\frac{1}{x}\right)^x=\mathrm{e}$

证明：（1）由图 3.1.1 可知

$\triangle OAB$ 的面积 $<$ 扇形 OAB 的面积 $<\triangle OAC$ 的面积

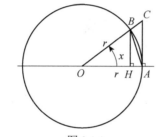

图 3.1.1

$$\frac{r^2\sin x}{2}<\pi r^2\times\frac{x}{2\pi}=\frac{r^2x}{2}<\frac{r^2\tan x}{2}$$

所以

$$1<\frac{x}{\sin x}<\frac{\tan x}{\sin x}=\frac{\dfrac{\sin x}{\cos x}}{\sin x}=\frac{1}{\cos x}$$

取上式的倒数，得

$$\cos x<\frac{\sin x}{x}<1$$

于是

$$\lim_{x\to0}\cos x=1<\lim_{x\to0}\frac{\sin x}{x}<\lim_{x\to0}1=1$$

所以

$$\lim_{x\to0}\frac{\sin x}{x}=1$$

（2）此式的证明需要更深入的知识，此处从略。读者只要掌握这个结论的特点，能恰当地运用它解决问题就可以了。

本例中的两个极限非常重要，请读者记住并将其作为公式应用。

例 3.1.13

求下列极限。

（1）$\lim\limits_{x \to 0} \dfrac{\sin 5x}{\sin 6x}$ （2）$\lim\limits_{x \to \infty} \left(\dfrac{x}{x+1} \right)^x$

解：

（1）$\lim\limits_{x \to 0} \dfrac{\sin 5x}{\sin 6x} = \dfrac{5}{6} \lim\limits_{x \to 0} \dfrac{\frac{\sin 5x}{5x}}{\frac{\sin 6x}{6x}} = \dfrac{5}{6} \dfrac{\lim\limits_{5x \to 0} \frac{\sin 5x}{5x}}{\lim\limits_{6x \to 0} \frac{\sin 6x}{6x}} = \dfrac{5}{6}$

（2）$\lim\limits_{x \to \infty} \left(\dfrac{x}{x+1} \right)^x = \lim\limits_{x \to \infty} \left(\dfrac{1}{1+\frac{1}{x}} \right)^x = \dfrac{1}{\lim\limits_{x \to \infty} \left(1+\frac{1}{x} \right)^x} = \dfrac{1}{e}$

习题 3.1

1. 求下列极限。

（1）$\lim\limits_{x \to 0} \dfrac{x^2 + 3x + 2}{x^2 + 3}$ （2）$\lim\limits_{x \to 3} \dfrac{\sqrt{x+1} - 2}{\sqrt{x-1} - \sqrt{2}}$

（3）$\lim\limits_{x \to 1} \dfrac{\sqrt{5x-4} - \sqrt{x}}{x-1}$ （4）$\lim\limits_{x \to +\infty} \dfrac{x^2 + 3x + 2}{x^2 + 3}$

（5）$\lim\limits_{x \to 0} \dfrac{\sin kx}{x}$ （6）$\lim\limits_{x \to 1} \dfrac{\sin(1-x)}{x^2 - 1}$

（7）$\lim\limits_{x \to \infty} \left(\dfrac{x-1}{x+1} \right)^x$ （8）$\lim\limits_{n \to \infty} \dfrac{2^n - 1}{3^n + 3}$

（9）$\lim\limits_{x \to +\infty} (1 - e^{-x})$ （10）$\lim\limits_{x \to -\infty} (e^{-2x^2} + 3)$

（11）$\lim\limits_{n \to \infty} \dfrac{(n-1)^2}{n+1}$ （12）$\lim\limits_{x \to 0} \dfrac{\sqrt[4]{1+x^3}}{1+x}$

（13）$\lim\limits_{x \to +\infty} \left(\sqrt{x^2 + x + 1} - \sqrt{x^2 - x + 1} \right)$ （14）$\lim\limits_{x \to \infty} \dfrac{2x+1}{\sqrt[5]{x^3 + x^2 - 2}}$

（15）$\lim\limits_{x \to \infty} \dfrac{4x^3 + x^2 - 1}{5x^4 - 2x - 3}$ （16）$\lim\limits_{x \to \infty} \dfrac{2x^3 + x^2 - 4}{7x^2 + 6}$

2. 求函数 $f(x) = \begin{cases} 2x + 3 & x \leqslant 0 \\ 3e^{-x} & x > 0 \end{cases}$ 在 $x = 0$ 处的极限。

3. 求函数 $f(x) = \dfrac{|x|}{x}$ 在 $x = 0$ 处的极限。

3.2　导数与微分

在工程实践中，我们不仅要研究变量的绝对变化，还要研究变量之间的相对变化，即变化率。比如，如果在电路闭合后的一段时间 t 秒内，通过导线横截面的电量为 q，那么 q 是关于 t 的一个函数，即

$$q = q(t)$$

那么从时刻 t_0 到时刻 $t_0 + \Delta t$ 的一段时间内，通过导线横截面的电量为

$$\Delta q = q(t_0 + \Delta t) - q(t_0)$$

如果电流是恒定的，那么在相同时间 Δt 内通过导线横截面的电量相等，此时 $\dfrac{\Delta q}{\Delta t}$ 就是单位时间内通过导线横截面的电量，是一个常数，称为电流强度。

如果电流不是恒定的，那么 $\dfrac{\Delta q}{\Delta t}$ 称为 Δt 时间内的平均电流强度，即

$$\frac{\Delta q}{\Delta t} = \frac{q(t_0 + \Delta t) - q(t_0)}{\Delta t}$$

当 $\Delta t \to 0$ 时，上述的平均电流强度就会变为在 t_0 时刻的电流强度，记为 $i(t_0)$。即

$$i(t_0) = \lim_{\Delta t \to 0} \frac{\Delta q}{\Delta t} = \lim_{\Delta t \to 0} \frac{q(t_0 + \Delta t) - q(t_0)}{\Delta t}$$

抽去这个问题的实际意义，一般地有如下定义。

定义 3.2.1

假设 $y = f(x)$ 在点 $x = a$ 附近有定义，如图 3.2.1 所示。当自变量 x 从 $x = a$ 变化到 $x = a + \Delta x$ 时，自变量 x 的增量为 Δx，函数的值从 $y = f(a)$ 变化到 $y = f(a + \Delta x)$，相应的函数增量为

$$\Delta y = f(a + \Delta x) - f(a)$$

我们把式

$$\left. \frac{\Delta y}{\Delta x} \right|_{x=a} = \frac{f(a + \Delta x) - f(a)}{\Delta x}$$

称为函数 $f(x)$ 在闭区间 $[a, \ a + \Delta x]$ 上的**平均变化率**。

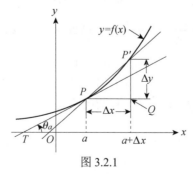

图 3.2.1

例 3.2.1

求函数 $f(x) = x^2$ 在闭区间 $[2，7]$ 上的平均变化率。

解：

$$\Delta x = 7 - 2 = 5$$
$$\Delta y = f(2 + 5) - f(2) = 49 - 4 = 45$$

所以

$$\frac{\Delta y}{\Delta x} = \frac{f(2 + 5) - f(2)}{5} = \frac{45}{5} = 9$$

定义 3.2.2

当 x 的增量 Δx 无限趋近于零时，如果极限

$$\lim_{\Delta x \to 0} \frac{\Delta y}{\Delta x}\bigg|_{x = a} = \lim_{\Delta x \to 0} \frac{f(a + \Delta x) - f(a)}{\Delta x} \tag{3.2.1}$$

存在确定的值（包括 0），则称函数在 $x = a$ 处可导，且把此极限值称为函数在 $x = a$ 处的导数（或瞬时变化率）。记为

$$y'|_{x=a}, \ f'(a), \ \frac{\mathrm{d}y}{\mathrm{d}x}\bigg|_{x = a}, \ \frac{\mathrm{d}f(x)}{\mathrm{d}x}\bigg|_{x = a}$$

当极限值 $f'(a)$ 不存在（或为无限，或者不唯一）时，则称函数 $y = f(x)$ 在 $x = a$ 处不可导，此时 $y = f(x)$ 在 $x = a$ 处没有导数。

例 3.2.2

设 $f(x) = x^2$，求该函数在 $x = 0$ 处、$x = a$ 处、$x = -1$ 处的导数。

解：由式（3.2.1）得

（1） $f'(0) = \lim_{\Delta x \to 0} \frac{f(0 + \Delta x) - f(0)}{\Delta x} = \lim_{\Delta x \to 0} \frac{(0 + \Delta x)^2 - 0^2}{\Delta x}$

$\qquad = \lim_{\Delta x \to 0} \frac{\Delta x^2}{\Delta x} = \lim_{\Delta x \to 0} (\Delta x) = 0$

（2） $f'(a) = \lim_{\Delta x \to 0} \frac{f(a + \Delta x) - f(a)}{\Delta x} = \lim_{\Delta x \to 0} \frac{(a + \Delta x)^2 - a^2}{\Delta x}$

$\qquad = \lim_{\Delta x \to 0} \frac{a^2 + 2a\Delta x + \Delta x^2 - a^2}{\Delta x} = \lim_{\Delta x \to 0} (2a + \Delta x) = 2a$

（3）令 $a = -1$，将其代入（2）的结论中，得
$$f'(-1) = -2$$
图 3.2.2 给出了 $f'(1)$、$f'(0)$、$f'(-1)$ 的图像表示。

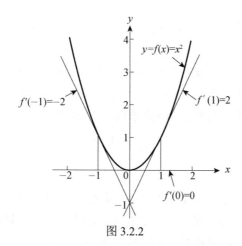

图 3.2.2

从上例可以看到，函数在点 a 处的导数会随着 a 的变化而变化。

一般地，在式（3.2.1）中，我们将 a 换成一般的 x，可得到一个新的函数。将这个函数称为函数 $y = f(x)$ 的导函数，表示为

$$f'(x) = \lim_{\Delta x \to 0} \frac{f(x + \Delta x) - f(x)}{\Delta x} \tag{3.2.2}$$

在电路理论中，电现象都归结为电荷的运动。电荷的运动引起电流，正负电荷的分离引起电压。正如前面所讨论的，电流是电荷流动的速率，是单位时间的电荷流量，可表示为电荷量对时间的导数，即

$$i = \frac{\mathrm{d}q}{\mathrm{d}t}$$

其中 i 是电流（单位为 A），q 是电荷量（单位为 C），t 是时间（单位为 s）。尽管电流是由离散运动的电子组成的，但是没有必要单独考虑电子的运动，因为电子的数量太大，因此 i 被视为连续的量。

电压是由正负电荷分离引起的，可以表示为能量对电荷的导数，即

$$v = \frac{\mathrm{d}w}{\mathrm{d}q}$$

其中，v 是电压（单位为 V），w 是能量（单位为 J），q 是电荷量（单位为 C）。

功率是释放或吸收的能量对时间的导数，即

$$P = \frac{\mathrm{d}w}{\mathrm{d}t}$$

其中，P 是功率（单位为 W），w 是能量（单位为 J），t 是时间（单位为 s）。

电感与电容是两个基本的电路元件。它们与其他量的关系也是通过导数联系起来的。比如，电感元件的端电压与电感中的电流随时间的变化率成正比，即

$$v = L \frac{\mathrm{d}i}{\mathrm{d}t}$$

由此可知：

（1）电流变化快，电感元件的端电压就高；电流变化慢，电感元件的端电压就低。

如果电流是常数，理想电感元件的端电压为 0。因此对于恒定的电流，即直流电流，电感元件相当于短路（其电阻 $R = 0$）。

（2）电感中的电流不能跃变，也就是电流在零时间内不能变化一个有限量。因为电流的跃变需要一个无穷大的电压，而无穷大的电压是不存在的。

又如，电容元件的电流与电压随时间的变化率成正比，即

$$i = C\frac{dv}{dt}$$

由此可知：

（1）当电容元件上的电压发生剧变（dv/dt 很大）时，电容元件的电流也很大；当电压不随时间变化（电压为常量）时，电容元件的电流为 0。只有随时间变化的电压才能产生位移电流，因此电容元件对于恒定的电压表现为开路（其电阻 $R = \infty$）。故电容元件有隔断直流的作用。

（2）电容元件两端的电压不能跃变，因为这样的变化将产生无穷大的电流，实际上是不可能发生的。

虽然这些概念都建立在简单的导数之上，但它们是用微积分进行电路分析的基础，许多演算都是从它们开始的。

例 3.2.3

求下列函数的导函数。

（1）$y = x^2$　　　　　　（2）$y = \dfrac{1}{x}$　　　　　　（3）$y = \sqrt{x}$

解：由式（3.2.2）得

（1）$\dfrac{dy}{dx} = \lim\limits_{\Delta x \to 0} \dfrac{(x + \Delta x)^2 - x^2}{\Delta x} = \lim\limits_{\Delta x \to 0} \dfrac{x^2 + 2x\Delta x + \Delta x^2 - x^2}{\Delta x}$

$\qquad = \lim\limits_{\Delta x \to 0}(2x + \Delta x) = 2x = 2x^{2-1}$

（2）$\dfrac{dy}{dx} = \lim\limits_{\Delta x \to 0} \dfrac{\dfrac{1}{(x + \Delta x)} - \dfrac{1}{x}}{\Delta x} = \lim\limits_{\Delta x \to 0} \dfrac{1}{\Delta x} \cdot \dfrac{x - (x + \Delta x)}{(x + \Delta x)x}$

$\qquad = \lim\limits_{\Delta x \to 0} \dfrac{-1}{(x + \Delta x)x} = -\dfrac{1}{x^2}$

$\qquad = -x^{-2} = -x^{-1-1}$

（3）$\dfrac{dy}{dx} = \lim\limits_{\Delta x \to 0} \dfrac{\sqrt{x + \Delta x} - \sqrt{x}}{\Delta x} = \lim\limits_{\Delta x \to 0} \dfrac{\sqrt{x + \Delta x} - \sqrt{x}}{\Delta x} \cdot \dfrac{\sqrt{x + \Delta x} + \sqrt{x}}{\sqrt{x + \Delta x} + \sqrt{x}}$

$\qquad = \lim\limits_{\Delta x \to 0} \dfrac{\left(\sqrt{x + \Delta x}\right)^2 - \left(\sqrt{x}\right)^2}{\Delta x\left(\sqrt{x + \Delta x} + \sqrt{x}\right)} = \lim\limits_{\Delta x \to 0} \dfrac{1}{\sqrt{x + \Delta x} + \sqrt{x}} = \dfrac{1}{2\sqrt{x}}$

$\qquad = \dfrac{1}{2}x^{-1/2} = \dfrac{1}{2}x^{\frac{1}{2}-1}$

通过本题的几个例子，可以归纳得到：当 m 为实数时，

$$\frac{\mathrm{d}}{\mathrm{d}x}(x^m) = mx^{m-1}$$

例 3.2.4

假设一物体处于运动状态，试证明：（1）在 t 时刻的瞬时速度是行进距离 x 对时间 t 的导数；（2）在 t 时刻的瞬时加速度 a 是速度 v 对时间 t 的导数，并绘出其导数关系图。

证明：（1）如图 3.2.3 所示，设某物体从原点出发，行进距离 x 与时间 t 的函数可表示为 $x = x(t)$，那么从 t 到 $t + \Delta t$ 时的平均速度 $\bar{v}$ 为

$$\bar{v} = \frac{x(t + \Delta t) - x(t)}{\Delta t} = \frac{\Delta x}{\Delta t}$$

令 $\Delta t \to 0$，对上式取极限，则瞬时速度 v 就表示为

$$v = \lim_{\Delta t \to 0} \frac{\Delta x}{\Delta t} = \frac{\mathrm{d}x}{\mathrm{d}t}$$

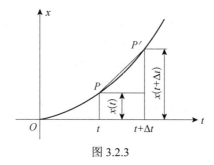

图 3.2.3

（2）如图 3.2.4 所示，假设运动物体在 t 时刻的速度为 $v = v(t)$，那么它从 t 到 $t + \Delta t$ 时速度的平均变化率 $\bar{a}$ 为

$$\bar{a} = \frac{v(t + \Delta t) - v(t)}{\Delta t} = \frac{\Delta v}{\Delta t}$$

令 $\Delta t \to 0$，对上式取极限，得到瞬时加速度 a 为

$$a = \lim_{\Delta t \to 0} \frac{\Delta v}{\Delta t} = \frac{\mathrm{d}v}{\mathrm{d}t}$$

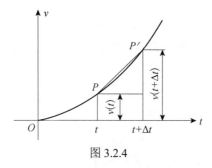

图 3.2.4

　　下面介绍微积分的另一个重要概念——微分。

　　在许多实际问题中，经常会遇到一类问题：对函数 $y = f(x)$，当自变量 x 发生很微小的改变 Δx 时，计算函数的增量 Δy。但在一般情况下，增量 Δy 关于 Δx 的表达式都比较复杂，我们希望找到一个计算 Δy 的近似公式，使得计算过程简便且计算结果精度高。

　　这里先看一个具体的例子。如图 3.2.5 所示，有一边长为 x 的正方形金属薄片，受热后其边长均匀地增加了一个很小的量 Δx，问此正方形金属薄片的面积大约增加了多少？

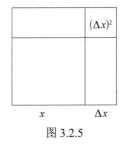

图 3.2.5

　　这个问题很容易解决。设正方形薄片的面积为 $S = x^2$，面积的增量为 ΔS，则
$$\Delta S = (x + \Delta x)^2 - x^2$$
$$= 2x\Delta x + (\Delta x)^2$$
在上式中，如果 Δx 很小，$(\Delta x)^2$ 就会比 $2x\Delta x$ 小得多，以至于我们可以忽略这个部分。因此，$2x\Delta x$ 就是 ΔS 的一个精度较高的近似值。在数学中，通常把 $2x\Delta x$ 称为 $S = x^2$ 的微分。为此，我们有如下定义。

定义 3.2.3

　　如果函数 $y = f(x)$ 在点 x 处的增量
$$\Delta y = f(x + \Delta x) - f(x)$$
可以表示为
$$\Delta y = A \cdot \Delta x + o(\Delta x)$$
其中，A 与 Δx 无关，$o(\Delta x)$ 是比 Δx 小得多的量，则称 $A \cdot \Delta x$ 为函数 $y = f(x)$ 在点 x 处的微分，记为 $\mathrm{d}y$。即
$$\mathrm{d}y = A \cdot \Delta x$$
这时也称函数 $y = f(x)$ 在点 x 处可微。否则，就称函数 $y = f(x)$ 在点 x 处不可微。

　　可以证明（此处从略），上式中的 A 恰好就是函数 $y = f(x)$ 在点 x 处的导数，即
$$A = f'(x)$$
于是，函数 $y = f(x)$ 的微分就表示为
$$\mathrm{d}y = f'(x)\mathrm{d}x$$
其中，$\mathrm{d}x$ 是自变量 x 的微分，即自变量 x 的增量，所以 $\mathrm{d}x = \Delta x$。

于是，我们可以写出

$$\Delta y \approx \mathrm{d}y = f'(x) \cdot \mathrm{d}x$$

这表明在 $|\Delta x|$ 非常小的情况下，函数的增量与函数的微分是近似相等的。

$$f(x + \Delta x) \approx f(x) + f'(x) \cdot \Delta x$$

这个式子在近似计算中具有重要作用。

例 3.2.5

求函数 $f(x) = x^2$ 在 $x = 4$，$\Delta x = 0.01$ 时的增量与微分 $\mathrm{d}y$。

解：函数的增量

$$\Delta y = f(x + \Delta x) - f(x) = (4 + 0.01)^2 - 4^2 = 0.0801$$

因为 $f'(x) = 2x$，根据微分的定义，得

$$\mathrm{d}y = 2x\mathrm{d}x$$

即

$$\mathrm{d}y \bigg|_{\substack{x=4 \\ \Delta x = 0.01}} = 2 \times 4 \times 0.01 = 0.08$$

此时，显然 $\Delta y \approx \mathrm{d}y$。

例 3.2.6

求下列函数的微分。

（1）$y = \dfrac{1}{x^2}$ （2）$y = \sqrt{x}$ （3）$y = 3x^2$

解：（1）$\mathrm{d}y = \mathrm{d}\left(\dfrac{1}{x^2}\right) = \left[\dfrac{1}{x^2}\right]' \mathrm{d}x$

$$= -2x^{-2}\mathrm{d}x$$

（2）$\mathrm{d}y = \mathrm{d}\left(\sqrt{x}\right) = \left[\sqrt{x}\right]' \mathrm{d}x$

$$= \dfrac{1}{2\sqrt{x}}\mathrm{d}x$$

（3）$\mathrm{d}y = \mathrm{d}(3x^2) = [3x^2]'\mathrm{d}x$

$$= 6x\mathrm{d}x$$

例 3.2.7

有一半径为 10cm 的球，当其半径增加 0.01cm 时，球的体积大约增加多少？

解：半径为 R 的球的体积为

$$V = \dfrac{4}{3}\pi R^3$$

当自变量 R 在 $R_0 = 10$ 取得增量 $\Delta R = 0.01$ 时，球的体积的增量大约为

$$\Delta V \approx \mathrm{d}V \bigg|_{\substack{R_0 = 10 \\ \Delta R = 0.01}}$$

$$= \left[\frac{4}{3}\pi R^3\right]' \Delta R \bigg|_{\substack{R_0 = 10 \\ \Delta R = 0.01}}$$

$$= 4\pi R^2 \Delta R \bigg|_{\substack{R_0 = 10 \\ \Delta R = 0.01}}$$

$$\approx 4 \times 3.14 \times 10^2 \times 0.01$$

$$= 12.56 (\mathrm{cm}^3)$$

根据微分的定义，微分可以从导数转化而来。即在函数 $y = f(x)$ 的导数

$$\frac{\mathrm{d}y}{\mathrm{d}x} = f'(x)$$

两边同时乘以 $\mathrm{d}x$，可得函数的微分

$$\mathrm{d}y = f'(x)\mathrm{d}x$$

从形式上看，微分是把导数改写成了另一种形式，但它们的含义却是不同的。在有了微分的概念之后，我们可以把导数 $\dfrac{\mathrm{d}y}{\mathrm{d}x}$ 作为一个分式来处理，把导数 $\dfrac{\mathrm{d}y}{\mathrm{d}x}$ 看作是函数的微分 $\mathrm{d}y$ 与自变量的微分 $\mathrm{d}x$ 的商，这会给以后的求导和积分运算带来很多便利。

习题 3.2

1. 求 $f(x) = 4x^2$ 在区间 $[-1, 3]$ 上的平均变化率。

2. 求当 $x = \dfrac{\pi}{3}$，$\Delta x = \dfrac{\pi}{100}$ 时，函数 $f(x) = \sin x$ 的增量与平均变化率。

3. 设 $f(x) = x^3$，根据导数的定义求 $f(x)$ 在下列点处的导数。

（1）$x = 0$ （2）$x = a$ （3）$x = 1$

4. 已知自由落体运动规律是 $s = \dfrac{1}{2}gt^2$，求自由落体运动在 $t = t_0$ 时刻的即时速度。

5. 已知 $f(x) = \cos x$，求 $f'\left(\dfrac{\pi}{2}\right)$、$f'\left(-\dfrac{2\pi}{3}\right)$、$f'\left(\dfrac{5\pi}{4}\right)$。

6. 求 $f(x) = x^4$ 在 $x = 2$，$\Delta x = 0.01$ 时的增量与微分。

7. 求下列函数的微分。

（1）$y = 6x^4$ （2）$y = 10x^{\frac{3}{5}}$ （3）$y = 3x^{-5}$

8. 当底面半径为 14cm 的圆锥的高从 7cm 变为 7.1cm 时，求此圆锥体积增量的近似值。

9. 已知某球的半径从 5cm 变为 5.02cm 时，求此球表面积增量的近似值。

3.3　求导法则

利用导数的定义可以求一些简单函数的导数。但对于一般函数而言，利用定义求函数的导数会很困难。因此，必须寻求其他的方法求函数的导数。本节将介绍求导法则。

1. 常数的导数

若 $y = f(x) = K$（常数），则

$$\frac{\mathrm{d}y}{\mathrm{d}x} = f'(x) = (K)' = 0 \qquad （常数的导数等于0）$$

证明：

$$\frac{\mathrm{d}y}{\mathrm{d}x} = \lim_{\Delta x \to 0} \frac{f(x + \Delta x) - f(x)}{\Delta x} = \lim_{\Delta x \to 0} \frac{K - K}{\Delta x} = \lim_{\Delta x \to 0} \frac{0}{\Delta x} = 0$$

2. 两个函数和或差的导数

若 $y = f(x) \pm g(x)$，则

$$\frac{\mathrm{d}y}{\mathrm{d}x} = \frac{\mathrm{d}}{\mathrm{d}x}[f(x) \pm g(x)] = f'(x) \pm g'(x)$$

或者简写成

$$[f(x) \pm g(x)]' = f'(x) \pm g'(x)$$

这个法则可以推广到有限个函数的情形。

3. 函数之积的导数

（1）若 $y = f(x) \cdot g(x)$，则

$$\frac{\mathrm{d}y}{\mathrm{d}x} = [f(x) \cdot g(x)]' = f'(x) \cdot g(x) + f(x) \cdot g'(x)$$

（2）若 $y = f(x) \cdot g(x) \cdot h(x)$，则

$$[f(x) \cdot g(x) \cdot h(x)]' = f'(x) \cdot g(x) \cdot h(x) + f(x) \cdot g'(x) \cdot h(x) + f(x) \cdot g(x) \cdot h'(x)$$

4. 常数与函数之积的导数

若 $y = K \cdot f(x)$，则

$$\frac{\mathrm{d}y}{\mathrm{d}x} = [K \cdot f(x)]' = K \cdot f'(x)$$

也就是，常数可以提到求导运算的外面。

5. 两个函数之商的导数

若 $y = \dfrac{f(x)}{g(x)}$，则

$$\frac{\mathrm{d}y}{\mathrm{d}x} = \left[\frac{f(x)}{g(x)}\right]' = \frac{f'(x) \cdot g(x) - f(x) \cdot g'(x)}{g^2(x)}$$

6. 常数与函数之商的导数

若 $y = \dfrac{K}{f(x)}$，由商的求导法则可以得到

$$\frac{\mathrm{d}y}{\mathrm{d}x} = \left[\frac{K}{f(x)}\right]' = -\frac{K \cdot f'(x)}{f^2(x)}$$

7. 复合函数的导数

（1）若 $y = f(u)$，$u = g(x)$，其中 u 是中间变量，则

$$\frac{\mathrm{d}y}{\mathrm{d}x} = \frac{\mathrm{d}y}{\mathrm{d}u} \cdot \frac{\mathrm{d}u}{\mathrm{d}x} = f'(u) \cdot g'(x)$$

上式有时也写成

$$y'_x = y'_u \cdot u'_x$$

（2）若 $y = f(u_1)$，$u_1 = g(u_2)$，$u_2 = h(x)$，其中 u_1、u_2 是中间变量，则

$$\frac{\mathrm{d}y}{\mathrm{d}x} = \frac{\mathrm{d}y}{\mathrm{d}u_1} \cdot \frac{\mathrm{d}u_1}{\mathrm{d}u_2} \cdot \frac{\mathrm{d}u_2}{\mathrm{d}x}$$
$$= f'(u_1) \cdot g'(u_2) \cdot h'(x)$$

这个法则在电路分析中经常用到，比如

$$P = \frac{\mathrm{d}w}{\mathrm{d}t} = \frac{\mathrm{d}w}{\mathrm{d}q} \cdot \frac{\mathrm{d}q}{\mathrm{d}t} = v \cdot i$$

其意义是：电路中元件的功率 P 等于流过元件的电流 i 与元件上电压 v 之积。

8. 反函数的导数

假设函数 $y = f(x)$ 的反函数为 $x = g(y)$，则

$$g'(y) = \frac{\mathrm{d}x}{\mathrm{d}y} = 1 / \frac{\mathrm{d}y}{\mathrm{d}x} = \frac{1}{f'(x)}$$

9. 参数方程的导数

如果 $x = f(t)$，$y = g(t)$，其中 t 是参变量，则

$$\frac{\mathrm{d}y}{\mathrm{d}x} = \frac{\mathrm{d}y}{\mathrm{d}t} / \frac{\mathrm{d}x}{\mathrm{d}t} = \frac{g'(t)}{f'(t)}$$

上述求导法则都可以根据导数的定义加以证明，此处略。

例 3.3.1

求下列函数的导数。

（1）$y = x^2 - \sqrt{x}$　　　　　　　　　　（2）$y = (x+1)(x^3 + x + 2)$

（3）$y = 5x^2 + \dfrac{3}{x}$　　　　　　　　　（4）$y = \dfrac{x^2 + 2}{x + 1}$

（5）$y = \dfrac{4}{3x^2 + 2}$　　　　　　　　　（6）$y = (x^2 + 2)^2$

解：根据公式 $\dfrac{\mathrm{d}}{\mathrm{d}x}(x^n) = nx^{n-1}$ 与求导法则，有

（1）记 $f(x) = x^2$，$g(x) = \sqrt{x}$，则

$$\frac{\mathrm{d}y}{\mathrm{d}x} = f'(x) - g'(x) = 2x^{2-1} - \frac{1}{2}x^{1/2-1}$$

$$= 2x - \frac{1}{2}x^{-1/2} = 2x - \frac{1}{2\sqrt{x}}$$

（2）记 $f(x) = x+1$，$g(x) = x^3 + x + 2$，则

$$f'(x) = 1，\quad g'(x) = 3x^2 + 1$$

于是

$$\frac{\mathrm{d}y}{\mathrm{d}x} = f'(x)g(x) + f(x)g'(x)$$

$$= 1(x^3 + x + 2) + (x+1)(3x^2 + 1)$$

$$= x^3 + x + 2 + 3x^3 + 3x^2 + x + 1$$

$$= 4x^3 + 3x^2 + 2x + 3$$

（3）$\dfrac{\mathrm{d}y}{\mathrm{d}x} = \dfrac{\mathrm{d}}{\mathrm{d}x}\left(5x^2 + \dfrac{3}{x}\right) = \dfrac{\mathrm{d}}{\mathrm{d}x}(5x^2) + \dfrac{\mathrm{d}}{\mathrm{d}x}\left(\dfrac{3}{x}\right) = 5\dfrac{\mathrm{d}}{\mathrm{d}x}(x^2) + 3\dfrac{\mathrm{d}}{\mathrm{d}x}\left(\dfrac{1}{x}\right)$

$$= 5 \cdot 2x + 3(-1)x^{-1-1} = 10x - \frac{3}{x^2}$$

（4）记 $f(x) = x^2 + 2$，$g(x) = x + 1$，则 $f'(x) = 2x$，$g'(x) = 1$，所以

$$\frac{\mathrm{d}y}{\mathrm{d}x} = \frac{f'(x)g(x) - f(x)g'(x)}{[g(x)]^2} = \frac{2x(x+1) - (x^2 + 2) \cdot 1}{(x+1)^2}$$

$$= \frac{2x^2 + 2x - x^2 - 2}{(x+1)^2} = \frac{x^2 + 2x - 2}{(x+1)^2}$$

（5）令 $K = 4$，$f(x) = 3x^2 + 2$，则 $f'(x) = 6x$，所以

$$\frac{\mathrm{d}y}{\mathrm{d}x} = -\frac{Kf'(x)}{[f(x)]^2} = -\frac{4 \cdot 6x}{(3x^2 + 2)^2} = -\frac{24x}{(3x^2 + 2)^2}$$

（6）令 $u = x^2 + 2$，则原来的函数可看作为由 $y = u^2$，$u = x^2 + 2$ 复合而成的，所以

$$\frac{\mathrm{d}y}{\mathrm{d}x} = \frac{\mathrm{d}y}{\mathrm{d}u} \cdot \frac{\mathrm{d}u}{\mathrm{d}x} = (u^2)' \cdot (x^2 + 2)'$$

$$= 2u^{2-1} \cdot (2x^{2-1} + 0)$$

$$= 2(x^2 + 2) \cdot 2x = 4x(x^2 + 2)$$

例 3.3.2

求由参数方程 $x = a\cos\theta$ ， $y = b\sin\theta (0 \leq \theta \leq 2\pi)$ 所确定的函数的导数 $\dfrac{\mathrm{d}y}{\mathrm{d}x}$ 。

解：由求导法则，得

$$\frac{\mathrm{d}y}{\mathrm{d}x} = \frac{\mathrm{d}y / \mathrm{d}\theta}{\mathrm{d}x / \mathrm{d}\theta} = \frac{b\cos\theta}{-a\sin\theta} = -\frac{b^2 x}{a^2 y}$$

习题 3.3

1. 求下列函数的导数。

（1） $y = 4x^3 - \sqrt[3]{x}$

（2） $y = 5x^{-2} - \dfrac{3}{x}$

（3） $y = (x^3 - 3)(x^2 + x)$

（4） $y = \dfrac{6x^2}{1 - x}$

（5） $y = \dfrac{-7}{x^2 + 2}$

（6） $y = \dfrac{1}{(x^2 + 2)^2}$

2. 求由下列参数方程所确定的函数的导数 $\dfrac{\mathrm{d}y}{\mathrm{d}x}$ 。

（1） $\begin{cases} x = t^2 \\ y = t^3 \end{cases} \quad t > 0$

（2） $\begin{cases} x = at + b \\ y = \dfrac{1}{2}at^2 \end{cases}$

3. 求曲线 $\begin{cases} x = 2\cos\theta \\ y = 3\sin\theta \end{cases}$ 上点 $\theta = \dfrac{\pi}{4}$ 处的切线方程和法线方程。

4. 求由下列方程所确定的函数的导数 $\dfrac{\mathrm{d}y}{\mathrm{d}x}$ 。

（1） $x^2 + y^2 = a^2$

（2） $y + \mathrm{e}^x = x + \mathrm{e}^y + 3$

3.4   初等函数的求导公式

除上节的求导法则之外，一些简单函数的求导公式也是求导运算的基础。下面把这些公式列出来，便于读者记忆。

1. $y = x^n$ 的导数

$$\frac{\mathrm{d}}{\mathrm{d}x}(x^n) = nx^{n-1}$$

2. 三角函数的导数

$$\frac{\mathrm{d}}{\mathrm{d}x}(\sin x) = \cos x$$

$$\frac{\mathrm{d}}{\mathrm{d}x}(\cos x) = -\sin x$$

$$\frac{\mathrm{d}}{\mathrm{d}x}(\tan x) = \sec^2 x$$

上述公式可以根据导数的定义加以证明。进一步地，根据复合函数的求导法则与上述公式，可得

$$\frac{\mathrm{d}}{\mathrm{d}x}(\sin ax) = a\cos ax$$

$$\frac{\mathrm{d}}{\mathrm{d}x}(\cos ax) = -a\sin ax$$

$$\frac{\mathrm{d}}{\mathrm{d}x}(\tan ax) = a\sec^2 ax$$

上述 3 个式子中的 a 均为常数。

比如，令 $y = \sin u$，$u = ax$，则

$$\frac{\mathrm{d}y}{\mathrm{d}u} = \cos u，\quad \frac{\mathrm{d}u}{\mathrm{d}x} = a$$

由复合函数的求导法则，可得

$$\frac{\mathrm{d}y}{\mathrm{d}x} = \frac{\mathrm{d}y}{\mathrm{d}u} \cdot \frac{\mathrm{d}u}{\mathrm{d}x} = a \cdot \cos ax$$

3. 反三角函数的导数

$$\frac{\mathrm{d}}{\mathrm{d}x}(\arcsin x) = \frac{1}{\sqrt{1-x^2}}$$

$$\frac{\mathrm{d}}{\mathrm{d}x}(\arccos x) = -\frac{1}{\sqrt{1-x^2}}$$

$$\frac{\mathrm{d}}{\mathrm{d}x}(\arctan x) = \frac{1}{1+x^2}$$

比如，若 $y = \arctan x$，则 $x = \tan y$，由求导法则得

$$(\arctan x)' = \frac{\mathrm{d}y}{\mathrm{d}x} = \frac{1}{\mathrm{d}x \big/ \mathrm{d}y}$$

$$= \frac{1}{(\tan y)'} = \frac{1}{\sec^2 y} = \frac{1}{1+\tan^2 y} = \frac{1}{1+x^2}$$

4. 对数函数的导数

$$\frac{\mathrm{d}}{\mathrm{d}x}(\ln x) = \frac{1}{x}$$

$$\frac{\mathrm{d}}{\mathrm{d}x}(\log_a x) = \frac{1}{x\ln a}$$

5. 指数函数的导数

$$\frac{\mathrm{d}}{\mathrm{d}x}(\mathrm{e}^x) = \mathrm{e}^x$$

$$\frac{\mathrm{d}}{\mathrm{d}x}(a^x) = a^x \cdot \ln a$$

其中，$a>0$ 且 $a \neq 1$。

下面我们证明第二个公式：

令 $y = a^x$，则 $\ln y = \ln a^x = x\ln a$, 于是

$$x = \frac{\ln y}{\ln a}$$

由求导法则得

$$(a^x)' = \frac{\mathrm{d}y}{\mathrm{d}x} = \frac{1}{\dfrac{\mathrm{d}x}{\mathrm{d}y}} = 1 \Big/ \left(\frac{1}{\ln a} \cdot \frac{1}{y} \right) = y \cdot \ln a = a^x \cdot \ln a$$

例 3.4.1

求下列函数的导数。

（1）$y = 6x^5 + \dfrac{4}{x^3} + 2x^{5/2}$ （2）$y = \ln(x^2 + 1)$

（3）$y = (x^2 + 1)^3 (x + 2)^2$ （4）$y = \sqrt{\dfrac{(x+1)(x+2)}{(x+3)(x+4)}}$

解：

（1）$\dfrac{\mathrm{d}y}{\mathrm{d}x} = 6\dfrac{\mathrm{d}}{\mathrm{d}x}(x^5) + 4\dfrac{\mathrm{d}}{\mathrm{d}x}(x^{-3}) + 2\dfrac{\mathrm{d}}{\mathrm{d}x}(x^{5/2})$

$\qquad = 6 \cdot 5x^{5-1} + 4 \cdot (-3)x^{-3-1} + 2 \cdot \dfrac{5}{2}x^{5/2-1}$

$\qquad = 30x^4 - \dfrac{12}{x^4} + 5x^{3/2}$

（2）令 $y = \ln u$，$u = x^2 + 1$，由求导法则得

$$\frac{\mathrm{d}y}{\mathrm{d}x} = \frac{\mathrm{d}y}{\mathrm{d}u} \cdot \frac{\mathrm{d}u}{\mathrm{d}x} = \frac{1}{u} \cdot 2x = \frac{2x}{x^2 + 1}$$

（3）令 $f(x) = (x^2 + 1)^3$，$g(x) = (x + 2)^2$，于是 $y = f(x)g(x)$，则

$$\frac{\mathrm{d}y}{\mathrm{d}x} = f'(x)g(x) + f(x)g'(x)$$

$$= 3(x^2 + 1)^2 \cdot 2x \cdot (x + 2)^2 + (x^2 + 1)^3 \cdot 2(x + 2) \cdot 1$$

$$= 2(x^2 + 1)^2(x + 2)[3x(x + 2) + x^2 + 1]$$

$$= 2(x^2 + 1)^2(x + 2)(4x^2 + 6x + 1)$$

（4）对函数 $y = \sqrt{\dfrac{(x+1)(x+2)}{(x+3)(x+4)}}$ 的两边取对数，得

$$\ln y = \frac{1}{2}[\ln(x+1) + \ln(x+2) - \ln(x+3) - \ln(x+4)]$$

则

$$\frac{1}{y} \cdot y' = \frac{1}{2}\left(\frac{1}{x+1} + \frac{1}{x+2} - \frac{1}{x+3} - \frac{1}{x+4}\right)$$

所以

$$y' = y \cdot \frac{1}{2}\left(\frac{1}{x+1} + \frac{1}{x+2} - \frac{1}{x+3} - \frac{1}{x+4}\right)$$

$$= \frac{1}{2}\sqrt{\frac{(x+1)(x+2)}{(x+3)(x+4)}}\left(\frac{1}{x+1} + \frac{1}{x+2} - \frac{1}{x+3} - \frac{1}{x+4}\right)$$

上述方法被称为对数求导法。

例 3.4.2

求下列函数关于 t 的导数。

（1） $u = \sin \omega t$ 　　　　　　　　　　（2） $u = \sin^2 \omega t$

（3） $u = e^{at}$ 　　　　　　　　　　　　（4） $u = e^{at} \sin \omega t$

解：（1）由公式得

$$\frac{du}{dt} = \frac{d \sin \omega t}{dt} = \omega \cos \omega t$$

（2）令 $u = v^2$，$v = \sin \omega t$，由求导法则得

$$\frac{du}{dt} = \frac{du}{dv} \cdot \frac{dv}{dt} = \frac{d}{dv}(v^2) \cdot \frac{d}{dt}(\sin \omega t)$$

$$= 2v \cdot \omega \cos \omega t = 2\omega \sin \omega t \cos \omega t = \omega \sin 2\omega t$$

（3）令 $u = e^v$，$v = at$，由求导法则得

$$\frac{du}{dt} = \frac{du}{dv} \cdot \frac{dv}{dt} = \frac{d}{dv}(e^v) \cdot \frac{d}{dt}(at) = e^v \cdot a = ae^{at}$$

（4）由求导法则得

$$\frac{d(e^{at} \sin \omega t)}{dt} = (e^{at})' \sin \omega t + e^{at}(\sin \omega t)'$$

$$= ae^{at} \sin \omega t + \omega e^{at} \cos \omega t$$

$$= \sqrt{a^2 + \omega^2}(e^{at})\left(\frac{a}{\sqrt{a^2 + \omega^2}} \cdot \sin \omega t + \frac{\omega}{\sqrt{a^2 + \omega^2}} \cdot \cos \omega t\right)$$

$$= \sqrt{a^2 + \omega^2}e^{at}(\cos \varphi \sin \omega t + \sin \varphi \cos \omega t)$$

$$= \sqrt{a^2 + \omega^2}e^{at} \sin(\omega t + \varphi)$$

其中，$\varphi = \arctan(\omega / a)$。

习题 3.4

1. 求下列函数的导数。

（1）$y = \sqrt{a^2 - x^2}$

（2）$y = \sqrt{\cos 2x}$

（3）$y = \cos \dfrac{2}{x^2 + a^2}$

（4）$y = \tan 5x$

（5）$y = \ln(\sin x)$

（6）$y = \ln \dfrac{1}{3x + 1}$

（7）$y = \mathrm{e}^{-\frac{1}{x}}$

（8）$y = x^n \mathrm{e}^{-ax}$

（9）$y = \ln(2x + \ln x)$

（10）$y = \left(1 + \dfrac{1}{x^2}\right)^x$

（11）$y = \sqrt{\dfrac{x^2 - 1}{x^2 + 1}}$

（12）$y = \arctan(3x^2)$

（13）$y = \mathrm{e}^x \sin(\omega x + \varphi)$

（14）$y = \mathrm{e}^{-ax} \cos(\omega x + \varphi)$

2. 已知 $y = f(5 - x)$，求 $\dfrac{\mathrm{d}y}{\mathrm{d}x}$ 和 $y'(0)$。

3. 已知 $y = f(-\sin x)$，求 $y'\left(\dfrac{\pi}{4}\right)$。

4. 证明下列求导公式。

（1）$\dfrac{\mathrm{d}}{\mathrm{d}x}(\tan x) = \sec^2 x$

（2）$\dfrac{\mathrm{d}}{\mathrm{d}x}(\arcsin x) = \dfrac{1}{\sqrt{1 - x^2}}$

5. 求下列函数的微分。

（1）$y = 2 + \dfrac{1}{x}$

（2）$y = x^2$

（3）$y = \sin(1 + 3x)$

（4）$y = 5 - \ln(1 + x^2)$

（5）$y = \dfrac{x}{1 - x^2}$

（6）$y = x \cos x$

3.5　高阶导数

如果函数 $y = f(x)$ 的导函数 $f'(x)$ 还能继续求导，我们就可以对 $f'(x)$ 再求一次导数，此时称其为函数 $y = f(x)$ 的 2 阶导数，用式表示就是

$$y'' = \frac{\mathrm{d}}{\mathrm{d}x}(y') = \frac{\mathrm{d}}{\mathrm{d}x}\left(\frac{\mathrm{d}y}{\mathrm{d}x}\right) = \frac{\mathrm{d}^2 y}{\mathrm{d}x^2}$$

$$= \lim_{\Delta x \to 0} \frac{\Delta y'}{\Delta x} = \lim_{\Delta x \to 0} \frac{f'(x + \Delta x) - f'(x)}{\Delta x}$$

同理，可以依次求 3 阶，4 阶，$\cdots$，n 阶导数，n 阶导数可以表示为

$$y^{(n)} = f^{(n)}(x) = \frac{\mathrm{d}^n y}{\mathrm{d} x^n} = \frac{\mathrm{d}}{\mathrm{d} x}(y^{(n-1)})$$

一般地，把 2 阶以上的导数称为高阶导数。

下面求几个简单函数的高阶导数。

（1） x 的 n 次幂，

$f(x) = x^n$ 其中，$n = 1, 2, 3, \cdots$

$f'(x) = n x^{n-1}$

$f''(x) = n(n-1) x^{n-1-1} = n(n-1) x^{n-2}$

$f'''(x) = n(n-1)(n-2) x^{n-2-1} = n(n-1)(n-2) x^{n-3}$

$\vdots$

$f^{(n)}(x) = n(n-1)(n-2) \cdots 2 \cdot 1 = n!$

$f^{(n+1)}(x) = f^{(n+2)}(x) = 0$

（2）三角函数

$f(x) = \sin x$

$f'(x) = \cos x = \sin\left(x + \dfrac{\pi}{2}\right)$

$f''(x) = -\sin x = \cos\left(x + \dfrac{\pi}{2}\right) = \sin\left(x + \dfrac{2\pi}{2}\right)$

$f'''(x) = -\cos x = \cos(x + \pi) = \sin\left(x + \dfrac{3\pi}{2}\right)$

$f^{(4)}(x) = \sin x = \sin(x + 2\pi) = \sin\left(x + \dfrac{4\pi}{2}\right)$

$\vdots$

$f^{(n)}(x) = \sin\left(x + \dfrac{n\pi}{2}\right)$

类似地，有

$f(x) = \cos x$

$f'(x) = -\sin x = \cos\left(x + \dfrac{\pi}{2}\right)$

$f''(x) = -\cos x = \cos(x + \pi) = \cos\left(x + \dfrac{2\pi}{2}\right)$

$f'''(x) = \sin x = -\cos\left(x + \dfrac{\pi}{2}\right) = \cos\left(x + \dfrac{3\pi}{2}\right)$

$f^{(4)}(x) = \cos x = \cos(x + 2\pi) = \cos\left(x + \dfrac{4\pi}{2}\right)$

$\vdots$

$f^{(n)}(x) = \cos\left(x + \dfrac{n\pi}{2}\right)$

（3）对数函数

$f(x) = \ln(1+x)$

$f'(x) = \dfrac{1}{1+x} = (1+x)^{-1} = (-1)^{1-1}(1-1)!(1+x)^{-1}$

$f''(x) = (-1)^{1-1}(1-1)!(-1)(1+x)^{-1-1}$
$\qquad = (-1)^{2-1}(2-1)!(1+x)^{-2}$

$f'''(x) = (-1)^{2-1}(2-1)!(-2)(1+x)^{-2-1}$
$\qquad = (-1)^{3-1}(3-1)!(1+x)^{-3}$

$\vdots$

$f^{(n)}(x) = (-1)^{n-1}(n-1)!(1+x)^{-n}$

（4）指数函数

$f(x) = e^x$，$f'(x) = e^x$，$f''(x) = e^x$，$\cdots$，$f^{(n)}(x) = e^x$

习题 3.5

1. 求下列函数的 2 阶导数。

（1） $y = \sin^2 x$ 　　　　　　　　　　（2） $y = \cos^2 x$

（3） $y = e^{x^2}\sin x$ 　　　　　　　　（4） $y = e^{-x^2}\cos x$

2. 求下列函数的 n 阶导数。

（1） $y = \dfrac{1}{x}$ 　　　　　　　　　　（2） $y = \sin 2x$

（3） $y = \ln x$ 　　　　　　　　　　　（4） $y = e^{ax}$

3. 设 $f(x) = \dfrac{1}{1-x}$，求 $f^{(n)}(0)$。

3.6 函数的极值

函数的极值（或最值）在工程问题中有广泛的应用，如求最大电流、最大电功率等。下面从讨论函数的单调性入手，给出求函数极值的方法。

定义 3.6.1

假设函数 $y = f(x)$ 定义在区间（a, b）内，当 x 不断增加时，函数 $y = f(x)$ 的值也不断增加，就称 $y = f(x)$ 在此区间内是单调增加函数，如图 3.6.1 所示。显然，若在区间（a, b）内有 $f'(x) > 0$，则函数 $y = f(x)$ 在区间（a, b）内单调增加。

假设函数 $y = f(x)$ 定义在区间（a, b）内，当 x 不断增加时，函数 $y = f(x)$ 的值不断减少，就称函数 $y = f(x)$ 在此区间内是单调减少函数，如图3.6.2所示。显然，如果在（a, b）内有 $f'(x) < 0$，则函数 $y = f(x)$ 在区间（a, b）内单调减少。

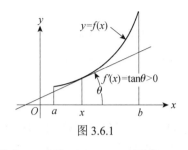
图 3.6.1

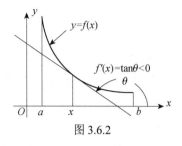
图 3.6.2

比如，对于 $f(x) = e^x$，因为

$$f'(x) = e^x > 0$$

所以，$f(x) = e^x$ 在其定义域（$-\infty, +\infty$）内是单调增函数。

又如，对于 $f(x) = \dfrac{1}{x}$，因为

$$f'(x) = -\frac{1}{x^2} < 0$$

所以，$f(x) = \dfrac{1}{x}$ 在其定义域 $(-\infty, 0) \bigcup (0, +\infty)$ 内是单调减函数。

如果

$$f'(x)|_{x=a} = f'(a) = 0$$

就称 $x = a$ 为函数的驻点。

例 3.6.1

求函数 $y = e^x - x - 1$ 的单调区间。

解：函数 y 的定义域为（$-\infty, +\infty$），对函数求导数，得

$$y' = e^x - 1$$

令 $y' = 0$，得驻点 $x = 0$。

列表如下，其中，"↘"表示单调减少，"↗"表示单调增加。

x	（$-\infty, 0$）	0	（$0, +\infty$）
y'	$-$	0	$+$
y	↘	0	↗

由上表可知，在区间（$-\infty, 0$）内，$y' < 0$，所以函数在区间（$-\infty, 0$）内单调减少；在区间（$0, +\infty$）内，$y' > 0$，所以函数在区间（$0, +\infty$）内单调增加。

定义 3.6.2

设函数 $y = f(x)$ 在点 $x = a$ 的某个邻域内有定义，如果对该邻域内的任何点 $x(x \neq a)$ 恒有 $f(x) < f(a)$（或 $f(x) > f(a)$），则称 $f(a)$ 为函数的极大值（或极小值），点 $x = a$ 称为函数的极大值点（或极小值点）。极大值和极小值统称为极值。

下面，考查函数 $y = f(x)$ 在点 $x = a$ 附近的变化状态。

如图 3.6.3 所示，当 $x < a$ 时，$f'(x) > 0$，函数是单调增加的；当 $x > a$ 时，$f'(x) < 0$，函数是单调减少的，则函数在 $x = a$ 处取得极大值 $f(a)$。也就是说，当 $f'(a) = 0$ 时，在点 $x = a$ 附近，如果 $f'(x)$ 的符号由正（+）变负（−），那么函数在点 $x = a$ 处取得极大值。

如图 3.6.4 所示，在点 $x = a$ 附近，当 $x < a$ 时，$f'(x) < 0$，函数是单调减少的；当 $x > a$ 时，$f'(x) > 0$，函数是单调增加的，则函数在点 $x = a$ 处取得极小值 $f(a)$。也就是说，当 $f'(a) = 0$ 时，在点 $x = a$ 附近，如果 $f'(x)$ 的符号由负（−）变正（+），那么函数在点 $x = a$ 处取得极小值。

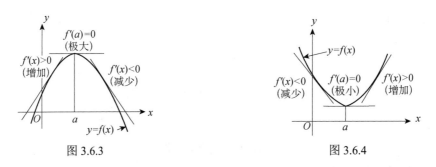

图 3.6.3　　　　　　　　　　　　　　　　图 3.6.4

极值（极大值和极小值）是函数在点 $x = a$ 的邻域内取得的，它只是与极值点附近的点的函数值进行比较的结果，并不意味着它在函数的整个定义区间内最大或最小。因此，极值是一个局部性的概念。

例 3.6.2

求函数 $y = x^2 - 2x - 1$ 的极小值，并画出函数的图像。

解：$y' = 2x - 2 = 2(x - 1)$

令 $y' = 2(x - 1) = 0$，得驻点 $x = 1$。

列表如下：

x	$(-\infty, 1)$	1	$(1, +\infty)$
y'	−	0	+
y	↘	−2（极小值）	↗

从上表可以看出，当 $x = 1$ 时，函数 y 有极小值 -2。

事实上，本例中的函数是 x 的二次函数，运用中学所学的配方法，得

$$y = x^2 - 2x - 1 = (x - 1)^2 - 2$$

所以，当 $x = 1$ 时，$y_{\min} = -2$，函数图像如图 3.6.5 所示。

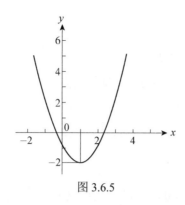

图 3.6.5

例 3.6.3

求函数 $y = 3x^5 - 5x^3 + 1$ 的极值，并画出函数的图像。

解：$y' = 15x^2(x^2 - 1) = 15x^2(x-1)(x+1)$

令 $y' = 0$，得驻点 $x = -1, 0, 1$。

列表如下：

x	$(-\infty,-1)$	-1	$(-1,0)$	0	$(0,1)$	1	$(1,+\infty)$
y'	$+$	0	$-$	0	$-$	0	$+$
y	↗	3	↘	1	↘	-1	↗

从上表可以看出，当 $x = -1$ 时，函数 y 有极大值 3；当 $x = 1$ 时，函数 y 有极小值 -1。函数的图像如图 3.6.6 所示。

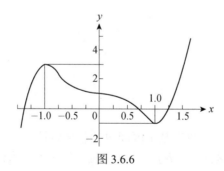

图 3.6.6

如果函数 $y = f(x)$ 在驻点 $x = a$ 处存在二阶导数，我们可以用下面的方法来判定函数在点 $x = a$ 处是否取得极值。

定理 3.6.1

假设函数 $f(x)$ 在点 $x = a$ 处存在二阶导数，且 $f'(a) = 0$，$f''(a) \neq 0$，那么

（1）当 $f''(a) < 0$ 时，函数 $f(x)$ 在点 $x = a$ 处取极大值；

（2）当 $f''(a) > 0$ 时，函数 $f(x)$ 在点 $x = a$ 处取极小值。

例 3.6.4

求函数 $y = 2x^4 - x^2 + 1$ 的极值。

解： $y' = 2 \cdot 4x^3 - 2x = 2x(4x^2 - 1) = 2x(2x+1)(2x-1)$

令 $y' = 0$ ，可求得 3 个驻点

$$x = -\frac{1}{2},\ 0,\ \frac{1}{2}$$

而 $y'' = 24x^2 - 2$

因为 $y''\left(-\frac{1}{2}\right) = y''\left(\frac{1}{2}\right) = 4 > 0$ ，所以函数在点 $x = -\frac{1}{2}$ 和点 $x = \frac{1}{2}$ 处取得极小值

$$y\left(-\frac{1}{2}\right) = y\left(\frac{1}{2}\right) = \frac{7}{8}$$

因为 $y''(0) = -2 < 0$ ，函数在点 $x = 0$ 处取得极大值 $y(0) = 1$ 。

定义 3.6.3

设函数 $y = f(x)$ 定义在闭区间 $[a,\ b]$ 内，如果对于此区间内的某个点 x_0 ，在此闭区间内总有 $f(x) \leqslant f(x_0)$ ，就称 $f(x_0)$ 为函数在闭区间 $[a,\ b]$ 内的最大值；如果对于此区间内的某个点 x_0 ，在此闭区间内总有 $f(x) \geqslant f(x_0)$ ，就称 $f(x_0)$ 为函数在闭区间 $[a,\ b]$ 内的最小值，如图 3.6.7 所示。

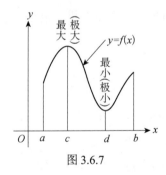

图 3.6.7

最大值与最小值描述了函数在某个区间内的整体特性。

求函数 $y = f(x)$ 在闭区间 $[a,\ b]$ 内的最大值和最小值的方法是：

（1）求出函数 $y = f(x)$ 在开区间 $(a,\ b)$ 内所有可能的极大值、极小值。也就是求出函数所有驻点及不可导的点的函数值；

（2）计算函数在闭区间端点处的函数值 $f(a)$ 和 $f(b)$ ；

（3）比较以上所有的值，最大的就是函数的最大值，最小的就是函数的最小值。

例 3.6.5

求函数 $y = x^3 - 3x^2 - 9x + 5$ 在闭区间 $[-2,\ 6]$ 内的最大值和最小值。

解：（1） $y' = 3x^2 - 6x - 9 = 3(x+1)(x-3)$

令 $y' = 0$，得驻点 $x = -1, 3$；

$$y(-1) = 10, \quad y(3) = -22$$

（2） $y(-2) = 3, \quad y(6) = 59$；

（3）比较上述所有的值，得

函数在闭区间 $[-2, 6]$ 内的最大值为 $y(6) = 59$，最小值为 $y(3) = -22$。

例 3.6.6

如图 3.6.8 所示，在具有电压 E 和内阻 R_i 的直流电源上，加上负载电阻 R。试求当供给电阻 R 的电功率为 P 时，如何选择电阻 R 才能获得最大的电功率，并求出电功率的最大值 $P_{\max}$。

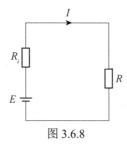

图 3.6.8

解：电路的电流

$$I = \frac{E}{R_i + R}$$

所以

$$P = I^2 \cdot R = \frac{E^2 R}{(R_i + R)^2}$$

在上式中，视 R 为自变量求导数，得

$$\frac{dP}{dR} = E^2 \frac{R'(R_i + R)^2 - R[(R_i + R)^2]'}{[(R_i + R)^2]^2}$$

$$= E^2 \frac{(R_i + R)^2 - R \cdot 2(R_i + R)}{(R_i + R)^4}$$

$$= E^2 \frac{R_i + R - 2R}{(R_i + R)^3}$$

$$= E^2 \frac{R_i - R}{(R_i + R)^3}$$

令 $dP/dR = 0$，得驻点

$$R = R_i$$

根据问题的实际意义可知，当 $R = R_i$ 时，电功率 P 取得最大值。

$$P_{\max} = P|_{R=R_i} = E^2 \frac{R_i}{(R_i + R_i)^2} = \frac{E^2}{4R_i}$$

例 3.6.7

如图 3.6.9 所示，在具有电压（实际值）E_e，内部阻抗 $Z_i = R_i + \mathrm{j}X_i$ 的交流电源上，加上外部负载阻抗 $Z = R + \mathrm{j}X$。试求当 Z 取何值时，供给 R 的电功率

$$P = \frac{E_e^2 R}{(R_i + R)^2 + (X_i + X)^2}$$

取得最大值，并求出最大值 $P_{\max}$。

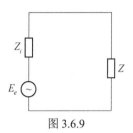

图 3.6.9

解：因为 X 是由电感或电容产生的阻抗，所以可以认为 R 与 X 无关。于是 $(R_i + R)^2$ 与 $(X_i + X)^2$ 也是无关的两个量。所以

当 $X_i + X = 0$，即 $X = -X_i$ 时，电功率取得最大值 $P_{\max}$，

$$P_{\max} = P\big|_{X=-X_i} = \frac{E_e^2 R}{(R_i + R)^2}$$

类似于上面的例题，得

当 $R = R_i$ 时，电功率取得最大值 $P_{\max} = P\bigg|_{\substack{X=-X_i \\ R=R_i}} = \frac{E_e^2}{4R_i}$

此时

$$Z = R + \mathrm{j}X = R_i - \mathrm{j}X_i = \overline{Z_i}$$

例 3.6.8

某电路有电动势为 E，内阻来自于 n 个阻值为 R_i 的电池。其中每 k 个电池先串联，然后再把这 $n/k = l$ 个电池组并联。在电路中流过外部电阻 R 的电流为 I。为使电流 I 取得最大值，求：（1）如何选取 k 和 l 的值；（2）求出电流的最大值 $I_{\max}$。

解：（1）根据题意，在 R 上施加的电压 $E_R = kE$，内部电阻的等效电阻为

$$kR_i \Big/ \frac{n}{k} = \frac{k^2 R_i}{n}$$

所以

$$I = kE \Big/ \left(R + \frac{k^2 R_i}{n} \right) = E \Big/ \left(\frac{R}{k} + \frac{kR_i}{n} \right) \tag{3.6.1}$$

欲使 I 最大，须使上式中含有 k 的分母最小。记

$$y = \frac{R}{k} + \frac{kR_i}{n}$$

令 $\dfrac{\mathrm{d}y}{\mathrm{d}k} = -\dfrac{R}{k^2} + \dfrac{R_i}{n} = 0$，得

$$k^2 = \frac{nR}{R_i}$$

即

$$k = \sqrt{\frac{nR}{R_i}} \qquad\qquad （3.6.2）$$

由于

$$\left.\frac{\mathrm{d}^2 y}{\mathrm{d}k^2}\right|_{k=\sqrt{\frac{nR}{R_i}}} = -\left.\left(-\frac{R}{2k^3}\right)\right|_{k=\sqrt{\frac{nR}{R_i}}} = 2Rn\bigg/\left(\sqrt{\frac{nR}{R_i}}\right)^3 > 0$$

所以，当 $k = \sqrt{nR / R_i}$ 时，y 取得最小值，这时 I 取得最大值。因此

$$l = \frac{n}{k} = n\bigg/\sqrt{\frac{nR}{R_i}} = \sqrt{\frac{nR_i}{R}}$$

（2）把式(3.6.2)代入式(3.6.1)中，得

$$I_{\max} = E\bigg/\left[\frac{R}{\sqrt{\dfrac{nR}{R_i}}} + \sqrt{\frac{nR}{R_i}}\,\frac{R_i}{n}\right] = E\bigg/\left(2\sqrt{\frac{nR_i}{R}}\right)$$

例 3.6.9

如图 3.6.10 所示，有线芯半径为 a、铝皮内径为 b 的单芯同轴电缆。当在线芯和铝皮之间加上电压 V 时，线芯表面的电场 E 为

$$E = V\bigg/ a\ln\frac{b}{a}$$

如果 b 为固定数，试问 a 取何值时，E 取得最小值，并求出这个最小值 $E_{\min}$。

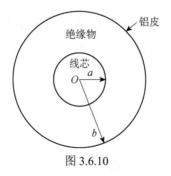

图 3.6.10

解：为了使 E 最小，对于满足 $0 < a < b$ 关系的 a，必须使分母 $a\ln(b/a)$ 最大。令

$$y = a\ln(b/a) = a(\ln b - \ln a)$$

下面求当 $\dfrac{\mathrm{d}y}{\mathrm{d}a}=0$ 时的 a 值，即

$$\frac{\mathrm{d}y}{\mathrm{d}a} = \ln b - \ln a - a \cdot \frac{1}{a} = \ln \frac{b}{a} - 1 = 0$$

所以

$$a = \frac{b}{\mathrm{e}} < b$$

并且

$$\left.\frac{\mathrm{d}^2 y}{\mathrm{d}a^2}\right|_{a=b/\mathrm{e}} = \frac{\mathrm{d}}{\mathrm{d}a}\big(\ln b - \ln a - 1\big)\Big|_{a=b/\mathrm{e}}$$

$$= -\frac{1}{a}\Big|_{a=b/\mathrm{e}} = -\frac{\mathrm{e}}{b} < 0$$

这说明，当 $a = b/\mathrm{e}$ 时，y 取得最大值，从而 E 取得最小值，

$$E_{\min} = E\big|_{a=b/\mathrm{e}} = V \Big/ \left(a \ln \frac{b}{a}\right)\Big|_{a=b/\mathrm{e}} = V \Big/ \left(\frac{b}{\mathrm{e}} \ln \mathrm{e}\right) = \frac{\mathrm{e}V}{b}$$

习题 3.6

1. 求下列函数的单调区间与极值。

（1）$y = x - \ln(x^2 + 1)$　　　　　　　　　　（2）$y = x^2 \ln x$

（3）$y = x^3 - 3x$　　　　　　　　　　　　　（4）$y = (x-1)^2 (x+1)^3$

2. 求下列函数在指定区间内的最大值与最小值。

（1）$y = x^3 - 3x^2 - 9x + 2$　　　　$x \in [-2,\ 6]$

（2）$y = \dfrac{x^3}{1+x}$　　　　$x \in [-1/2,\ 1]$

（3）$y = x^3 - 3x^2 + 7$　　　　$x \in [-1,\ 3]$

（4）$y = \mathrm{x} + \sqrt{x}$　　　　$x \in [0,\ 4]$

3. 在下列各式中，求电流 i 取得最大值的时间。

（1）$i = I\mathrm{e}^{-at} \sin \omega t$　　　　　　　　　　（2）$i = Iat\mathrm{e}^{-at}$

4. 已知正弦电流 i 在 $t = 150\mu s$ 时为 0，并且以 $2 \times 10^4 \pi \mathrm{A/s}$ 的速率上升，正弦电流 i 最大值为 10A，求正弦电流 i 的角频率与表达式。

5. 当 $t = -\dfrac{250}{6}\mu s$ 时，正弦电压 e 为 0，且有正向增大的趋势，正弦电压 e 下一个为 0 的时间为 $t = \dfrac{1250}{6}\mu s$ 时，并且当 $t = 0$ 时的电压值为 75V，求正弦电压 e 的角频率与表达式。

6. 设变压器的效率为 η，其表达式为

$$\eta = \frac{输出功率}{输入功率} = \frac{E_e I_e \cos\theta}{E_e I_e \cos\theta + R_e I_e^2 + W_i}$$

试求当 I_e 取何值时 η 最大，并求 η 的最大值。上式中，E_e 是加在一次线圈上的电压值，R_e 是线圈的等价电阻，W_i 是铁损，$\cos\theta$ 是功率因数，所有这些参数与一次线圈上的实际电流 I_e 没有关系。

3.7　洛必达法则

前面已经介绍过求函数极限的一些方法。在求函数极限时，还有一种重要方法——洛必达法则。

法则 3.7.1

若函数 $f(x)$、$g(x)$ 满足下面三个条件：

（1）$\lim\limits_{x \to a} \dfrac{f(x)}{g(x)}$ 是 $\dfrac{0}{0}$ 或 $\dfrac{\infty}{\infty}$ 的形式；也就是 $\lim\limits_{x \to a} f(x) = 0$，$\lim\limits_{x \to a} g(x) = 0$ 或者 $\lim\limits_{x \to a} f(x) = \infty$，$\lim\limits_{x \to a} g(x) = \infty$。

（2）$f'(x)$ 与 $g'(x)$ 均存在，且 $g'(x) \neq 0$。

（3）$\lim\limits_{x \to a} \dfrac{f'(x)}{g'(x)}$ 存在或为无穷大。

则

$$\lim_{x \to a} \frac{f(x)}{g(x)} = \lim_{x \to a} \frac{f'(x)}{g'(x)}$$

在此要注意如下三点。

第一，上述法则中的 $x \to a$ 包含 $x \to 0$ 和 $x \to \infty$ 等形式。

第二，极限必须是 $\dfrac{0}{0}$ 或 $\dfrac{\infty}{\infty}$ 的形式，否则洛必达法则失效。

第三，洛必达法则可以连续使用。也就是说，如果使用一次洛必达法则后的极限仍满足上述三个条件，则可以继续使用洛必达法则。

例 3.7.1

求极限

$$\lim_{x \to 0} \frac{e^x + e^{-x} - 2}{1 - \cos x}$$

解：容易验证

$$\lim_{x \to 0}(e^x + e^{-x} - 2) = 0$$

$$\lim_{x \to 0}(1 - \cos x) = 0$$

所以是 $\dfrac{0}{0}$ 的形式，可以使用洛必达法则，得

$$\lim_{x \to 0} \frac{e^x + e^{-x} - 2}{1 - \cos x} = \lim_{x \to 0} \frac{e^x - e^{-x}}{\sin x} = \lim_{x \to 0} \frac{e^x + e^{-x}}{\cos x} = \frac{1 + 1}{1} = 2$$

注意，这里连续两次使用了洛必达法则。

例 3.7.2

求极限

$$\lim_{x \to \frac{\pi}{2}} \frac{1 + \tan x}{2 + \sec x}$$

解：容易验证

$$\lim_{x \to \frac{\pi}{2}} (1 + \tan x) = \infty$$

$$\lim_{x \to \frac{\pi}{2}} 2 + \sec x = \infty$$

所以是 $\frac{\infty}{\infty}$ 的形式，可以使用洛必达法则，得

$$\lim_{x \to \frac{\pi}{2}} \frac{1 + \tan x}{2 + \sec x} = \lim_{x \to \frac{\pi}{2}} \frac{\sec^2 x}{\sec x \tan x} = \lim_{x \to \frac{\pi}{2}} \frac{1}{\sin x} = 1$$

除了上述 $\frac{\infty}{\infty}$ 或 $\frac{0}{0}$ 的形式，还有其他类型的未定式极限可以转化为 $\frac{\infty}{\infty}$ 或 $\frac{0}{0}$ 的形式。

例 3.7.3

求极限

$$\lim_{x \to 0^+} x \ln x$$

解：显然，此时是 $0 \cdot \infty$ 的形式，经过简单变化后，得

$$\lim_{x \to 0^+} x \ln x = \lim_{x \to 0^+} \frac{\ln x}{\frac{1}{x}}$$

转化为 $\frac{\infty}{\infty}$ 的形式，可以使用洛必达法则，

$$\lim_{x \to 0^+} \frac{\ln x}{\frac{1}{x}} = \lim_{x \to 0^+} \frac{\frac{1}{x}}{-\frac{1}{x^2}} = -\lim_{x \to 0^+} x = 0$$

所以

$$\lim_{x \to 0^+} x \ln x = 0$$

例 3.7.4

求极限

$$\lim_{x\to0^+}(\cot x)^{\sin x}$$

解：显然，此时是 ∞^0 的形式。由于

$$(\cot x)^{\sin x}=\mathrm{e}^{\sin x\ln\cot x}$$

而

$$\begin{aligned}\lim_{x\to0^+}\sin x\cdot\ln\cot x&=\lim_{x\to0^+}\frac{\ln\cot x}{\csc x}\\&=\lim_{x\to0^+}\frac{\tan x\cdot(-\csc^2 x)}{-\csc x\cdot\tan x}\\&=\lim_{x\to0^+}\frac{\sin x}{\cos^2 x}=\frac{0}{1}=0\end{aligned}$$

所以

$$\begin{aligned}\lim_{x\to0^+}(\cot x)^{\sin x}&=\lim_{x\to0^+}\mathrm{e}^{\sin x\ln\cot x}\\&=\mathrm{e}^{\lim\limits_{x\to0^+}\sin x\ln\cot x}=\mathrm{e}^0=1\end{aligned}$$

习题 3.7

1. 计算下列极限。

（1）$\lim\limits_{x\to0}\dfrac{\mathrm{e}^x-\mathrm{e}^{-x}}{x}$

（2）$\lim\limits_{x\to+\infty}\dfrac{\ln(\mathrm{e}^x+1)}{\mathrm{e}^x}$

（3）$\lim\limits_{x\to1}\dfrac{\ln x}{x^2-1}$

（4）$\lim\limits_{x\to+\infty}\dfrac{x^n}{\mathrm{e}^{2x}}$

（5）$\lim\limits_{x\to1}\left(\dfrac{2}{x^2-1}-\dfrac{1}{x-1}\right)$

（6）$\lim\limits_{x\to0^+}\left(\dfrac{x}{x-1}-\dfrac{1}{\ln x}\right)$

2. 计算下列极限。

（1）$\lim\limits_{x\to0^+}x^{\sin x}$

（2）$\lim\limits_{x\to0^+}x^2\ln x$

（3）$\lim\limits_{x\to+\infty}x\mathrm{e}^{-x}$

（4）$\lim\limits_{x\to0^+}x^x$

第 4 章　积分法

积分法是微积分的重要内容。它在电路分析、正弦稳态功率的计算等方面有广泛应用，同时它还是傅里叶级数和拉普拉斯变换的基础。本章主要介绍不定积分与定积分的概念、性质与计算方法，定积分的应用，以及广义积分等。

4.1　不定积分的概念

在学习第 3 章后，我们能够求一个已知函数的导数。但在许多实际问题中，常常会遇到与此相反的问题。

比如，已知某物体在 t 时刻的运动速度 $v(t) = s'(t)$，求该物体的运动方程 $s(t)$。

又如，在一个电容为 C 的纯电容电路中，已知电容两端的电压为 v，求通过电容的电流。根据 $i = C\dfrac{\mathrm{d}v}{\mathrm{d}t}$，可以求得 i。这里也存在一个相反的问题：若已知该电路中电流为 i，求电容两端的电压。也就是，要求一个函数 v，使得

$$\frac{\mathrm{d}v}{\mathrm{d}t} = i / C$$

从数学上说，这些问题都是：已知某个函数的导数，求原来的那个函数。为此，我们引入如下定义。

定义 4.1.1

设函数 $F(x)$ 和 $f(x)$ 定义在同一区间上，如果函数 $F(x)$ 的导数等于 $f(x)$，即

$$\frac{\mathrm{d}F(x)}{\mathrm{d}x} = F'(x) = f(x)$$

那么称 $F(x)$ 为 $f(x)$ 在该区间上的一个原函数。

很显然，当 K 为任意常数时

$$\frac{\mathrm{d}[F(x) + K]}{\mathrm{d}x} = \frac{\mathrm{d}F(x)}{\mathrm{d}x} + \frac{\mathrm{d}K}{\mathrm{d}x} = f(x)$$

因此，$F(x) + K$ 也是 $f(x)$ 的原函数。

比如，如果 $F(x) = x^4$，$f(x) = 4x^3$，因为 $[F(x)]' = (x^4)' = 4x^3 = f(x)$，所以 x^4 就是 $4x^3$ 的一个原函数，而且 $x^4 + K$ 也是 $4x^3$ 的原函数，其中的任意常数 K 可以取不同的值。

例 4.1.1

求函数 $f(x) = e^x + x^2$ 的一个原函数。

解：因为

$$\left(e^x + \frac{1}{3}x^3\right)' = e^x + x^2 = f(x)$$

所以 $e^x + \frac{1}{3}x^3$ 是 $f(x) = e^x + x^2$ 的一个原函数。

假设 $F(x)$ 和 $G(x)$ 是 $f(x)$ 的两个原函数，则

$$\frac{\mathrm{d}[G(x) - F(x)]}{\mathrm{d}x} = \frac{\mathrm{d}G(x)}{\mathrm{d}x} - \frac{\mathrm{d}F(x)}{\mathrm{d}x} = f(x) - f(x) = 0$$

所以

$$G(x) - F(x) = K$$

其中，K 为任意常数。

这说明，函数 $f(x)$ 的任意两个原函数都只相差一个常数。由此可知，$f(x)$ 的所有原函数都可以表示为 $F(x) + K$。一般地，有如下定义。

定义 4.1.2

把 $f(x)$ 的带有任意常数 K 的所有原函数 $F(x) + K$，叫做函数 $f(x)$ 的不定积分，记为

$$\int f(x)\mathrm{d}x = F(x) + K$$

在这里，将 x 称为积分变量，$f(x)$ 称为被积函数，K 称为积分常数。我们把求函数 $f(x)$ 的所有原函数的过程称为求 $f(x)$ 的不定积分。

例 4.1.2

求下列函数的不定积分。

（1）$\cos x$　　　　　（2）$\sin x$　　　　　（3）$\dfrac{1}{x}$　　　　　（4）$\sqrt{x}$

解：（1）因为 $(\sin x)' = \cos x$，所以 $\sin x$ 是 $\cos x$ 的一个原函数，

故

$$\int \cos x\mathrm{d}x = \sin x + K$$

（2）因为 $(-\cos x)' = \sin x$，所以 $-\cos x$ 是 $\sin x$ 的一个原函数，

故

$$\int \sin x\mathrm{d}x = -\cos x + K$$

（3）因为 $(\ln|x|)' = \dfrac{1}{x}$，所以 $\ln|x|$ 是 $\dfrac{1}{x}$ 的一个原函数，

故

$$\int \frac{1}{x}\mathrm{d}x = \ln|x| + K$$

（4）因为 $\left(\dfrac{2}{3} x^{\frac{3}{2}}\right)' = \sqrt{x}$，所以 $\dfrac{2}{3} x^{\frac{3}{2}}$ 是 $\sqrt{x}$ 的一个原函数，

故

$$\int \sqrt{x}\mathrm{d}x = \frac{2}{3} x^{\frac{3}{2}} + K$$

根据不定积分的定义，容易得到如下性质。

性质 4.1.1

$$\frac{\mathrm{d}}{\mathrm{d}x}\left(\int f(x)\mathrm{d}x\right) = f(x)$$

请读者自己完成证明。

这个性质表明，求导数是求不定积分的逆运算。

例 4.1.3

已知 $\int f(x)\mathrm{d}x = x\mathrm{e}^x + K$，求 $f(x)$。

解：由性质 4.1.1，对已知条件的两边求导，得

$$\frac{\mathrm{d}}{\mathrm{d}x}\left(\int f(x)\mathrm{d}x\right) = \frac{\mathrm{d}}{\mathrm{d}x}(x\mathrm{e}^x + K)$$

即

$$f(x) = \mathrm{e}^x + x\mathrm{e}^x$$

性质 4.1.2

$$\int F'(x)\mathrm{d}x = F(x) + K$$

根据不定积分的定义，这个性质是显然成立的。

由于 $\dfrac{\mathrm{d}F(x)}{\mathrm{d}x} = F'(x)$，所以 $\mathrm{d}F(x) = F'(x)\mathrm{d}x$，于是上式又可改写为

$$\int \mathrm{d}F(x) = F(x) + K$$

性质 4.1.3

$$\int Kf(x)\mathrm{d}x = K\int f(x)\mathrm{d}x,\ \text{其中} K \neq 0$$

由性质 4.1.1，得

$$\frac{\mathrm{d}}{\mathrm{d}x}\left[\int Kf(x)\mathrm{d}x\right] = Kf(x)$$

$$\frac{\mathrm{d}}{\mathrm{d}x}\left[K\int f(x)\mathrm{d}x\right] = K\frac{\mathrm{d}}{\mathrm{d}x}\left[\int f(x)\mathrm{d}x\right] = Kf(x)$$

比较上面两式可知，上述性质成立。

此性质要求 $K \neq 0$，请读者思考为什么。

性质 4.1.4

$$\int[f(x) \pm g(x)]\mathrm{d}x = \int f(x)\mathrm{d}x \pm \int g(x)\mathrm{d}x$$

根据性质 4.1.1，得

$$\frac{\mathrm{d}}{\mathrm{d}x}\left\{\int[f(x) \pm g(x)]\mathrm{d}x\right\} = f(x) \pm g(x)$$

$$\frac{\mathrm{d}}{\mathrm{d}x}\left[\int f(x)\mathrm{d}x \pm \int g(x)\mathrm{d}x\right] = \frac{\mathrm{d}}{\mathrm{d}x}\left[\int f(x)\mathrm{d}x\right] \pm \left[\frac{\mathrm{d}}{\mathrm{d}x}\int g(x)\mathrm{d}x\right] = f(x) \pm g(x)$$

比较上面两式可知，上述性质成立。

例 4.1.4

计算 $\int\left(5x - \dfrac{7}{x} + 4\right)\mathrm{d}x$。

解：根据性质 4.1.3、性质 4.1.4，得

$$\int\left(5x - \frac{7}{x} + 4\right)\mathrm{d}x = \int 5x\mathrm{d}x - \int \frac{7}{x}\mathrm{d}x + \int 4\mathrm{d}x$$

$$= 5\int x\mathrm{d}x - 7\int \frac{1}{x}\mathrm{d}x + 4\int \mathrm{d}x$$

$$= \frac{5x^2}{2} - 7\ln|x| + 4x + K$$

习题 4.1

1. 求下列函数的所有原函数，并写成不定积分的形式。

（1）$f(x) = \sin x + \cos x$　　　　　　（2）$f(x) = 4\mathrm{e}^x$

（3）$f(x) = \mathrm{e}^{2x} + 3x$　　　　　　　（4）$f(x) = x^3 - 5$

（5）$f(x) = \sin 2x$　　　　　　　　　（6）$f(x) = \mathrm{e}^x - \cos x$

2. 已知 $\int f(x)\mathrm{d}x = x^2 + \cos x + K$，求 $f(x)$。

3. 求证：函数 $f(x) = \ln 2x$ 与 $g(x) = \ln x$ 是同一函数的原函数。

4. 已知某曲线上任意一点的切线斜率为 $2x$，并且该曲线经过点 $(1, -2)$，求该曲线的方程。

5. 已知某质点在 t 时刻的速度为 $v = 3t - 2$，且 $t = 0$ 时距离 $s = 5$，求该质点的运动方程。

4.2　积分的基本公式

根据不定积分的定义，被积函数与其原函数是相互对应的，原函数的导数就是被积

函数。因此，参照第 3 章中讲过的初等函数的求导公式，可以得到如下公式。

（1）幂的不定积分

$$\int x^n \mathrm{d}x = \frac{x^{n+1}}{n+1} + K \quad (n \neq -1)$$

因为

$$\frac{\mathrm{d}}{\mathrm{d}x}\left(\frac{x^{n+1}}{n+1} + K\right) = \frac{1}{n+1}\frac{\mathrm{d}x^{n+1}}{\mathrm{d}x} = \frac{(n+1)x^{n+1-1}}{n+1} = x^n$$

所以

$$\int x^n \mathrm{d}x = \frac{x^{n+1}}{n+1} + K$$

同理可得

$$\int \frac{1}{x}\mathrm{d}x = \ln |x| + K$$

（2）三角函数的不定积分

$$\int \cos x \mathrm{d}x = \sin x + K$$

$$\int \sin x \mathrm{d}x = -\cos x + K$$

$$\int \sec^2 x \mathrm{d}x = \tan x + K$$

（3）无理函数的不定积分

$$\int \frac{\mathrm{d}x}{\sqrt{1-x^2}} = \arcsin x + K$$

$$\int \frac{\mathrm{d}x}{\sqrt{1+x^2}} = \ln\left(x + \sqrt{1+x^2}\right) + K$$

（4）指数函数的不定积分

$$\int \mathrm{e}^x \mathrm{d}x = \mathrm{e}^x + K$$

$$\int a^x \mathrm{d}x = \frac{a^x}{\ln a} + K$$

（5）有理函数的不定积分

$$\int \frac{\mathrm{d}x}{x^2+1} = \arctan x + K$$

$$\int \frac{\mathrm{d}x}{x^2-1} = \frac{1}{2}\ln\left|\frac{x-1}{x+1}\right| + K$$

例 4.2.1

求不定积分 $\int \left(4x^2 + 3x\sqrt{x} + 2\right)\mathrm{d}x$。

解：$\int \left(4x^2 + 3x\sqrt{x} + 2\right)\mathrm{d}x = 4\int x^2 \mathrm{d}x + 3\int x^{\frac{3}{2}}\mathrm{d}x + 2\int \mathrm{d}x$

$$= 4\frac{x^{2+1}}{2+1} + 3\frac{x^{\frac{3}{2}+1}}{\frac{3}{2}+1} + 2\frac{x^{0+1}}{0+1} + K$$

$$= \frac{4}{3}x^3 + \frac{6}{5}x^{\frac{5}{2}} + 2x + K$$

例 4.2.2

求不定积分 $\int (2^x + \sin x)\mathrm{d}x$ 。

解：$\int (2^x + \sin x)\mathrm{d}x = \int 2^x \mathrm{d}x + \int \sin x \mathrm{d}x = \dfrac{2^x}{\ln 2} - \cos x + K$

例 4.2.3

求不定积分 $\int \left(\dfrac{2}{x^2+1} + \dfrac{5}{x} \right)\mathrm{d}x$ 。

解：$\displaystyle\int \left(\frac{2}{x^2+1} + \frac{5}{x} \right)\mathrm{d}x = \int \frac{2}{x^2+1}\mathrm{d}x + \int \frac{5}{x}\mathrm{d}x$

$$= 2\int \frac{1}{x^2+1}\mathrm{d}x + 5\int \frac{1}{x}\mathrm{d}x$$

$$= 2\arctan x + 5\ln|x| + K$$

习题 4.2

1. 求下列不定积分。

（1）$\int (\mathrm{e}^x + \sqrt{x} + 1)\mathrm{d}x$

（2）$\int (x^3 - 2\sin x)\mathrm{d}x$

（3）$\int \mathrm{e}^x a^x \mathrm{d}x$

（4）$\int \left(\dfrac{1}{x^2} + \dfrac{1}{x^3} \right)\mathrm{d}x$

（5）$\int \left(\mathrm{e}^x + \dfrac{1}{x} \right)\mathrm{d}x$

（6）$\int \left(\dfrac{1-x}{x} \right)^2 \mathrm{d}x$

（7）$\int \dfrac{x^4}{x^2+1}\mathrm{d}x$

（8）$\int \sqrt{x\sqrt{x\sqrt{x}}}\,\mathrm{d}x$

（9）$\int \cos^2 \dfrac{x}{2}\mathrm{d}x$

（10）$\int \dfrac{1+x+x^3}{\sqrt{x}}\mathrm{d}x$

2. 求下列不定积分。

（1）$\int (\mathrm{e}^{x-3} + 5^{2x})\mathrm{d}x$

（2）$\int \left(\dfrac{1}{x^2-1} - 3 \right)\mathrm{d}x$

（3）$\int \left(x^4\sqrt{x} + \dfrac{2}{1+x^2} \right)\mathrm{d}x$

（4）$\int \left(\dfrac{1}{\sqrt{1-x^2}} + \cos x \right)\mathrm{d}x$

（5）$\int\left(\dfrac{1}{\sqrt{1+x^2}}+4x^{\frac{3}{2}}\right)\mathrm{d}x$　　　　　　（6）$\int(2^x+x^4)\mathrm{d}x$

（7）$\int\dfrac{1}{x^2(x^2+1)}\mathrm{d}x$　　　　　　　（8）$\int\dfrac{\cos 2x}{\cos x+\sin x}\mathrm{d}x$

（9）$\int\sin^2\dfrac{x}{2}\mathrm{d}x$　　　　　　　　　（10）$\int\dfrac{\mathrm{e}^{2x}-1}{\mathrm{e}^x-1}\mathrm{d}x$

4.3　求不定积分的方法

利用不定积分的性质与积分的基本公式，只能求简单的不定积分。如果要求比较复杂的不定积分，还需要学习其他方法。换元积分法和分部积分法就是两种常用的求不定积分的方法。

1. 换元积分法

令 $x=\varphi(t)$，　$\mathrm{d}x=\varphi'(t)\mathrm{d}t$，则

$$\int f(x)\mathrm{d}x=\int f[\varphi(t)]\cdot\varphi'(t)\cdot\mathrm{d}t$$

像这样通过变量代换进行积分的方法称为换元积分法。

例 4.3.1

求下列不定积分。

（1）$\int(x+a)^7\mathrm{d}x$　　　　　　　　　（2）$\int x\sqrt{x^2+1}\,\mathrm{d}x$

解：（1）令 $x+a=t$，则 $x=t-a$，$\mathrm{d}x=\mathrm{d}t$，故

$$\int(x+a)^7\mathrm{d}x=\int t^7\mathrm{d}t=\frac{t^{7+1}}{7+1}+K=\frac{(x+a)^8}{8}+K$$

（2）令 $x^2+1=t$，则 $2x\mathrm{d}x=\mathrm{d}t$，即 $x\mathrm{d}x=\dfrac{1}{2}\mathrm{d}t$，所以

$$\begin{aligned}
\int\sqrt{x^2+1}x\mathrm{d}x &=\int t^{1/2}\frac{1}{2}\mathrm{d}t=\frac{1}{2}\int t^{1/2}\mathrm{d}t\\
&=\frac{1}{2}t^{1/2+1}/\left(\frac{1}{2}+1\right)+K\\
&=\frac{1}{2}t^{3/2}/\frac{3}{2}+K\\
&=\frac{1}{3}\sqrt{(x^2+1)^3}+K
\end{aligned}$$

当然，令 $\sqrt{x^2+1}=t$，同样可以解出此题。请读者自己完成。

例 4.3.2

求下列不定积分。

（1）$\int \sin ax \mathrm{d}x$　　　　　　　　　　　　（2）$\int \cos ax \mathrm{d}x$

解：（1）令 $ax = t$，则 $\mathrm{d}x = \dfrac{1}{a}\mathrm{d}t$，所以

$$\int \sin ax \mathrm{d}x = \int \sin t \cdot \dfrac{1}{a}\mathrm{d}t$$

$$= \dfrac{1}{a}\int \sin t \mathrm{d}t = \dfrac{1}{a}(-\cos t) + K$$

$$= -\dfrac{\cos ax}{a} + K$$

（2）可以采取与（1）相同的解法，也可以用下面的方法求解。

因为 $\cos ax = \sin\left(ax + \dfrac{\pi}{2}\right)$，令 $ax + \dfrac{\pi}{2} = t$，则 $x = \dfrac{t}{a} - \dfrac{\pi}{2a}$，即 $\mathrm{d}x = \dfrac{1}{a}\mathrm{d}t$

$$\int \cos ax \mathrm{d}x = \int \sin\left(ax + \dfrac{\pi}{2}\right)\mathrm{d}x$$

$$= \int \dfrac{1}{a}\sin t \mathrm{d}t = -\dfrac{\cos t}{a} + K$$

$$= -\dfrac{\cos\left(ax + \dfrac{\pi}{2}\right)}{a} + K = \dfrac{\sin ax}{a} + K$$

例 4.3.3

求下列不定积分。

（1）$\int \mathrm{e}^{3x}\mathrm{d}x$　　　　　　　　　　　　（2）$\int (5\mathrm{e}^{2x} + 3\mathrm{e}^{-4x})\mathrm{d}x$

解：（1）令 $3x = t$，则 $x = \dfrac{t}{3}$，$\mathrm{d}x = \dfrac{1}{3}\mathrm{d}t$，所以

$$\int \mathrm{e}^{3x}\mathrm{d}x = \int \mathrm{e}^{t}\dfrac{1}{3}\mathrm{d}t = \dfrac{1}{3}\int \mathrm{e}^{t}\mathrm{d}t$$

$$= \dfrac{1}{3}\mathrm{e}^{t} + K = \dfrac{1}{3}\mathrm{e}^{3x} + K$$

在解题熟练以后，可以采取下面的写法：

$$\int \mathrm{e}^{3x}\mathrm{d}x = \int \mathrm{e}^{3x}\dfrac{1}{3}\mathrm{d}(3x)$$

$$= \dfrac{1}{3}\int \mathrm{e}^{3x}\mathrm{d}(3x) = \dfrac{1}{3}\mathrm{e}^{3x} + K$$

这时的换元法也称为凑微分法。

（2）$\int (5\mathrm{e}^{2x} + 3\mathrm{e}^{-4x})\mathrm{d}x = 5\int \mathrm{e}^{2x}\mathrm{d}x + 3\int \mathrm{e}^{-4x}\mathrm{d}x$

$$= \dfrac{5}{2}\int \mathrm{e}^{2x}\mathrm{d}(2x) + \dfrac{3}{-4}\int \mathrm{e}^{-4x}\mathrm{d}(-4x)$$

$$= \frac{5}{2}e^{2x} - \frac{3}{4}e^{-4x} + K$$

例 4.3.4

求下列不定积分。

（1）$\int \sin^2 x \mathrm{d}x$ （2）$\int \cos^2 x \mathrm{d}x$

解：（1）因为 $\cos 2x = 1 - 2\sin^2 x$，所以

$$\sin^2 x = \frac{1 - \cos 2x}{2}$$

而 $\int \cos 2x \mathrm{d}x = \frac{\sin 2x}{2} + K$，所以

$$\int \sin^2 x \mathrm{d}x = \int \frac{1 - \cos 2x}{2} \mathrm{d}x$$

$$= \frac{1}{2}\left(\int \mathrm{d}x - \int \cos 2x \mathrm{d}x\right)$$

$$= \frac{1}{2}x - \frac{\sin 2x}{4} + K$$

（2）由 $\cos 2x = 2\cos^2 x - 1$，得

$$\cos^2 x = \frac{1 + \cos 2x}{2}$$

所以

$$\int \cos^2 x \mathrm{d}x = \frac{1}{2}\left(\int \mathrm{d}x + \int \cos 2x \mathrm{d}x\right)$$

$$= \frac{1}{2}x + \frac{\sin 2x}{4} + K$$

例 4.3.5

求下列不定积分。

（1）$\int \tan x \mathrm{d}x$ （2）$\int \cot x \mathrm{d}x$

解：

（1）$\int \tan x \mathrm{d}x = \int \frac{\sin x}{\cos x} \mathrm{d}x = -\int \frac{1}{\cos x} \mathrm{d}(\cos x) = -\ln|\cos x| + K$

（2）$\int \cot x \mathrm{d}x = \int \frac{\cos x}{\sin x} \mathrm{d}x = \int \frac{1}{\sin x} \mathrm{d}(\sin x) = \ln|\sin x| + K$

例 4.3.6

求下列不定积分。

（1）$\int \sqrt{a^2 - x^2}\, \mathrm{d}x \ (-a \leqslant x \leqslant a)$ 　　　　　（2）$\int \dfrac{\mathrm{d}x}{\sin x}$

解：（1）由于 $-a \leqslant x \leqslant a$，设 $x = a\sin t$，则

$$\mathrm{d}x = a\cos t\,\mathrm{d}t$$

$$\sqrt{a^2 - x^2} = \sqrt{a^2 - (a\sin t)^2} = a\sqrt{1 - \sin^2 t} = a\cos t$$

所以

$$\int \sqrt{a^2 - x^2}\,\mathrm{d}x = \int a^2 \cos^2 t\,\mathrm{d}t = a^2\left(\frac{1}{2}t + \frac{\sin 2t}{4}\right) + K$$

$$= \frac{1}{2}a^2 t + \frac{a^2 \cdot 2\sin t\cos t}{4} + K$$

$$= \frac{1}{2}\left(a^2 \arcsin\frac{x}{a} + x\sqrt{a^2 - x^2}\right) + K$$

请读者思考上述变化的过程。

（2）设 $\tan\dfrac{x}{2} = t$，则 $x = 2\arctan t$，于是

$$\mathrm{d}x = \frac{2}{1 + t^2}\mathrm{d}t$$

$$\sin x = 2\sin\frac{x}{2}\cos\frac{x}{2} = \frac{2\sin\dfrac{x}{2}}{\cos\dfrac{x}{2}} \cdot \cos^2\frac{x}{2}$$

$$= \frac{2\tan\dfrac{x}{2}}{\sec^2\dfrac{x}{2}} = \frac{2\tan\dfrac{x}{2}}{1 + \tan^2\dfrac{x}{2}} = \frac{2t}{1 + t^2}$$

所以

$$\int \frac{\mathrm{d}x}{\sin x} = \int \left(1 \Big/ \frac{2t}{1 + t^2}\right)\frac{2}{1 + t^2}\mathrm{d}t$$

$$= \int \frac{\mathrm{d}t}{t} = \ln|t| + K = \ln\left|\tan\frac{x}{2}\right| + K$$

本题还可以有下面的解法：

$$\int \frac{\mathrm{d}x}{\sin x} = \int \frac{\sin x}{\sin^2 x}\mathrm{d}x = -\int \frac{1}{1 - \cos^2 x}\mathrm{d}(\cos x)$$

$$= \int \frac{1}{\cos^2 x - 1}\mathrm{d}(\cos x) = \frac{1}{2}\ln\left|\frac{\cos x - 1}{\cos x + 1}\right| + K$$

本题的两种解法所得结果表面上是不同的，这种现象在求不定积分时会经常出现。

2. 分部积分法

$$\int g(x) \cdot \mathrm{d}f(x) = f(x)g(x) - \int f(x) \cdot \mathrm{d}g(x)$$

　　运用分部积分法的关键在于选择 $g(x)$ 和 $\mathrm{d}f(x)$，找出 $f(x)$ 比较容易，要保证新的积分 $\int f(x)\cdot\mathrm{d}g(x)$ 比原来的积分 $\int g(x)\cdot\mathrm{d}f(x)$ 容易求出。

例 4.3.7

求下列不定积分。

（1）$\int\ln x\,\mathrm{d}x$　　　　　　　　　　　　　　　　（2）$\int x\mathrm{e}^{-x}\,\mathrm{d}x$

解：（1）令 $g(x)=\ln x$，$f(x)=x$，于是

$$\int\ln x\cdot\mathrm{d}x=x\ln x-\int x\cdot\frac{1}{x}\,\mathrm{d}x$$
$$=x\ln x-\int\mathrm{d}x=x\ln x-x+K$$

（2）

在解题熟练以后，可以采取下面的写法。

$$\int x\mathrm{e}^{-x}\,\mathrm{d}x=-\int x\cdot\mathrm{e}^{-x}\,\mathrm{d}(-x)=-\int x\cdot\mathrm{d}(\mathrm{e}^{-x})$$
$$=-\left[x\mathrm{e}^{-x}-\int\mathrm{e}^{-x}\,\mathrm{d}x\right]=-\mathrm{e}^{-x}x+\int\mathrm{e}^{-x}\,\mathrm{d}x$$
$$=-\mathrm{e}^{-x}x-\int\mathrm{e}^{-x}\,\mathrm{d}(-x)=-\mathrm{e}^{-x}x-\mathrm{e}^{-x}+K$$

例 4.3.8

求下列不定积分。

（1）$\int x\cos x\,\mathrm{d}x$　　　　　　　　　　　　　　　　（2）$\int\mathrm{e}^x\sin x\,\mathrm{d}x$

解：

（1）$\displaystyle\int x\cos x\,\mathrm{d}x=\int x\cdot\mathrm{d}\sin x=x\sin x-\int\sin x\,\mathrm{d}x$
$$=x\sin x-(-\cos x)+K=x\sin x+\cos x+K$$

（2）$\displaystyle\int\mathrm{e}^x\sin x\,\mathrm{d}x=\int\sin x\,\mathrm{d}\mathrm{e}^x=\mathrm{e}^x\sin x-\int\mathrm{e}^x\,\mathrm{d}\sin x$
$$=\mathrm{e}^x\sin x-\int\mathrm{e}^x\cos x\,\mathrm{d}x=\mathrm{e}^x\sin x-\int\cos x\,\mathrm{d}\mathrm{e}^x$$
$$=\mathrm{e}^x\sin x-\left[\mathrm{e}^x\cos x-\int\mathrm{e}^x\,\mathrm{d}\cos x\right]$$
$$=\mathrm{e}^x\sin x-\left[\mathrm{e}^x\cos x+\int\mathrm{e}^x\sin x\,\mathrm{d}x\right]$$
$$=\mathrm{e}^x\sin x-\mathrm{e}^x\cos x-\int\mathrm{e}^x\sin x\,\mathrm{d}x$$

移项整理，得

$$\int\mathrm{e}^x\sin x\,\mathrm{d}x=\frac{1}{2}\mathrm{e}^x(\sin x-\cos x)+K$$

　　分部积分法常用于求解 $\int\mathrm{e}^x\cos x\,\mathrm{d}x$、$\int x^2\cos x\,\mathrm{d}x$、$\int x^2\mathrm{e}^x\,\mathrm{d}x$、$\int x^2\ln x\,\mathrm{d}x$ 等形式的不定积分。

对不定积分 $\int e^x \sin x dx$ 和 $\int e^x \cos x dx$ 而言，在电路分析中常采取下面的方法来处理。

$$\int e^x \cos x dx + j\int e^x \sin x dx = \int (e^x \cos x + je^x \sin x)dx$$

$$= \int e^x (\cos x + j\sin x)dx = \int e^{(1+j)x}dx$$

$$= \frac{1}{(1+j)}\int e^{(1+j)x}d(1+j)x = \frac{1}{(1+j)}e^{(1+j)x}$$

$$= \frac{1}{2}e^x(1-j)(\cos x + j\sin x)$$

$$= \frac{1}{2}e^x(\cos x + j\sin x - j\cos x + \sin x)$$

$$= \frac{1}{2}e^x[(\cos x + \sin x) + j(\sin x - \cos x)]$$

$$= \frac{1}{2}e^x(\cos x + \sin x) + j\frac{1}{2}e^x(\sin x - \cos x)$$

根据复数相等的意义，得

$$\int e^x \cos x dx = \frac{1}{2}e^x(\cos x + \sin x) + K$$

$$\int e^x \sin x dx = \frac{1}{2}e^x(\sin x - \cos x) + K$$

例 4.3.9

求不定积分 $\int \dfrac{3x^2 + 2x + 1}{x^3 + x^2 + x + 1}dx$ 。

解：因为 $x^3 + x^2 + x + 1 = x^2(x+1) + x + 1 = (x^2+1)(x+1)$ ，所以

设被积函数可分解为

$$\frac{3x^2 + 2x + 1}{x^3 + x^2 + x + 1} = \frac{Ax + B}{x^2 + 1} + \frac{C}{x+1} \qquad (4.3.1)$$

其中，A、B、C 为待定常数。

右边通分得

$$\frac{3x^2 + 2x + 1}{x^3 + x^2 + x + 1} = \frac{(Ax + B)(x+1) + C(x^2 + 1)}{(x^2 + 1)(x+1)}$$

$$= \frac{(A + C)x^2 + (A + B)x + B + C}{x^3 + x^2 + x + 1}$$

比较两边分子的系数，得

$$A + C = 3$$
$$A + B = 2$$
$$B + C = 1$$

解得

$$A = 2,\ B = 0,\ C = 1$$

所以

$$\int \frac{3x^2 + 2x + 1}{x^3 + x^2 + x + 1} dx = \int \left(\frac{2x}{x^2 + 1} + \frac{1}{x + 1} \right) dx = \int \frac{(x^2 + 1)'}{x^2 + 1} dx + \int \frac{(x + 1)'}{x + 1} dx$$

$$= \int \frac{1}{x^2 + 1} d(x^2 + 1) + \int \frac{1}{x + 1} d(x + 1)$$

$$= \ln(x^2 + 1) + \ln |x + 1| + K$$

本例的求解方法称为部分分式分解法，它常用于求解有理函数的不定积分。本例也可以用凑微分法来解决。

$$\int \frac{3x^2 + 2x + 1}{x^3 + x^2 + x + 1} dx = \int \frac{1}{x^3 + x^2 + x + 1} d(x^3 + x^2 + x + 1)$$

$$= \ln(x^3 + x^2 + x + 1) + K$$

习题 4.3

1. 求下列不定积分。

（1）$\int x(x^2 + 5)^{11} dx$

（2）$\int \frac{2x + 3}{x^2 + 3x + 2} dx$

（3）$\int x\sqrt{x^2 + a} \, dx$

（4）$\int \sqrt{a^2 + x^2} \, dx$

（5）$\int \frac{x}{\sqrt{x + 1}} dx$

（6）$\int x \sin^2 x \, dx$

（7）$\int \frac{1}{4 + 9x^2} dx$

（8）$\int e^{\sin x} \cos x dx$

（9）$\int \frac{\ln x}{x\sqrt{1 + \ln x}} dx$

（10）$\int \frac{x + \ln x^2}{x} dx$

2. 求下列不定积分。

（1）$\int e^{-ax} \cos bx dx$

（2）$\int \cos(\ln x) dx$

（3）$\int \frac{\cos x}{1 + \cos x} dx$

（4）$\int \frac{1}{3 + e^x} dx$

（5）$\int x^2 \ln x dx$

（6）$\int x^2 \sin x dx$

（7）$\int \frac{x^3}{x^2 + x + 1} dx$

（8）$\int \frac{1}{x^2 - x + 1} dx$

（9）$\int \ln(1 + x^2) dx$

（10）$\int \frac{1}{1 + \sqrt{x}} dx$

（11）$\int \frac{1}{e^x + e^{-x}} dx$

（12）$\int \frac{\ln x}{x} dx$

（13）$\int \arctan x dx$

（14）$\int \frac{1}{1 + \sin x} dx$

（15）$\int \frac{x^3 + 5x}{x^2 + 3x + 2} dx$

（16）$\int \frac{x^2 + 6}{x^2 + 3x + 2} dx$

4.4　定积分的概念

如图 4.4.1 所示，已知函数 $y = f(x)$，试求在该曲线与 x 轴之间的从 $x = a$ 到 $x = b$ 范围内的曲边梯形的面积 S。下面通过如何求曲边梯形的面积 S 来介绍定积分的概念。

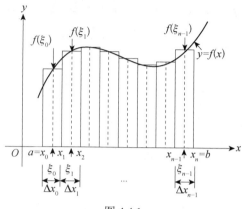

图 4.4.1

定义 4.4.1

在闭区间 $[a,\ b]$ 上插入 $n-1$ 个点 $a = x_0$，x_1，x_2，$\cdots$，x_{n-1}，$x_n = b$，并且
$$a = x_0 < x_1 < x_2 < \cdots < x_{n-1} < x_n = b$$
这 $n+1$ 个点把闭区间 $[a,\ b]$ 分割成 n 个小区间，如图 4.4.1 所示。记
$$x_1 - x_0 = \Delta x_0,\ x_2 - x_1 = \Delta x_1, \cdots,\ x_n - x_{n-1} = \Delta x_{n-1}$$
在每个小区间内分别任取一点 ξ_0，$\xi_1, \cdots,$ ξ_{n-1}，用每个小矩形的面积 $f(\xi_i)\Delta x_i$ 代替相应的小曲边梯形面积，并对它们求和，得
$$S_n = f(\xi_0)\Delta x_0 + f(\xi_1)\Delta x_1 + \cdots + f(\xi_{n-1})\Delta x_{n-1} = \sum_{i=0}^{n-1} f(\xi_i)\Delta x_i$$
那么 S_n 就是整个曲边梯形面积的一个近似值。

令 $\Delta x_i \to 0$，即 $n \to \infty$ 时，如果上面的 S_n 收敛于一个常数值 S，那么这个极限值 S 就是整个曲边梯形的面积，表示为
$$S = \lim_{n \to \infty} S_n = \lim_{n \to \infty} \sum_{i=0}^{n-1} f(\xi_i)\Delta x_i$$
同时此极限值 S 也称为函数 $y = f(x)$ 从 $x = a$ 到 $x = b$ 的定积分，记为
$$\int_a^b f(x)\mathrm{d}x = S = \lim_{n \to \infty} S_n = \lim_{n \to \infty} \sum_{i=0}^{n-1} f(\xi_i)\Delta x_i$$
此时也说，函数 $f(x)$ 在闭区间 $[a,\ b]$ 上是可积的。将其中的 x 称为积分变量，$f(x)$ 称为被积函数，a、b 分别称为定积分的下限和上限。积分变量 x 在下限 a 与上限 b 之间变化。

对于定积分，我们做如下说明：

（1）定积分的值是一个实数，它只与被积函数、积分区间有关。

（2）如果函数 $f(x)$ 在闭区间 $[a, b]$ 上连续，则 $f(x)$ 在闭区间 $[a, b]$ 上可积。

（3）如图 4.4.2 所示，定积分的几何意义是：

如果在闭区间 $[a, b]$ 上 $f(x) > 0$，则 $\int_a^b f(x)\mathrm{d}x$ 为正，此积分值表示由 $y = f(x)$，$x = a$，$x = b$，以及 x 轴所围成的曲边梯形的面积。

如果在闭区间 $[a, b]$ 上 $f(x) < 0$，则 $\int_a^b f(x)\mathrm{d}x$ 为负，此积分的绝对值表示由 $y = f(x)$，$x = a$，$x = b$，以及 x 轴所围成的曲边梯形的面积。

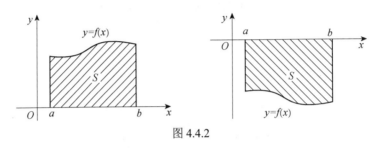

图 4.4.2

定积分概念包含着解决一类问题的重要方法，但在求解具体问题时并不是十分有效。下面的微积分基本公式相当简洁地解决了定积分的计算问题。

定理 4.4.1

设函数 $f(x)$ 在闭区间 $[a, b]$ 上连续，且 $F(x)$ 是函数 $f(x)$ 在闭区间 $[a, b]$ 上的一个原函数，则

$$\int_a^b f(x)\mathrm{d}x = [F(x)]_a^b = F(b) - F(a)$$

上述公式通常称为牛顿—莱布尼茨公式。它揭示了定积分与原函数（不定积分）之间的关系，把求定积分的问题转化为求原函数的问题，从而给定积分计算找到了一条捷径，它是整个积分学最重要的公式之一。

在运用这个公式时，要注意满足公式的条件。比如，求如下定积分

$$\int_{-1}^1 \frac{1}{x^2}\mathrm{d}x$$

时就不能用这个公式，因为被积函数 $\dfrac{1}{x^2}$ 在闭区间 $[-1, 1]$ 上不连续。这种定积分属于广义积分的一种类型，本书没有讨论，请读者参阅其他书籍。

例 4.4.1

求定积分 $\int_0^1 x^2 \mathrm{d}x$。

解：因为 $\dfrac{\mathrm{d}}{\mathrm{d}x}\left(\dfrac{x^3}{3}\right) = x^2$，所以 $f(x) = \dfrac{x^3}{3}$ 是 $f(x) = x^2$ 的原函数。

于是

$$\int_0^1 x^2 \mathrm{d}x = \left[\frac{x^3}{3}\right]_0^1 = \frac{1^3}{3} - \frac{0^3}{3} = \frac{1}{3}$$

例 4.4.2

计算定积分 $\int_0^{\frac{\pi}{2}} \cos 2x \mathrm{d}x$ 。

解：因为 $\dfrac{\mathrm{d}}{\mathrm{d}x}\left(\dfrac{1}{2}\sin 2x\right) = \cos 2x$ ，所以 $f(x) = \dfrac{1}{2}\sin 2x$ 是 $f(x) = \cos 2x$ 的原函数。

于是

$$\int_0^{\frac{\pi}{2}} \cos 2x \mathrm{d}x = \left[\frac{1}{2}\sin 2x\right]_0^{\frac{\pi}{2}} = \frac{1}{2}\left(\sin\pi - \sin 0\right) = 0$$

例 4.4.3

证明下列定积分运算正确。

（1） $\int_0^\pi \sin x \mathrm{d}x = 2$ （2） $\int_\pi^{2\pi} \sin x \mathrm{d}x = -2$

（3） $\int_0^{2\pi} \sin x \mathrm{d}x = 0$ （4） $\int_{-\pi/2}^{\pi/2} \cos x \mathrm{d}x = 2$

证明：

（1） $\int_0^\pi \sin x \mathrm{d}x = [-\cos x]_0^\pi = -(\cos\pi - \cos 0) = -(-1-1) = 2$

（2） $\int_\pi^{2\pi} \sin x \mathrm{d}x = [-\cos x]_\pi^{2\pi} = -(\cos 2\pi - \cos\pi) = -[1-(-1)] = -2$

（3） $\int_0^{2\pi} \sin x \mathrm{d}x = [-\cos x]_0^{2\pi} = -(\cos 2\pi - \cos 0) = -(1-1) = 0$

（4） $\int_{-\pi/2}^{\pi/2} \cos x \mathrm{d}x = [\sin x]_{-\pi/2}^{\pi/2} = \left[\sin\frac{\pi}{2} - \sin\left(-\frac{\pi}{2}\right)\right] = 2$

根据定积分的几何意义，借助图 4.4.3 和图 4.4.4，可以对本例中的定积分有更清楚的认识。

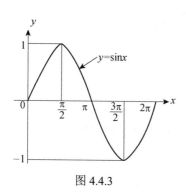

图 4.4.3

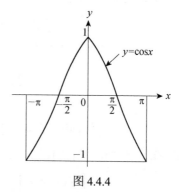

图 4.4.4

习题 **4.4**

1. 根据定积分的几何意义求下列定积分。

（1）$\displaystyle\int_{-\frac{\pi}{2}}^{\frac{\pi}{2}}\sin x\mathrm{d}x$　　　　　　　　　　　　　（2）$\displaystyle\int_{0}^{1}(2x+1\mathrm{d}x)$

（3）$\displaystyle\int_{0}^{\pi}\cos x\mathrm{d}x$　　　　　　　　　　　　　　（4）$\displaystyle\int_{0}^{2}\sqrt{4-x^2}\mathrm{d}x$

2. 根据定积分的几何意义，判断下列定积分的正负。

（1）$\displaystyle\int_{\frac{\pi}{2}}^{2\pi}\sin x\mathrm{d}x$　　　　　　　　　　　　　（2）$\displaystyle\int_{0}^{\frac{3\pi}{2}}\cos x\mathrm{d}x$

3. 求下列定积分。

（1）$\displaystyle\int_{-1}^{1}(x^2-x+2)\mathrm{d}x$　　　　　　　　　（2）$\displaystyle\int_{0}^{3}(\mathrm{e}^x-x)\mathrm{d}x$

（3）$\displaystyle\int_{-\pi}^{\frac{\pi}{4}}(\cos x+\sin x)\mathrm{d}x$　　　　　　（4）$\displaystyle\int_{0}^{\frac{\pi}{2}}\sin 2x\mathrm{d}x$

（5）$\displaystyle\int_{1}^{2}\left(\frac{1}{x^2}+\frac{1}{x}\right)\mathrm{d}x$　　　　　　　（6）$\displaystyle\int_{0}^{\pi}(2x+\sin x)\mathrm{d}x$

（7）$\displaystyle\int_{-2}^{2}(x-1)^3\mathrm{d}x$　　　　　　　　　（8）$\displaystyle\int_{0}^{a}\left(\sqrt{a}-\sqrt{x}\right)\mathrm{d}x$

4. 求两条曲线 $y=x^3$ 与 $y=\sqrt[3]{x}$ 所围成的平面图形的面积。

4.5　定积分的性质与求定积分的方法

定积分有许多重要性质，下面这些性质是经常用到的。

（1）上下限相等时的定积分

$$\int_{a}^{a}f(x)\mathrm{d}x=0$$

这是因为

$$\int_{a}^{a}f(x)\mathrm{d}x=[F(x)]_{a}^{a}=F(a)-F(a)=0$$

（2）积分变量替换时的定积分

$$\int_{b}^{a}f(x)\mathrm{d}x=\int_{b}^{a}f(t)\mathrm{d}t=\int_{b}^{a}f(u)\mathrm{d}u$$

（3）上下限交换时的定积分

$$\int_{b}^{a}f(x)\mathrm{d}x=-\int_{a}^{b}f(x)\mathrm{d}x$$

因为

$$\int_{b}^{a}f(x)\mathrm{d}x=F(a)-F(b)=-[F(b)-F(a)]=-\int_{a}^{b}f(x)\mathrm{d}x$$

（4）在闭区间 $[a,\ b]$ 内任取一点 c 时的定积分

$$\int_{a}^{b}f(x)\mathrm{d}x=\int_{a}^{c}f(x)\mathrm{d}x+\int_{c}^{b}f(x)\mathrm{d}x\qquad a\leqslant c\leqslant b$$

这是因为

$$\int_a^c f(x)\mathrm{d}x + \int_c^b f(x)\mathrm{d}x = [F(c) - F(a)] + [F(b) - F(c)]$$

$$= F(b) - F(a) = \int_a^b f(x)\mathrm{d}x$$

（5）常数与函数之积的定积分

$$\int_a^b Kf(x)\mathrm{d}x = K\int_a^b f(x)\mathrm{d}x \quad (K为常数)$$

（6）函数之和或差的定积分

$$\int_a^b [f(x) \pm g(x)]\mathrm{d}x = \int_a^b f(x)\mathrm{d}x \pm \int_a^b g(x)\mathrm{d}x$$

（7）偶函数在对称区间上的定积分

如果函数为闭区间$[-a,\ a]$上的偶函数，则

$$\int_{-a}^a f(x)\mathrm{d}x = 2\int_0^a f(x)\mathrm{d}x$$

（8）奇函数在对称区间上的定积分

如果函数为闭区间$[-a,\ a]$上的奇函数，则

$$\int_{-a}^a f(x)\mathrm{d}x = 0$$

（9）函数的均值

如果函数在闭区间$[a,\ b]$上连续，则$f(x)$在闭区间$[a,\ b]$上的均值$\overline{f(x)}$为

$$\overline{f(x)} = \frac{1}{b-a}\int_a^b f(x)\mathrm{d}x$$

例 4.5.1

已知函数 $f(x) = \begin{cases} 4-x, & 0 \leqslant x < 1 \\ 2x+1, & 1 \leqslant x \leqslant 2 \end{cases}$，求 $\int_0^2 f(x)\mathrm{d}x$。

解：由上方所述的性质（4），得

$$\int_0^2 f(x)\mathrm{d}x = \int_0^1 f(x)\mathrm{d}x + \int_1^2 f(x)\mathrm{d}x$$

$$= \int_0^1 (4-x)\mathrm{d}x + \int_1^2 (2x+1)\mathrm{d}x$$

$$= \left(4x - \frac{1}{2}x^2\right)\Big|_0^1 + (x^2 + x)\Big|_1^2$$

$$= \left(4 - \frac{1}{2}\right) + (6 - 2) = \frac{15}{2}$$

例 4.5.2

求正弦交流电 $i = I\sin\omega t = I\sin\dfrac{2\pi}{T}t$ 的均值 $I_a = \dfrac{1}{\frac{T}{2}}\int_0^{\frac{T}{2}} i\,\mathrm{d}t$、有效值 $I_e = \sqrt{\dfrac{1}{T}\int_0^T i^2\,\mathrm{d}t}$、波

形率 I_e / I_a。

解：（1）均值 $I_a = \dfrac{1}{\dfrac{T}{2}} \displaystyle\int_0^{\frac{T}{2}} i \mathrm{d}t = \dfrac{2}{T} \displaystyle\int_0^{\frac{T}{2}} I \sin \dfrac{2\pi}{T} t \mathrm{d}t$

$$= \dfrac{2I}{T} \cdot \dfrac{T}{2\pi} \int_0^{T/2} \sin \dfrac{2\pi}{T} t \mathrm{d}\left(\dfrac{2\pi}{T} t\right) = \dfrac{2I}{T} \dfrac{T}{2\pi} \left[-\cos \dfrac{2\pi}{T} t\right]_0^{T/2}$$

$$= -\dfrac{2I}{T} \dfrac{T}{2\pi} \left(\cos \dfrac{2\pi}{T} \dfrac{T}{2} - \cos 0\right) = -\dfrac{I}{\pi}(\cos \pi - \cos 0)$$

$$= -\dfrac{I}{\pi}(-1-1) = \dfrac{2I}{\pi}$$

（2）令 $\dfrac{2\pi}{T} t = x$，则 $x\bigg|_{t=0} = 0$，$x\bigg|_{t=T} = 2\pi$，$t = \dfrac{T}{2\pi} x$，$\mathrm{d}t = \dfrac{T}{2\pi} \mathrm{d}x$

$$\dfrac{1}{T} \int_0^T i^2 \mathrm{d}t = \dfrac{1}{T} \int_0^T \left(I \sin \dfrac{2\pi}{T} t\right)^2 \mathrm{d}t = \dfrac{I^2}{T} \int_0^{2\pi} (\sin^2 x) \dfrac{T}{2\pi} \mathrm{d}x$$

$$= \dfrac{I^2}{2\pi} \int_0^{2\pi} \sin^2 x \mathrm{d}x = \dfrac{I^2}{2\pi} \left[\dfrac{1}{2} x - \dfrac{\sin 2x}{4}\right]_0^{2\pi}$$

$$= \dfrac{I^2}{2\pi} \left[\dfrac{1}{2}(2\pi - 0) - \left(\dfrac{\sin 4\pi - \sin 0}{4}\right)\right] = \dfrac{I^2}{2}$$

所以

$$\text{有效值 } I_e = \sqrt{\dfrac{1}{T} \int_0^T i^2 \mathrm{d}t} = \sqrt{\dfrac{I^2}{2}} = \dfrac{I}{\sqrt{2}}$$

（3）波形率 $\dfrac{I_e}{I_a} = \dfrac{I}{\sqrt{2}} \bigg/ \dfrac{2I}{\pi} = \dfrac{\pi}{2\sqrt{2}} \approx 1.11$

交流电（电流或电压）的瞬时值是随时间变化的。为了确切地衡量其大小，在工程实际中常采用有效值来表征交流电的大小，而不考虑交流电的瞬时值。在电路理论中，把交流电瞬时值的平方在一个周期内的平均值再开方，称为该交流电的有效值（或均方根）。从上面的计算可以看出，有效值与幅值之间有固定的关系，与角频率和初相位无关。

例 4.5.3

把交流电压 $e = E \sin \omega t$ 加到某电路上时有电流 $i = I \sin(\omega t - \varphi)$ 通过，试求该电路的电功率平均值 P（已知 $P = \dfrac{1}{T} \displaystyle\int_0^T ei \mathrm{d}t$）。

解：根据例 1.4.10 中所证结论，瞬时功率表达式为

$$P = ei = E \sin \omega t \cdot I \sin(\omega t - \varphi)$$

$$= E_e I_e [\cos \varphi - \cos(2\omega t - \varphi)]$$

所以

$$P = \frac{1}{T}\int_0^T E_e I_e [\cos\varphi - \cos(2\omega t - \varphi)]\mathrm{d}t$$

$$= \frac{E_e I_e}{T}\int_0^T [\cos\varphi - \cos(2\omega t - \varphi)]\mathrm{d}t$$

$$= \frac{E_e I_e}{T}\left[(\cos\varphi)t - \frac{\sin(2\omega t - \varphi)}{2\omega}\right]_0^T$$

$$= \frac{E_e I_e}{T}\left\{(\cos\varphi)(T-0) - \frac{1}{2\cdot 2\pi/T}\left[\sin\left(2\frac{2\pi}{T}T - \varphi\right) - \sin(-\varphi)\right]\right\}$$

$$= E_e I_e \cos\varphi$$

在电路理论中，电平均功率又称实功率，它描述了电路将电能转变为其他形式能量的功率。

与求不定积分类似，求定积分时也可以用换元积分法和分部积分法。

1. 换元积分法

如果令 $x = \varphi(t)$，且 $t\big|_{x=a} = \alpha$，$t\big|_{x=b} = \beta$，$\mathrm{d}x = \varphi'(t)\mathrm{d}t$，则

$$\int_a^b f(x)\mathrm{d}x = \int_\alpha^\beta f[\varphi(t)]\varphi' t\mathrm{d}t$$

这里要注意积分上下限的变化。

例 4.5.4

计算定积分 $\int_0^1 x^2\sqrt{1-x^2}\mathrm{d}x$。

解：设 $x = \sin t$，则 $\mathrm{d}x = \cos t\mathrm{d}t$，当 $x=0$ 时，$t=0$；当 $x=1$ 时，$t = \frac{\pi}{2}$。

于是

$$\int_0^1 x^2\sqrt{1-x^2}\mathrm{d}x = \int_0^{\frac{\pi}{2}}\sin^2 t\cos^2 t\mathrm{d}t = \frac{1}{4}\int_0^{\frac{\pi}{2}}\sin^2 2t\mathrm{d}t$$

$$= \frac{1}{8}\int_0^{\frac{\pi}{2}}(1-\cos 4t)\mathrm{d}t$$

$$= \frac{1}{8}\left(t - \frac{1}{4}\sin 4t\right)\Big|_0^{\frac{\pi}{2}} = \frac{\pi}{16}$$

例 4.5.5

证明下列定积分公式。

（1）$\int_{-\pi}^{\pi}\sin nx\mathrm{d}x = 0$ 　　　　　　　　　（2）$\int_{-\pi}^{\pi}\cos nx\mathrm{d}x = 0$

（3）$\int_{-\pi}^{\pi}\sin mx\sin nx\mathrm{d}x = \begin{cases} 0, & m \neq n \\ \pi, & m = n \end{cases}$

（4） $\int_{-\pi}^{\pi} \sin mx \cos nx \mathrm{d}x = 0$

（5） $\int_{-\pi}^{\pi} \cos mx \cos nx \mathrm{d}x = \begin{cases} 0, & m \neq n \\ \pi, & m = n \end{cases}$

证明：

（1） $\int_{-\pi}^{\pi} \sin nx \mathrm{d}x = \left[-\dfrac{\cos nx}{n} \right]_{-\pi}^{\pi} = -\dfrac{1}{n}[\cos(n\pi) - \cos(-n\pi)]$

$$= -\frac{1}{n}[(-1)^n - (-1)^n] = 0$$

另外，因为 $\sin nx$ 在闭区间 $[-\pi, \pi]$ 上是奇函数，由本节前文所述的定积分性质（8），直接得到

$$\int_{-\pi}^{\pi} \sin nx \mathrm{d}x = 0$$

（2） $\int_{-\pi}^{\pi} \cos nx \mathrm{d}x = \left[\dfrac{\sin nx}{n} \right]_{-\pi}^{\pi} = \dfrac{1}{n}[\sin(n\pi) - \sin(-n\pi)]$

$$= \frac{1}{n}(0 - 0) = 0$$

另外，因为 $\cos nx$ 在闭区间 $[-\pi, \pi]$ 上是偶函数，由本节前文所述的定积分性质（7），直接得到

$$\int_{-\pi}^{\pi} \cos nx \mathrm{d}x = 2\int_{0}^{\pi} \cos nx \mathrm{d}x = 2\left[\frac{\sin nx}{n} \right]_{0}^{\pi} = 0$$

（3）当 $m \neq n$ 时，有

$$\int_{-\pi}^{\pi} \sin mx \sin nx \mathrm{d}x = -\frac{1}{2}\int_{-\pi}^{\pi} [\cos(m+n)x - \cos(m-n)x]\mathrm{d}x$$

$$= -\frac{1}{2}\left[\frac{\sin(m+n)x}{m+n} - \frac{\sin(m-n)x}{m-n} \right]_{-\pi}^{\pi} = 0$$

当 $m = n$ 时，令 $mx = nx = t$，则 $t\Big|_{x=\pm\pi} = \pm n\pi$，且 $\mathrm{d}x = \dfrac{1}{n}\mathrm{d}t$，

$$\int_{-\pi}^{\pi} \sin^2 nx \mathrm{d}x = \int_{-n\pi}^{n\pi} \sin^2 t \cdot \frac{1}{n}\mathrm{d}t = \frac{1}{n}\int_{-n\pi}^{n\pi} \sin^2 t \mathrm{d}t = \frac{1}{n}\left[\frac{1}{2}\left(t - \frac{\sin 2t}{2} \right) \right]_{-n\pi}^{n\pi}$$

$$= \frac{1}{2n}\left[n\pi - (-n\pi) - \frac{\sin 2n\pi - \sin(-2n\pi)}{2} \right] = \pi$$

（4）当 $m \neq n$ 时，有

$$\int_{-\pi}^{\pi} \sin mx \cos nx \mathrm{d}x = \frac{1}{2}\int_{-\pi}^{\pi} [\sin(m+n)x + \sin(m-n)x]\mathrm{d}x$$

$$= \frac{1}{2}\left[-\frac{\cos(m+n)x}{m+n} + \left(-\frac{\cos(m-n)x}{m-n} \right) \right]_{-\pi}^{\pi} = 0$$

当 $m = n$ 时，有

$$\int_{-\pi}^{\pi} \sin mx \cos nx \mathrm{d}x = \frac{1}{2}\int_{-\pi}^{\pi} \sin 2nx \mathrm{d}x = \frac{1}{2}\left[-\frac{\cos 2nx}{2n}\right]_{-\pi}^{\pi} = 0$$

（5）当 $m \neq n$ 时，有

$$\int_{-\pi}^{\pi} \cos mx \cos nx \mathrm{d}x = \frac{1}{2}\int_{-\pi}^{\pi}[\cos(m+n)x + \cos(m-n)x]\mathrm{d}x$$

$$= \frac{1}{2}\left[\frac{\sin(m+n)x}{m+n} + \frac{\sin(m-n)x}{m-n}\right]_{-\pi}^{\pi} = 0$$

当 $m = n$ 时，由 $\cos^2 nx = 1 - \sin^2 nx$ 有

$$\int_{-\pi}^{\pi} \cos^2 nx \mathrm{d}x = \int_{-\pi}^{\pi}(1 - \sin^2 nx)\mathrm{d}x$$

$$= [x]_{-\pi}^{\pi} - \pi = \pi - (-\pi) - \pi = \pi$$

上述结论在求解傅里叶系数的过程中要用到。

2. 分部积分法

$$\int_a^b g(x)\mathrm{d}f(x) = [f(x)g(x)]_a^b - \int_a^b f(x)\mathrm{d}g(x)$$

例 4.5.6

计算定积分 $\int_1^{\mathrm{e}} \ln x \mathrm{d}x$ 。

解：把 $\ln x$ 看作为 $g(x)$ ，把 x 看作为 $f(x)$ ，于是

$$\int_1^{\mathrm{e}} \ln x \mathrm{d}x = [x\ln x]_1^{\mathrm{e}} - \int_1^{\mathrm{e}} x \mathrm{d}(\ln x)$$

$$= \mathrm{e} - \int_1^{\mathrm{e}} \mathrm{d}x$$

$$= \mathrm{e} - [x]_1^{\mathrm{e}} = 1$$

例 4.5.7

计算定积分 $\int_0^1 x^2 \mathrm{e}^x \mathrm{d}x$ 。

解：$\int_0^1 x^2 \mathrm{e}^x \mathrm{d}x = \int_0^1 x^2 \mathrm{d}\mathrm{e}^x = [x^2 \mathrm{e}^x]_0^1 - \int_0^1 \mathrm{e}^x \mathrm{d}x^2$

$$= \mathrm{e} - 2\int_0^1 x\mathrm{e}^x \mathrm{d}x = \mathrm{e} - 2\int_0^1 x \mathrm{d}\mathrm{e}^x$$

$$= \mathrm{e} - 2\left\{[x\mathrm{e}^x]_0^1 - \int_0^1 \mathrm{e}^x \mathrm{d}x\right\}$$

$$= \mathrm{e} - 2\left\{\mathrm{e} - \int_0^1 \mathrm{e}^x \mathrm{d}x\right\} = \mathrm{e} - 2\left\{\mathrm{e} - [\mathrm{e}^x]_0^1\right\} = \mathrm{e} - 2$$

分部积分法常用于求解 $\int_a^b x^m \mathrm{e}^{nx} \mathrm{d}x$ 、$\int_a^b x^m \ln x \mathrm{d}x$ 、$\int_a^b \mathrm{e}^{mx} \sin nx \mathrm{d}x$ 、$\int_a^b x^m \cos nx \mathrm{d}x$ 等形式的积分。

习题 4.5

1. 计算下列定积分。

（1）$\displaystyle\int_0^4 (2x - \sqrt{x})\,\mathrm{d}x$

（2）$\displaystyle\int_0^\pi (\sin 3x + \mathrm{e}^{2x})\,\mathrm{d}x$

（3）$\displaystyle\int_{-1}^2 |x - 1|\,\mathrm{d}x$

（4）$\displaystyle\int_0^\pi |\sin x - \cos x|\,\mathrm{d}x$

2. 计算下列定积分。

（1）$\displaystyle\int_0^2 (2x + 1)^9\,\mathrm{d}x$

（2）$\displaystyle\int_{-1}^1 \sqrt{1 - x^2}\,\mathrm{d}x$

（3）$\displaystyle\int_{\mathrm{e}}^{\mathrm{e}^2} \frac{\ln x}{x}\,\mathrm{d}x$

（4）$\displaystyle\int_1^2 \frac{3}{x^2 + 4}\,\mathrm{d}x$

（5）$\displaystyle\int_0^2 x\sqrt{4 - x^2}\,\mathrm{d}x$

（6）$\displaystyle\int_0^\pi \cos(2x - 5)\,\mathrm{d}x$

（7）$\displaystyle\int_1^2 \frac{\sqrt{x - 1}}{x}\,\mathrm{d}x$

（8）$\displaystyle\int_{-1}^1 \frac{x}{\sqrt{5 - 4x}}\,\mathrm{d}x$

3. 计算下列定积分。

（1）$\displaystyle\int_1^4 x\ln x\,\mathrm{d}x$

（2）$\displaystyle\int_{-\pi}^\pi x\sin 3x\,\mathrm{d}x$

（3）$\displaystyle\int_0^\pi \mathrm{e}^{-x}\sin x\,\mathrm{d}x$

（4）$\displaystyle\int_0^1 x^2\mathrm{e}^{-x}\,\mathrm{d}x$

4.6　广义积分

前面讨论的定积分，其积分区间都是有限的。在电气工程中，会遇到积分区间为无限的情形，这种定积分称为广义积分。

定义 4.6.1

假设函数 $f(x)$ 在无限区间 $[a, +\infty)$ 上连续，那么函数在该区间上的广义积分定义为

$$\int_a^{+\infty} f(x)\mathrm{d}x = \lim_{b \to +\infty} \int_a^b f(x)\mathrm{d}x$$

如果上述式右边的极限存在（有限），且极限等于 S，就称广义积分

$$\int_a^{+\infty} f(x)\mathrm{d}x$$

收敛于 S，并记为

$$\int_a^{+\infty} f(x)\mathrm{d}x = S$$

否则就说广义积分 $\displaystyle\int_a^{+\infty} f(x)\mathrm{d}x$ 发散。

类似地，可以定义函数 $f(x)$ 在无限区间 $(-\infty,\ \mathrm{b}]$，$(-\infty, +\infty)$ 上的广义积分，比如

$$\int_{-\infty}^b f(x)\mathrm{d}x = \lim_{u \to -\infty} \int_u^b f(x)\mathrm{d}x$$

$$\int_{-\infty}^{+\infty} f(x)\mathrm{d}x = \int_{-\infty}^{0} f(x)\mathrm{d}x + \int_{0}^{+\infty} f(x)\mathrm{d}x$$

上式中要注意，如果广义积分 $\int_{-\infty}^{0} f(x)\mathrm{d}x$ 和 $\int_{0}^{+\infty} f(x)\mathrm{d}x$ 中有一个是发散的，则称广义积分

$$\int_{-\infty}^{+\infty} f(x)\mathrm{d}x$$

发散。

　　关于广义积分的计算，可以仿照通常的定积分计算进行。也就是说，如果 $y = F(x)$ 是 $y = f(x)$ 的原函数，那么

$$\int_{a}^{+\infty} f(x)\mathrm{d}x = [F(x)]_{a}^{+\infty} = F(+\infty) - F(a)$$

其中，$F(+\infty) = \lim\limits_{x \to +\infty} F(x)$。

例 4.6.1

　　求下列广义积分。

　　（1）$\displaystyle\int_{0}^{+\infty} \frac{1}{x^2+1}\mathrm{d}x$ 　　　　　　　　　　　（2）$\displaystyle\int_{0}^{+\infty} \sin x\mathrm{d}x$

　　解：（1）$\displaystyle\int_{0}^{+\infty} \frac{1}{x^2+1}\mathrm{d}x = \arctan x\,|_{0}^{+\infty}$

$$= \arctan(+\infty) - \arctan 0 = \frac{\pi}{2}$$

因此，广义积分 $\displaystyle\int_{0}^{+\infty} \frac{1}{x^2+1}\mathrm{d}x$ 收敛于 $\dfrac{\pi}{2}$。

　　本题的解题过程中用到了结论：$\arctan(+\infty) = \lim\limits_{x \to +\infty} \arctan x = \dfrac{\pi}{2}$。

　　（2）$\displaystyle\int_{0}^{+\infty} \sin x\mathrm{d}x = -\cos x\,|_{0}^{+\infty} = -[\cos(+\infty) - \cos 0]$

　　因为 $\cos(+\infty) = \lim\limits_{x \to +\infty} \cos x$ 不存在，所以广义积分 $\displaystyle\int_{0}^{+\infty} \sin x\mathrm{d}x$ 发散。

例 4.6.2

　　求广义积分 $\displaystyle\int_{-\infty}^{+\infty} \frac{x}{x^2+1}\mathrm{d}x$。

　　解：因为 $\displaystyle\int_{-\infty}^{+\infty} \frac{x}{x^2+1}\mathrm{d}x = \int_{0}^{+\infty} \frac{x}{x^2+1}\mathrm{d}x + \int_{-\infty}^{0} \frac{x}{x^2+1}\mathrm{d}x$

　　而 $\displaystyle\int_{0}^{+\infty} \frac{x}{x^2+1}\mathrm{d}x = \frac{1}{2}\int_{0}^{+\infty} \frac{2x}{x^2+1}\mathrm{d}x = \frac{1}{2}\int_{0}^{+\infty} \frac{1}{x^2+1}\mathrm{d}(x^2+1)$

$$= \frac{1}{2}\ln(1+x^2)\,|_{0}^{+\infty} = \frac{1}{2}\ln[1+(+\infty)^2] - 0 = +\infty$$

所以，广义积分 $\displaystyle\int_{-\infty}^{+\infty} \frac{x}{x^2+1}\mathrm{d}x$ 是发散的。

例 4.6.3

求下列广义积分。

（1）$\int_0^{+\infty} e^{-2x} dx$ 　　　　　　　　　　　　　　（2）$\int_0^{+\infty} x e^{-2x} dx$

解：（1）使用凑微分法，得

$$\int_0^{+\infty} e^{-2x} dx = -\frac{1}{2} \int_0^{+\infty} e^{-2x} d(-2x)$$

$$= -\frac{1}{2} [e^{-2x}]_0^{+\infty} = -\frac{1}{2} [e^{-\infty} - e^0] = \frac{1}{2}$$

因此，广义积分 $\int_0^{+\infty} e^{-2x} dx$ 收敛于 $\frac{1}{2}$。

（2）使用分部积分法，得

$$\int_0^{+\infty} x e^{-2x} dx = \frac{1}{-2} \int_0^{+\infty} x e^{-2x} d(-2x) = -\frac{1}{2} \int_0^{+\infty} x d(e^{-2x})$$

$$= -\frac{1}{2} [x e^{-2x}]_0^{+\infty} + \frac{1}{2} \int_0^{+\infty} e^{-2x} dx$$

$$= -\frac{1}{2} \lim_{x \to +\infty} \frac{x}{e^{2x}} + \frac{1}{2} \cdot \frac{1}{2} = \frac{1}{4}$$

因此，广义积分 $\int_0^{+\infty} e^{-2x} dx$ 收敛于 $\frac{1}{4}$。

本题在求极限的过程中使用了洛必达法则。

习题 4.6

1. 下列广义积分是否收敛？若收敛，则求出其积分值。

（1）$\int_e^{+\infty} \frac{\ln x}{x} dx$ 　　　　　　　　　　　　（2）$\int_0^{+\infty} e^{-5x} dx$

（3）$\int_1^{+\infty} \frac{1}{\sqrt[3]{x}} dx$ 　　　　　　　　　　　（4）$\int_2^{+\infty} \frac{1}{x^4} dx$

（5）$\int_0^{+\infty} e^{-x} \sin x dx$ 　　　　　　　　　　（6）$\int_0^{+\infty} e^{-x} \cos x dx$

（7）$\int_{-\infty}^{+\infty} \frac{1}{x^2 + 2x + 2} dx$ 　　　　　　　（8）$\int_0^{+\infty} x e^{-x} dx$

2. 讨论广义积分 $\int_1^{+\infty} \frac{dx}{x^n}$ 的敛散性。

4.7　定积分的应用

定积分在电路分析中应用非常广泛，可以说它是电路分析最基本的工具和方法。下面通过一些例子来说明这一点。

例 4.7.1

在如图 4.7.1 所示电路中，独立电流源的电流为

$$i = \begin{cases} 0 & t < 0 \\ 10te^{-5t} & t \geqslant 0 \end{cases}$$

解决下列问题：

（1）画出电流相对于时间的曲线。

（2）什么时刻电流最大？

（3）将 100mH 电感两端的电压表示为时间的函数。

（4）画出电压相对于时间的曲线。

（5）电压与电流是在同一时间取得最大值的吗？

（6）什么时候电压改变极性？

（7）电感两端的电压能跃变吗？若能，在什么时间跃变？

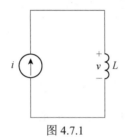

图 4.7.1

解：（1）电流相对于时间的曲线如图 4.7.2 所示。

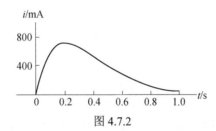

图 4.7.2

（2）求电流的最大值

$$\frac{\mathrm{d}i}{\mathrm{d}t} = 10e^{-5t} - 50te^{-5t} = 10e^{-5t}(1 - 5t)$$

令 $\dfrac{\mathrm{d}i}{\mathrm{d}t} = 0$，得 $t = \dfrac{1}{5}$

所以，当 $t = \dfrac{1}{5}$ s 时电流最大，最大值为 0.736mA。在图 4.7.2 中也能大致观察出该结论。

（3）当 $t \geqslant 0$ 时，

$$v = L\frac{\mathrm{d}i}{\mathrm{d}t} = 0.1 \times 10e^{-5t}(1 - 5t) = e^{-5t}(1 - 5t)$$

当 $t < 0$ 时，$v = 0$

（4）电压相对于时间的曲线如图 4.7.3 所示。

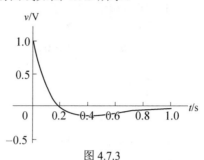

图 4.7.3

（5）电压与电流不能在同一时间取得最大值，因为电压不与电流成正比，而与 $\dfrac{\mathrm{d}i}{\mathrm{d}t}$ 成正比。事实上，在电感电路中，电压与电流有一个相位差。

（6）在 $t = \dfrac{1}{5}$ s 时，$\dfrac{\mathrm{d}i}{\mathrm{d}t} = 0$，电压改变极性。

（7）电感两端的电压能跃变。在 $t = 0$ 时，电感两端的电压可以跃变。

前面已经知道

$$v = L\frac{\mathrm{d}i}{\mathrm{d}t}$$

这表明，电感两端的电压是关于电感中电流的函数。通过下面的计算，我们可以将电感中的电流表示为电感两端电压的函数。

$$L\mathrm{d}i = v\mathrm{d}t$$

两边积分，得

$$L\int_{i(t_0)}^{i(t)}\mathrm{d}x = \int_{t_0}^{t}v\mathrm{d}\tau$$

所以

$$i(t) = \frac{1}{L}\int_{t_0}^{t}v\mathrm{d}\tau + i(t_0)$$

其中，$i(t)$ 是相对于 t 的电流，$i(t_0)$ 是 t_0 时刻电感中的电流值。在实际应用中 $t_0 = 0$。于是上式变为

$$i(t) = \frac{1}{L}\int_{0}^{t}v\mathrm{d}\tau + i(0)$$

此式表明电感中的电流是关于电感两端电压的函数。

特别地，如果 $e = E\sin\omega t$，那么

$$i(t) = \frac{1}{L}\int_{0}^{t}E\sin\omega\tau\mathrm{d}\tau = \frac{E}{\omega L}\int_{0}^{t}\sin\omega\tau\mathrm{d}(\omega\tau)$$

$$= -\frac{E}{\omega L}[\cos\omega\tau]_{0}^{t} = -\frac{E}{\omega L}\cos\omega t$$

$$= \frac{E}{\omega L}\sin\left(\omega t - \frac{\pi}{2}\right)$$

这与例 1.4.5 中电流的表达式是一致的。

例 4.7.2

如图 4.7.4 所示，已知电压的表达式为

$$v(t) = \begin{cases} 0 & t < 0 \\ 20te^{-10t} & t \geqslant 0 \end{cases}$$

且电压脉冲作用于 100mH 的电感上。假设 $t \leqslant 0$ 时 $i = 0$。

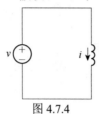

图 4.7.4

解决下列问题：

（1）画出电压相对于时间的曲线。

（2）求出电感中的电流关于时间的函数。

（3）画出电流相对于时间的曲线。

解：（1）电压相对于时间的曲线如图 4.7.5 所示。

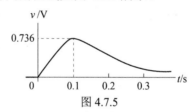

图 4.7.5

（2）当 $t \leqslant 0$ 时电感中的电流为 0。因此，当 $t \geqslant 0$ 时

$$i(t) = \frac{1}{0.1} \int_0^t 20\tau e^{-10\tau} d\tau + 0$$

$$= 200 \times \left[\frac{-e^{-10\tau}}{100}(10\tau + 1) \right]_0^t$$

$$= 2 \times (1 - 10te^{-10t} - e^{-10t})$$

（3）电流相对于时间的曲线如图 4.7.6 所示。

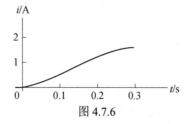

图 4.7.6

这表明，当 t 不断增加时，$i(t)$ 也会不断增加，并逐渐接近于常量 2A。

　　进一步地，电感中电功率和能量的关系可以直接由电流和电压的关系推导而来。如果电流的参考方向与电感两端电压降的方向一致，则电功率表示为

$$p = vi$$

　　若将电感两端电压表示为关于电感中电流的函数，则

$$p = vi = Li\frac{\mathrm{d}i}{\mathrm{d}t}$$

若用电感两端的电压来表示电感中的电流，则

$$p = v\left[\frac{1}{L}\int_{t_0}^{t} v\mathrm{d}\tau + i(t_0)\right]$$

　　由于电功率是能量对时间的导数，所以

$$p = \frac{\mathrm{d}W}{\mathrm{d}t} = Li\frac{\mathrm{d}i}{\mathrm{d}t}$$

从而

$$\mathrm{d}W = Li\mathrm{d}i$$

　　对上式两边积分，当电感中的电流为 0 时，其对应的能量为 0。因此

$$\int_0^W \mathrm{d}x = L\int_0^i u\mathrm{d}u$$

$$W = \frac{1}{2}Li^2$$

上式中，能量的单位为 J，电感的单位为 H，电流的单位为 A。

例 4.7.3

　　在例 4.7.1 的基础上，解决如下问题。

（1）画出 i、v、p、W 相对于时间的曲线。

（2）在什么时间范围内，电感存储能量？

（3）在什么时间范围内，电感释放能量？

（4）存储在电感中的最大能量是多少？

（5）求出积分 $\int_0^{0.2} p\mathrm{d}t$ 和 $\int_{0.2}^{\infty} p\mathrm{d}t$。

　　在例 4.7.2 的基础上，解决如下问题。

（6）画出 i、v、p、W 相对于时间的曲线。

　　解：（1）根据例 4.7.1 中的 i 和 v 的表达式，直接得到 i、v、p、W 关于时间的曲线，如图 4.7.7 所示。这里应注意

$$p = vi, \quad W = \frac{1}{2}Li^2$$

（2）能量曲线上升时表示能量被存储。在 0～0.2s 时间范围内能量被存储。

（3）能量曲线下降时表示能量被释放。在 0.2s～∞ 时间范围内能量被释放。

（4）根据

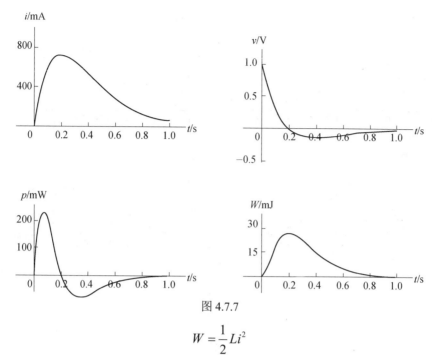

图 4.7.7

$$W = \frac{1}{2}Li^2$$

可知，当 i 最大时，能量最大，从图 4.7.7 中也可确定这一点。例 4.7.1 中得到的最大电流为 0.736mA，因此存储在电感中的最大能量为 27.07mJ。

（5）由例 4.7.1 可知

$$i = 10te^{-5t}, \quad v = e^{-5t}(1 - 5t)$$

所以

$$p = vi = 10te^{-10t} - 50t^2e^{-10t}$$

$$W = \int_0^{0.2} p\,dt = 10 \times \left[\frac{e^{-10t}}{100} \times (-10t - 1) \right]_0^{0.2} - 50 \times \left[\frac{t^2 e^{-10t}}{-10} + \frac{2}{10} \times \frac{e^{-10t}}{100}(-10t - 1) \right]_0^{0.2}$$

$$= 0.2e^{-2} = 27.07(\text{mJ})$$

$$W = \int_{0.2}^{\infty} p\,dt = 10 \times \left[\frac{e^{-10t}}{100} \times (-10t - 1) \right]_{0.2}^{\infty} - 50 \times \left[\frac{t^2 e^{-10t}}{-10} + \frac{2}{10} \times \frac{e^{-10t}}{100}(-10t - 1) \right]_{0.2}^{\infty}$$

$$= -0.2e^{-2} = -27.07(\text{mJ})$$

（6）根据例 4.7.2 中的 i 和 v 的表达式，直接得到 i、v、p、W 关于时间的曲线，如图 4.7.8 所示。

下面我们再来探究电路中电容的功能。

电容是由绝缘体或电介质材料隔离的两个导体组成的，电荷并不能穿过电容，电容两端的电压不能将一个电荷穿过这个绝缘体，但可以在绝缘体中位移一个电荷。由于电压随时间而变化，电荷的位移也随时间而变化，因此产生位移电流。位移电流不同于传导电流，位移电流与电容电压随时间的变化率成比例。即

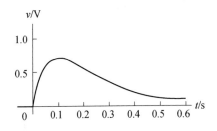 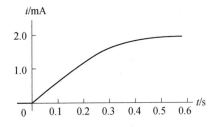

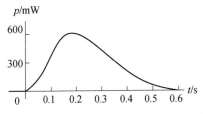 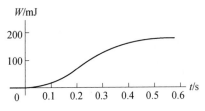

图 4.7.8

$$i = C\frac{\mathrm{d}v}{\mathrm{d}t}$$

$$\mathrm{d}v = \frac{1}{C}i\mathrm{d}t$$

两边积分得

$$v(t) = \frac{1}{C}\int_{t_0}^{t}i\mathrm{d}\tau + v(t_0)$$

在实际应用中，初始时间都设为 0，即 $t_0 = 0$。则上式变为

$$v(t) = \frac{1}{C}\int_{0}^{t}i\mathrm{d}\tau + v(0)$$

所以

$$p = vi = Cv\frac{\mathrm{d}v}{\mathrm{d}t}$$

或

$$p = iv(t) = i\left[\frac{1}{C}\int_{0}^{t}i\mathrm{d}\tau + v(0)\right]$$

根据能量的定义，得

$$\mathrm{d}W = Cv\mathrm{d}v$$

$$W = C\int_{0}^{v}v\mathrm{d}v$$

在电压等于 0 时，能量也为 0，所以

$$W = \frac{1}{2}Cv^2$$

例 4.7.4

将下面的电压脉冲施加在 $0.5\mu\mathrm{F}$ 电容的两端时，

$$v(t) = \begin{cases} 0 & t \leqslant 0 \\ 4t & 0 < t \leqslant 1 \\ 4e^{-(t-1)} & t > 1 \end{cases}$$

解决下面的问题。

（1）写出电容电流、电功率、能量的表达式。

（2）指出电容何时存储能量。

（3）指出电容何时释放能量。

解：（1）根据 $i = C\dfrac{\mathrm{d}v}{\mathrm{d}t}$，得

$$i(t) = \begin{cases} 0.5 \times 10^{-6} \times 0 = 0 & t \leqslant 0 \\ 0.5 \times 10^{-6} \times 4 = 2 & 0 < t \leqslant 1 \\ 0.5 \times 10^{-6} \times (-4e^{-(t-1)}) = -2e^{-(t-1)} & t > 1 \end{cases}$$

由功率 $p = vi$，得

$$p = \begin{cases} 0 & t \leqslant 0 \\ 4t \times 2 = 8t & 0 < t \leqslant 1 \\ 4e^{-(t-1)} \times (-2e^{-(t-1)}) = -8e^{-2(t-1)} & t > 1 \end{cases}$$

由能量 $W = \dfrac{1}{2}Cv^2$，得

$$W = \begin{cases} 0 & t \leqslant 0 \\ \dfrac{1}{2} \times 0.5 \times 16t^2 = 4t^2 & 0 < t \leqslant 1 \\ \dfrac{1}{2} \times 0.5 \times 16e^{-2(t-1)} = 4e^{-2(t-1)} & t > 1 \end{cases}$$

（2）在 0～1s 时，电容存储能量。

（3）大于 1s 时，电容释放能量。

例 4.7.5

已知如下的三角电流脉冲

$$i(t) = \begin{cases} 0 & t \leqslant 0 \\ 5000t & 0 < t \leqslant 20\mu s \\ 0.2 - 5000t & 20\mu s < t \leqslant 40\mu s \\ 0 & t > 40\mu s \end{cases}$$

驱动一个未充电的 0.2μF 的电容。解答下面的问题：

（1）推导 4 个时间段中电容的电压、功率和能量的表达式。

（2）画出 i、v、p、W 相对于时间的曲线。

（3）当电流为 0 后，为什么电容上的电压仍然能保持？

解：（1）当 $t \leqslant 0$ 时

$$v=0, \quad p=0, \quad W=0$$

当 $0<t\leqslant 20\mu s$ 时

$$v=5\times10^6\int_0^t 5000\tau\mathrm{d}\tau+0=12.5\times10^9 t^2$$

$$p=vi=62.5\times10^{12}t^3$$

$$W=\frac{1}{2}Cv^2=15.625\times10^{12}t^4$$

当 $20\mu s<t\leqslant 40\mu s$ 时

$$v=5\times10^6\times\int_{20}^t(0.2-5000\tau)\mathrm{d}\tau+5$$

$$=10^6 t-12.5\times10^9 t^2-10$$

注意，在前面时间段结束时，电容上的电压是 5V。

$$p=vi=62.5\times10^{12}t^3-7.5\times10^9 t^2+2.5\times10^5 t-2$$

$$W=\frac{1}{2}Cv^2=15.625\times10^{12}t^4-2.5\times10^9 t^3+0.125\times10^6 t^2-2t+10^5$$

当 $t>40\mu s$ 时

$$v=10$$

$$p=vi=0$$

$$W=\frac{1}{2}Cv^2=10$$

完成上述计算时需注意，函数表达式中的变量 t 的单位是 s，而定义区间中的时间单位是 μs。

（2）i、v、p、W 相对于时间的曲线如图 4.7.9 所示。

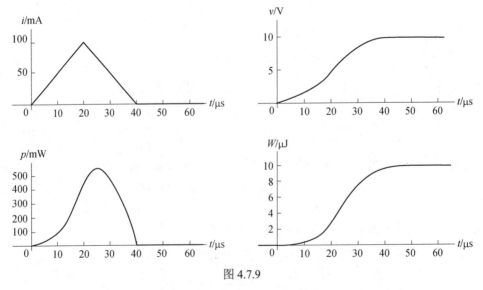

图 4.7.9

（3）功率在电流脉冲持续期间总是正的，表明能量被连续地存储在电容。当电流为 0 时，由于理想电容没有能量损耗，电容存储的能量被封存，因此在电流为 0 后，电容上的电压仍然能保持。

习题 4.7

1. 已知某正弦电流的幅值为 20A，周期为 1ms，在 0 时刻电流的幅值为 10A。求：
（1）电流的频率（Hz）和角频率（rad/s）；（2）$i(t)$ 的余弦表达式；（3）电流的有效值。

2. 已知正弦电压 $e = 300\cos\left(120\pi t + \dfrac{\pi}{6}\right)$，求：（1）正弦电压的周期（ms）与频率（Hz）；
（2）当 $t = 2.778$ms 时，e 的瞬时值；（3）电压 e 的有效值。

3. 如图 4.7.10 所示，元件的端电流为

$$i = \begin{cases} 0 & t < 0 \\ 20e^{-5000t}\,\text{A} & t \geqslant 0 \end{cases}$$

计算流入元件上端的总电荷（μC）。

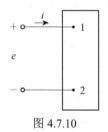

图 4.7.10

4. 如图 4.7.10 所示，元件的端电流与上题相同，对应的端电压为

$$v = \begin{cases} 0 & t < 0 \\ 10e^{-5000t}\,(\text{kV}) & t \geqslant 0 \end{cases}$$

计算释放到电路元件中的总能量（J）。

5. 如图 4.7.10 所示，若流入元件上端的电流为
$$i = 24\cos 4000t\,(\text{A})$$
假定在电流取得最大值的瞬间，元件上端的电荷为 0，求 $q(t)$ 的表达式。

6. 如 4.7.10 所示，若元件的端电压和电流在 $t < 0$ 时均为 0，在 $t \geqslant 0$ 时分别为
$$v = e^{-500t} - e^{-1500t}\,(\text{V})$$
$$i = 30 - 40e^{-500t} + 10e^{-1500t}\,(\text{mA})$$
求：（1）在 $t = 1$ms 时的功率；（2）在 0 到 1ms 时间范围内，有多少能量释放到该元件中；
（3）释放到该元件中的总能量。

7. 如图 4.7.10 所示，若元件的端电压和电流在 $t < 0$ 时均为 0，在 $t \geqslant 0$ 时分别为
$$v = 400e^{-100t}\sin 200t\,(\text{V})$$
$$i = 5e^{-100t}\sin 200t\,(\text{A})$$
求：（1）在 $t = 10$ms 时，该元件吸收的功率；（2）该元件吸收的总能量。

8. 如图 4.7.10 所示，若元件的端电压和电流在 $t < 0$ 和 $t > 3$ 时均为 0，在 $0 \leqslant t \leqslant 3$ 时

分别为

$$v = t(3 - t)(\text{V})$$

$$i = 6 - 4t(\text{mA})$$

求：（1）在什么时刻释放到该元件中的功率取得最大值，最大值是多少；（2）在什么时刻从该元件中释放的功率取得最大值，最大值是多少；（3）计算在 0s、1s、2s、3s 时释放到电路中的净能量。

9. 如图 4.7.10 所示，若元件的端电压和电流在 $t < 0$ 时均为 0，在 $t \geqslant 0$ 时分别为

$$v = 75 - 75\text{e}^{-1000t}\,(\text{V})$$

$$i = 50\text{e}^{-1000t}\,(\text{mA})$$

求：（1）该元件释放到电路中的功率的最大值；（2）释放到该元件中的总能量。

10. 如图 4.7.10 所示，若元件的端电压和电流分别为

$$v = 36\sin 200\pi t(\text{V})$$

$$i = 25\cos 200\pi t(\text{A})$$

求：（1）释放到该元件中的功率的最大值；（2）从该元件中释放的功率的最大值；（3）在 $0 \leqslant t \leqslant 5\text{ms}$ 时间范围内，求 p 的平均值；（4）在 $0 \leqslant t \leqslant 6.25\text{ms}$ 时间范围内，求 p 的平均值。

11. 如图 4.7.10 所示，若元件的端电压和电流在 $t < 0$ 时均为 0，在 $t \geqslant 0$ 时分别为

$$v = (10000t + 5)\text{e}^{-400t}\,(\text{V})$$

$$i = (40t + 0.05)\text{e}^{-400t}\,(\text{A})$$

求：（1）何时释放到该元件中的功率取得最大值；（2）功率最大值是多少；（3）释放到该元件中的总能量是多少。

12. 在如图 4.7.11 所示电路中，电流源产生电流脉冲为

$$i = \begin{cases} 0 & t < 0 \\ 8\text{e}^{-300t} - 8\text{e}^{-1200t}(\text{A}) & t \geqslant 0 \end{cases}$$

其中，$L = 4\text{mH}$，求：（1）$v(0)$ 的值是多少；（2）如果 $t > 0$，什么时候电压为 0；（3）释放到电感中的功率的表达式；（4）什么时刻释放到电感中的功率最大；（5）最大功率是多少；（6）什么时刻电感中存储的能量取得最大值；（7）存储在电感中的能量的最大值是多少。

图 4.7.11　　　　　　　　　　　图 4.7.12

13. 如图 4.7.12 所示，$0.6\,\mu\text{F}$ 电容两端的电压为

$$v = \begin{cases} 0 & t < 0 \\ 40\mathrm{e}^{-15000t}\sin 30000t & t \geqslant 0 \end{cases}$$

求：（1）$i(0)$ 的值是多少；（2）当 $t = \dfrac{\pi}{80}$ ms 时，释放到电容中的功率是多少；（3）当 $t = \dfrac{\pi}{80}$ ms 时，存储在电容中的能量是多少。

14. 如图 4.7.12 所示，0.6μF 电容两端的电流为

$$i = \begin{cases} 0 & t < 0 \\ 3\cos 50000t & t \geqslant 0 \end{cases}$$

求：（1）$v(t)$ 的值是多少；（2）释放到电容中的最大功率是多少；（3）存储在电容中的能量的最大值是多少。

15. 已知在 100μH 电感中的电流为

$$i = 20t\mathrm{e}^{-5t}(\mathrm{A}) \quad t \geqslant 0$$

求：（1）当 $t > 0$ 时，电感上的电压；（2）当 $t = 100$ms 时，电感两端的功率；（3）当 $t = 100$ms 时，电感是吸收还是释放功率；（4）当 $t = 100$ms 时，存储在电感中的能量是多少；（5）存储在电感中的能量的最大值是多少；（6）电感中存储的能量何时取得最大值。

第 5 章 常微分方程

在电路分析中，许多问题都要用含有所求函数的导数的方程来建模。这些方程称为微分方程，是描述一阶、二阶电路的重要工具。

5.1 常微分方程的基本概念

假设 $f(x)$、$g(x)$、$h(x)$、$q(x)$ 是已知函数，把形如

$$\frac{\mathrm{d}y}{\mathrm{d}x} = -1 \tag{5.1.1}$$

$$f(x)\frac{\mathrm{d}y}{\mathrm{d}x} + g(x)y = q(x) \tag{5.1.2}$$

$$f(x)\frac{\mathrm{d}^2 y}{\mathrm{d}x^2} + g(x)\frac{\mathrm{d}y}{\mathrm{d}x} + h(x)y = q(x) \tag{5.1.3}$$

的含有未知函数 y，及其一阶导数 $\frac{\mathrm{d}y}{\mathrm{d}x}$、二阶导数 $\frac{\mathrm{d}^2 y}{\mathrm{d}x^2}$ 的方程称为**常微分方程**。方程中出现的未知函数的导数的最高阶数称为**常微分方程的阶数**。比如，式（5.1.1）与式（5.1.2）为一阶常微分方程，式（5.1.3）为二阶常微分方程。

把单独含有 y、$\frac{\mathrm{d}y}{\mathrm{d}x}$ 等一次项的微分方程称为**线性常微分方程**。把含有 y^2、$\left(\frac{\mathrm{d}y}{\mathrm{d}x}\right)^2$、$\sin y$、$\mathrm{e}^y$、$y\frac{\mathrm{d}y}{\mathrm{d}x}$ 等项的微分方程称为**非线性常微分方程**。比如，下列方程

$$2x\frac{\mathrm{d}y}{\mathrm{d}x} + \mathrm{e}^x y^2 = 0$$

$$\left(\frac{\mathrm{d}y}{\mathrm{d}x}\right)^2 + y = x$$

$$x^2\frac{\mathrm{d}y}{\mathrm{d}x} + x = \sin y$$

$$y\frac{\mathrm{d}y}{\mathrm{d}x} + x = 3$$

都是非线性的常微分方程。本章主要讨论线性常微分方程。

本书中不涉及偏微分方程，本书中提到的微分方程（如不特别说明）就是指常微分方程。

若把某个已知函数 $y = f(x)$ 及其导数代入到微分方程中，使微分方程左右两边恒等，则称此函数为**微分方程的解**。

比如，函数 $y = 2e^x$ 是微分方程

$$\frac{dy}{dx} - y = 0$$

的解，这是因为

$$\frac{dy}{dx} - y = \frac{d}{dx}2e^x - 2e^x = 2e^x - 2e^x = 0$$

如果微分方程的解中所含的相互独立的任意常数的个数与微分方程的阶数相同，则称此解为微分方程的**通解**。比如，若 K 为任意常数，则函数 $y = Ke^x$ 就是微分方程

$$\frac{dy}{dx} - y = 0 \tag{5.1.4}$$

的通解，因为此解所含有的任意常数的个数与微分方程的阶数相等。又比如，我们可以验证，函数 $y = (K_1 + xK_2)e^{2x}$ 是方程

$$\frac{d^2y}{dx^2} - 4\frac{dy}{dx} + 4y = 0$$

的通解，其中的 K_1、K_2 是任意常数。

一般地，通解中任意常数的取值可以由**初始条件**（或**边界条件**）来确定。我们把不含任意常数的解，称为微分方程的**特解**。比如，式（5.1.4）满足初始条件 $y(0) = 1$ 的特解为

$$y = e^x$$

又如，容易验证，$y = 2x$ 是微分方程

$$\frac{dy}{dx} - \frac{y}{x} = 0$$

满足初始条件 $y(1) = 2$ 的特解。

简单的微分方程可以通过积分法解出。在解微分方程时，通常是先求出该方程的通解，再由初始条件求出所需要的特解。

例 5.1.1

解微分方程

$$\frac{dy}{dx} = x^2$$

解：原方程可化为

$$dy = x^2 dx$$

两边积分，得

$$\int dy = \int x^2 dx$$

所以

$$y = \frac{1}{3}x^3 + K$$

这就是原方程的通解。

例 5.1.2

求微分方程

$$\frac{dy}{dx} = -1$$

满足初始条件 $y(0)=1$ 的特解。

解：原方程可化为

$$dy = -dx$$

两边积分，得

$$\int dy = -\int dx$$

所以

$$y = -x + K$$

由于上式中含有一个任意常数，所以它是原方程的通解。

根据初始条件 $y(0)=1$，得

$$1 = -0 + K$$

$$K = 1$$

所以，原方程的满足初始条件 $y(0)=1$ 的特解为 $y=-x+1$。

例 5.1.3

如图 5.1.1 所示，在真空中间隔距离 d 设置的平行平板电极 A_1、A_2 之间加上电压 V 时，产生电场 $E = V/d$。设电子的初始位置为原点 O。（1）写出电子的移动距离 $\overline{OP}=x$ 时的运动方程；（2）求该运动方程的通解；（3）假设在 $t=0$ 时，电子的速度 $v=0$，求在 t 时刻电子的速度 v 和移动距离 x；（4）求电子到达电极 A_2 所需的时间。假设电子的电荷为 e，质量为 m。

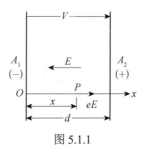

图 5.1.1

解：（1）设电子的运动速度为 $v = dx/dt$，加速度为 $a = dv/dt$。根据电场强度的定义，电子在某一点的电场强度等于其所受的电场力跟电荷量的比值，即 $E = F/e$。所以电子的运动方程为

$$ma = eE$$

即

$$a = \frac{\mathrm{d}v}{\mathrm{d}t} = \frac{eE}{m}$$

于是

$$\frac{\mathrm{d}^2 x}{\mathrm{d}t^2} = \frac{eE}{m}$$

（2）由于

$$\frac{\mathrm{d}v}{\mathrm{d}t} = \frac{eE}{m}$$

即

$$\mathrm{d}v = \frac{eE}{m}\mathrm{d}t$$

对上式两边积分，得

$$v = \frac{eE}{m}t + K_1 \qquad K_1 \text{为任意常数} \qquad （5.1.5）$$

又因为 $v = \dfrac{\mathrm{d}x}{\mathrm{d}t}$，所以

$$\frac{\mathrm{d}x}{\mathrm{d}t} = \frac{eE}{m}t + K_1$$

$$\mathrm{d}x = \left(\frac{eE}{m}t + K_1\right)\mathrm{d}t$$

对上式两边积分，得

$$x = \frac{eE}{2m}t^2 + K_1 t + K_2 \qquad K_1 \text{、} K_2 \text{为任意常数} \qquad （5.1.6）$$

（3）把 $v\big|_{t=0} = 0$，$x\big|_{t=0} = 0$ 分别代入式（5.1.5）、式（5.1.6）中，得

$$K_1 = 0, \quad K_2 = 0$$

从而

$$v = \frac{eE}{m}t, \quad x = \frac{eE}{2m}t^2$$

（4）在上式中令 $x = d$，则

$$d = \frac{eE}{2m}t^2$$

所以

$$t = \sqrt{\frac{2md}{eE}}$$

例 5.1.4

如图 5.1.2 所示，在电感为 L 的电感线圈上施加直流电压 e，在 $t = 0$ 时关闭开关 S，试求电路中通过的电流 i。假设当 $t = 0$ 时，电感线圈中的磁通量 $\varphi = 0$。

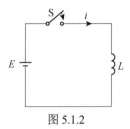

图 5.1.2

解：令 $t=0$，关闭开关 S，则当 $t>0$ 时，有如下的电路方程

$$L\frac{\mathrm{d}i}{\mathrm{d}t}=e$$

所以

$$\frac{\mathrm{d}i}{\mathrm{d}t}=\frac{e}{L}$$

对上式积分，得

$$i=\frac{e}{L}t+K \qquad K任意为常数$$

当 $t=0$ 时，由电感线圈中磁通量 $\varphi=Li=0$ 的条件，知 $\varphi|_{t=0}=Li|_{t=0}=0$，所以

$$i|_{t=0}=\frac{e}{L}\cdot 0+K=0$$

得

$$K=0$$

从而

$$i=\frac{e}{L}t$$

习题 5.1

1. 判断下列方程是否为线性常微分方程，并指出各方程的阶数。

（1）$x^2\left(\dfrac{\mathrm{d}^2 y}{\mathrm{d}x^2}\right)^2-2\dfrac{\mathrm{d}y}{\mathrm{d}x}=0$　　　　　　　（2）$y\dfrac{\mathrm{d}y}{\mathrm{d}x}+x=\mathrm{e}^x$

（3）$2\dfrac{\mathrm{d}^2 y}{\mathrm{d}x^2}-3\dfrac{\mathrm{d}y}{\mathrm{d}x}+x^2 y=0$　　　　　　（4）$\dfrac{\mathrm{d}y}{\mathrm{d}x}+x y=\mathrm{e}^{-x}$

（5）$\left(\dfrac{\mathrm{d}y}{\mathrm{d}x}\right)^2+y=5$　　　　　　　　　　（6）$\cos x\dfrac{\mathrm{d}y}{\mathrm{d}x}+y^2=\mathrm{e}^{2x}$

（7）$\dfrac{\mathrm{d}^2 y}{\mathrm{d}x^2}+\sin y=0$　　　　　　　　　　（8）$\dfrac{\mathrm{d}^3 y}{\mathrm{d}x^3}+x y=y\mathrm{e}^{-x}$

2. 验证下列各函数是否为相应微分方程的解，是特解还是通解，其中的 K 为任意常数。

（1）$\dfrac{\mathrm{d}y}{\mathrm{d}x}+y=1$，$y=1+K\mathrm{e}^{-x}$

（2）$x\dfrac{dy}{dx} = 2y, \quad y = x^2$

（3）$\dfrac{d^2 y}{dx^2} = y, \quad y = Ke^x$

（4）$\dfrac{dy}{dx} = \dfrac{2xy}{2-x^2}, \quad y = \dfrac{K}{x^2 - 2}$

（5）$\dfrac{d^2 y}{dx^2} - \dfrac{2}{x}\dfrac{dy}{dx} + \dfrac{2}{x^2} y = 0, \quad y = K_1 x + K_2 x^2$

（6）$\dfrac{d^2 y}{dx^2} - 7\dfrac{dy}{dx} + 12y = 0, \quad y = K_1 e^{3x} + K_2 e^{4x}$

5.2　一阶常微分方程

在本节中，我们将讨论两种最简单的一阶常微分方程的解法。

1. 变量可分离方程

设 $f(x)$、$g(y)$ 是已知函数，具有下列形式的微分方程

$$\frac{dy}{dx} = f(x)g(y) \tag{5.2.1}$$

称为变量可分离方程。此类方程的特点为：左边是未知函数的一阶导数，右边是变量可分离的两个函数 $f(x)$ 和 $g(y)$ 的乘积。

此类方程的解法如下：首先对原方程分离变量，得

$$\frac{dy}{g(y)} = f(x)dx$$

然后，对上式两边同时积分，得

$$\int \frac{dy}{g(y)} = \int f(x)dx + K \qquad K为任意常数$$

由此可得式（5.2.1）的通解为

$$G(y) = F(x) + K$$

上述解法称为变量分离法。

例 5.2.1

解下列微分方程。

（1）$\dfrac{dy}{dx} - \dfrac{3y}{x} = 0$ 　　　　　　　　　　（2）$\dfrac{dy}{dx} - 2y = 0$

解：（1）对原方程分离变量，得

$$\frac{dy}{y} = \frac{3dx}{x}$$

两边积分，得

$$\ln|y| = 3\ln|x| + K' \qquad K' \text{ 为任意常数}$$

即

$$|y| = e^{3\ln|x| + K'}$$

所以，原方程的通解为

$$y = Kx^3 \qquad K \text{ 为常数且 } K = e^{K'}$$

（2）对原方程分离变量，得

$$\frac{dy}{y} = 2dx$$

两边积分，得

$$\ln|y| = 2x + K' \qquad K' \text{ 为任意常数}$$

即

$$|y| = e^{2x + K'}$$

所以，原方程的通解为

$$y = Ke^{2x} \qquad K \text{ 为常数且 } K = e^{K'}$$

例 5.2.2

求下列微分方程

$$\frac{dy}{dx} = 8x^3 y^2$$

满足条件 $y(2) = 3$ 的特解。

　　解：当 $y = 0$ 时，虽然满足方程，但不满足初始条件，因而 $y = 0$ 不是原方程的特解。

　　　　当 $y \neq 0$ 时，原方程可以分离变量，得

$$\frac{dy}{y^2} = 8x^3 dx$$

两边积分，得

$$-\frac{1}{y} = 2x^4 + K \qquad K \text{ 为任意常数}$$

所以

$$y = -\frac{1}{2x^4 + K}$$

由初始条件 $y(2) = 3$，得

$$3 = -\frac{1}{2 \cdot 2^4 + K}$$

$$K = -\frac{97}{3}$$

所以，满足初始条件 $y(2) = 3$ 的特解为

$$y = -\frac{1}{2x^4 - \dfrac{97}{3}} = -\frac{3}{6x^4 - 97}$$

2. 一阶线性微分方程

一阶线性微分方程的标准形式为

$$\frac{\mathrm{d}y}{\mathrm{d}x} + P(x)y = Q(x) \tag{5.2.2}$$

此类方程的特点是：未知函数 y 及其导数 $\dfrac{\mathrm{d}y}{\mathrm{d}x}$ 都是一次的。

若 $Q(x) \equiv 0$，则式（5.2.2）变为

$$\frac{\mathrm{d}y}{\mathrm{d}x} + P(x)y = 0 \tag{5.2.3}$$

此时，式（5.2.3）称为一阶齐次线性微分方程。

若 $Q(x) \neq 0$，称式（5.2.2）为一阶非齐次线性微分方程。

为了求解式（5.2.2），可在其两边同时乘以 $\mathrm{e}^{\int P(x)\mathrm{d}x}$，得

$$y'\,\mathrm{e}^{\int P(x)\mathrm{d}x} + P(x)y\mathrm{e}^{\int P(x)\mathrm{d}x} = Q(x)\mathrm{e}^{\int P(x)\mathrm{d}x}$$

于是

$$(y\mathrm{e}^{\int P(x)\mathrm{d}x})' = Q(x)\mathrm{e}^{\int P(x)\mathrm{d}x}$$

两边积分，得

$$\int (y\mathrm{e}^{\int P(x)\mathrm{d}x})'\mathrm{d}x = \int Q(x)\mathrm{e}^{\int P(x)\mathrm{d}x}\mathrm{d}x + K$$

即

$$y\mathrm{e}^{\int P(x)\mathrm{d}x} = \int Q(x)\mathrm{e}^{\int P(x)\mathrm{d}x}\mathrm{d}x + K$$

从而

$$\begin{aligned} y &= \mathrm{e}^{-\int P(x)\mathrm{d}x}\left(\int Q(x)\mathrm{e}^{\int P(x)\mathrm{d}x}\mathrm{d}x + K\right) \\ &= K\mathrm{e}^{-\int P(x)\mathrm{d}x} + \mathrm{e}^{-\int P(x)\mathrm{d}x}\int Q(x)\mathrm{e}^{\int P(x)\mathrm{d}x}\mathrm{d}x \end{aligned} \tag{5.2.4}$$

在式（5.2.4）中，我们可以验证，第一部分

$$y_1 = K\mathrm{e}^{-\int P(x)\mathrm{d}x}$$

是式（5.2.3）的通解。第二部分

$$y_2 = \mathrm{e}^{-\int P(x)\mathrm{d}x}\int \mathrm{e}^{\int P(x)\mathrm{d}x}Q(x)\mathrm{d}x \tag{5.2.5}$$

是式（5.2.2）的一个特解。

由此，我们可得到一般结论：**一阶非齐次线性微分方程的通解是它的一个特解，加上它所对应的一阶齐次线性微分方程的通解。**此结论的证明从略。

例 5.2.3

解微分方程

$$\frac{\mathrm{d}y}{\mathrm{d}x} + y = \sin x$$

解：原方程是一阶非齐次线性微分方程，其中，$P(x) = 1$，$Q(x) = \sin x$。则

$$\int P(x)\mathrm{d}x = x$$

所以，原方程的通解为

$$y = K\mathrm{e}^{-x} + \mathrm{e}^{-x}\int \mathrm{e}^x \sin x\mathrm{d}x$$

$$= K\mathrm{e}^{-x} + \frac{1}{2}(\sin x - \cos x)$$

对于这个方程，也可以采取如下解法。首先，方程

$$\frac{\mathrm{d}y}{\mathrm{d}x} + y = \sin x$$

等同于方程

$$\frac{\mathrm{d}y}{\mathrm{d}x} + y = \mathrm{Im}(\mathrm{e}^{\mathrm{j}x})$$

将函数 y 换为复函数 $\dot{y}$，可得到相应的微分方程

$$\frac{\mathrm{d}\dot{y}}{\mathrm{d}x} + \dot{y} = \mathrm{e}^{\mathrm{j}x}$$

此方程的通解为

$$\dot{y} = \mathrm{e}^{-x}(\int \mathrm{e}^{\mathrm{j}x}\mathrm{e}^x\mathrm{d}x + K_1 + \mathrm{j}K_2)$$

计算得

$$\dot{y} = K_1\mathrm{e}^{-x} + \frac{1}{2}(\sin x + \cos x) + K_2\mathrm{e}^{-x}\mathrm{j} + \frac{1}{2}(\sin x - \cos x)\mathrm{j}$$

取上式的虚部，即可得到原方程的通解。这种方法简化了求通解过程中的积分计算，在电路分析中经常使用。

例 5.2.4

解微分方程

$$\frac{1}{x}\frac{\mathrm{d}y}{\mathrm{d}x} - 2y = \frac{\mathrm{e}^{x^2+x}}{x}$$

解：原方程可化为一阶非齐次线性微分方程的标准形式，具体如下

$$\frac{\mathrm{d}y}{\mathrm{d}x} - 2xy = \mathrm{e}^{x^2+x}$$

其中，$P(x) = -2x$，$Q(x) = \mathrm{e}^{x^2+x}$。则有

$$\int P(x)\mathrm{d}x = -x^2$$

所以，原方程的通解为

$$y = \mathrm{e}^{x^2}\left(\int \mathrm{e}^{x^2+x}\mathrm{e}^{-x^2}\mathrm{d}x + K\right) = \mathrm{e}^{x^2}\left(\int \mathrm{e}^x\mathrm{d}x + K\right)$$

$$= K\mathrm{e}^{x^2} + \mathrm{e}^{x^2+x}$$

习题 5.2

1. 解下列微分方程（组）。

（1） $\dfrac{y^2 \mathrm{d}y}{x \mathrm{d}x} = 1 + x^2$

（2） $3\dfrac{\mathrm{d}y}{\mathrm{d}x} = \dfrac{4x}{y^2}$

（3） $y^2 + 3x\dfrac{\mathrm{d}y}{\mathrm{d}x} = 0$

（4） $\mathrm{e}^{x+y}\dfrac{\mathrm{d}y}{\mathrm{d}x} = 2x$

（5） $\begin{cases} \dfrac{\mathrm{d}x}{y} + \dfrac{\mathrm{d}y}{x} = 0 \\ y(3) = 4 \end{cases}$

（6） $\begin{cases} \dfrac{x\mathrm{d}x}{1+y} - \dfrac{y\mathrm{d}y}{1+x} = 0 \\ y(0) = 1 \end{cases}$

2. 解下列微分方程（组）。

（1） $\dfrac{\mathrm{d}y}{\mathrm{d}x} + y = \mathrm{e}^{-x}$

（2） $\dfrac{\mathrm{d}y}{\mathrm{d}x} - \dfrac{n}{x}y = \mathrm{e}^x x^n$

（3） $\dfrac{\mathrm{d}y}{\mathrm{d}x} - \dfrac{2}{x+1}y = (x+1)^3$

（4） $(x^2+1)\dfrac{\mathrm{d}y}{\mathrm{d}x} + 2xy = 4x^2$

（5） $\begin{cases} x\dfrac{\mathrm{d}y}{\mathrm{d}x} + y = 3 \\ y(1) = 0 \end{cases}$

（6） $\begin{cases} x\dfrac{\mathrm{d}y}{\mathrm{d}x} - 2y = x^3\mathrm{e}^x \\ y(1) = 0 \end{cases}$

5.3 一阶电路的响应

前面讲过，电容和电感的一个重要特性是它们都可以获得（或释放）能量。在本节中，将要讨论电感和电容获得（或释放）能量时所产生的电流与电压，它们是直流电压源（或电流源）发生突变时的响应。这里重点讨论由电源、电阻、电感或电容组成的电路，这种结构的电路简称为 RL 电路或 RC 电路。RL 电路和 RC 电路的分析可分为如下两个步骤。

第一步，考虑直流电压源（或电流源）突然加到一个电感或电容上，使其获得能量而产生电流和电压，这种响应称为阶跃响应。

第二步，考虑存储在电感或电容中的能量突然释放到包含电阻的电路中时所产生的电流和电压，这种情况发生在电感或电容突然与直流电源断开连接时。此时电路中产生电流和电压，这种响应称为固有响应。它是电路本身的固有状态，而不是由外部电源的激励所决定的。其实，求解固有响应和阶跃响应的过程是基本相同的。

由于 RL 电路和 RC 电路的电压和电流可以用一阶线性微分方程表示，所以 RL 电路和 RC 电路称为一阶电路。

例 5.3.1

如图 5.3.1 所示，在由电阻 R 和电感 L 等串联而成的电路中，当 $t = 0$ 时，闭合开关

S，（1）求电路中的电流 i；（2）画出 i 关于 t 的变化曲线；（3）求电路的时间常数 τ；（4）求 $i|_{t=\tau}$；（5）在从 $t=0$ 到 $t=\infty$ 的稳定状态下，求电感 L 中所存储的能量 W_L。这里假设 $t=0$ 时，电感 L 中的磁通量 $\varphi=0$。

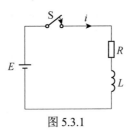

图 5.3.1

解：（1）当 $t=0$ 时，闭合开关 S，当 $t>0$ 时，由基尔霍夫电压定律，有如下电路方程

$$L\frac{\mathrm{d}i}{\mathrm{d}t}+Ri=E \tag{5.3.1}$$

对上式进行变量分离，得

$$\frac{\mathrm{d}i}{\mathrm{d}t}=\frac{1}{L}(E-Ri)=-\frac{R}{L}\left(i-\frac{E}{R}\right)$$

所以

$$\frac{\mathrm{d}i}{i-\dfrac{E}{R}}=-\frac{R}{L}\mathrm{d}t$$

两边积分，得

$$\int\frac{\mathrm{d}i}{i-\dfrac{E}{R}}=-\int\frac{R}{L}\mathrm{d}t$$

即

$$\ln\left(i-\frac{E}{R}\right)=-\frac{R}{L}t+K' \qquad K'\text{为任意常数}$$

所以

$$i-\frac{E}{R}=\mathrm{e}^{-(R/L)t+K'}=K\mathrm{e}^{-(R/L)t},\ \ K=\mathrm{e}^{K'}$$

即

$$i=\frac{E}{R}+K\mathrm{e}^{-(R/L)t} \tag{5.3.2}$$

根据磁通量的条件 $\varphi|_{t=0}=Li|_{t=0}=0$，得

$$i|_{t=0}=\frac{E}{R}+K\mathrm{e}^0=\frac{E}{R}+K=0$$

$$K=-\frac{E}{R}$$

将上式代入式（5.3.2），得

$$i(t) = I - I e^{-\left(\frac{R}{L}\right)t} = i_1 + i_2 \qquad (5.3.3)$$

其中，$I = E/R$，$i_1 = I$，$i_2 = -I e^{-(R/L)t}$。

$i_1 = I$ 是式（5.3.1）的特解，因为它是在 $t = \infty$ 时的稳定状态下电路中的电流，所以它也称为稳态电流。$i_2 = -I e^{-(R/L)t}$ 是在 $0 < t < \infty$ 时的过渡状态下电路中的电流，也称为过渡电流。

（2）i 关于 t 的变化曲线如图 5.3.2 所示。从 $i\big|_{t=0} = 0$ 开始，$i(t)$ 按指数函数增加，到 $t = \infty$ 时，$i = I = \dfrac{E}{R}$，此时相当于电感 L 短路，电路中只有电阻 R。

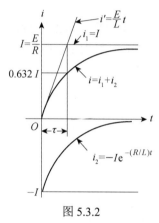

图 5.3.2

（3）在如图 5.3.2 所示的 i 关于 t 的变化曲线中，在 $t = 0$ 处引出切线，将该切线和 $i_1 = E/R$ 相交所需的时间 τ 称为 RL 串联回路的时间常数。

由式（5.3.3）可得，$t = 0$ 处的切线斜率为

$$\frac{\mathrm{d}i}{\mathrm{d}t}\bigg|_{t=0} = -\frac{E}{R} e^{-(R/L)t} \cdot \left(-\frac{R}{L}\right)\bigg|_{t=0} = \frac{E}{L}$$

于是，切线方程为

$$i' = \frac{E}{L} t$$

由于此切线与直线 $i_1 = \dfrac{E}{R}$ 相交，所以

$$\frac{E}{L} \tau = \frac{E}{R}$$

即

$$\tau = \frac{L}{R}$$

（4）$i\big|_{t=\tau}\bigg|_{\tau = L/R} = I\left[1 - e^{-(R/L)(L/R)}\right] = I(1 - e^{-1}) \approx 0.632 \cdot I$

其中，$I = E/R = i(\infty)$，是稳态电流。

它表示开关关闭之后，电感开始存储能量，经过一个时间常数 τ 的时间，电感上的

电流增加到稳态电流的 $(1-e^{-1}) \approx 0.632$ 倍，即电流 $i(t)$ 达到其稳态电流 I 的 63.2%。

对于一阶电路来说，时间常数 τ 是一个重要参数，它表示电路中的电流达到稳定状态时所需要的时间。在此例中，当 $t=2\tau$，$t=3\tau$，$t=4\tau$ 时，分别有

$$i\Big|_{t=2\tau} = I(1-e^{-2}) = 0.865 \cdot I$$

$$i\Big|_{t=3\tau} = I(1-e^{-3}) = 0.950 \cdot I$$

$$i\Big|_{t=4\tau} = I(1-e^{-4}) = 0.982 \cdot I$$

可见，在经过 4 个时间常数 τ 的时间后，电流已经达到了稳态电流的 98.2%，接近稳态电流。这种经历了较长时间的响应称为稳态响应。

（5）在式（5.3.1）两边同乘以 i 时，得

$$L\frac{di}{dt} + Ri^2 = Ei$$

于是，在稳定状态时由电源供给电路的总能量 W 为

$$W = \int_0^{+\infty} Ei\,dt = \int_0^{+\infty}\left(Li\frac{di}{dt} + Ri^2\right)dt$$

$$= L\int_0^I i\,di + R\int_0^{+\infty} i^2\,dt$$

$$= \frac{LI^2}{2} + R\int_0^{+\infty} i^2\,dt \tag{5.3.4}$$

从而，所求的能量 W_L 为

$$W_L = \frac{LI^2}{2}$$

式（5.3.4）中，等号右边第 2 项是达到稳定状态时电阻 R 上消耗的能量。

另外，本题的问题（1）也可以直接用式（5.2.4）求解，具体解题步骤如下：

将式（5.3.1）两边同时除以 L，得

$$\frac{di}{dt} + \frac{R}{L}i = \frac{E}{L}$$

此时，$P = R/L$，$Q = E/L$。所以

$$i = e^{-\int(R/L)dt}\left(\int\frac{E}{L}e^{\int(R/L)dt}dt + K\right)$$

$$= e^{-(R/L)t}\left(\int\frac{E}{L}e^{(R/L)t}dt + K\right)$$

$$= \frac{E}{R} + Ke^{-(R/L)t}$$

显然，这与前面所求得的结果是一致的。

同时，本题也可以写出关于电感电压 $v(t)$ 的方程。比如，电阻上的电压是电源电压与电感电压之差，即

$$iR = E - v(t)$$

$$i = \frac{E}{R} - \frac{v(t)}{R}$$

两边求导，得

$$\frac{\mathrm{d}i}{\mathrm{d}t} = -\frac{1}{R}\frac{\mathrm{d}v}{\mathrm{d}t}$$

两边乘以 L，得

$$v = L\frac{\mathrm{d}i}{\mathrm{d}t} = -\frac{L}{R}\frac{\mathrm{d}v}{\mathrm{d}t}$$

整理，得

$$\frac{\mathrm{d}v}{\mathrm{d}t} + \frac{R}{L}v = 0$$

解这个微分方程可求出电感两端的电压，此处略。

例 5.3.2

如图 5.3.3 所示，在由电阻 R 和电容 C 等串联而成的电路中，当 $t = 0$ 时，合上开关 S，（1）求存储在电容 C 上的电荷量 q；（2）求电容 C 两端的电压 v_C；（3）求电路中的电流 i；（4）画出 q 随 t 变化的曲线，v_C 随 t 变化的曲线，i 随 t 变化的曲线；（5）求时间常数 τ；（6）在过渡过程中，求存储在电容 C 上的能量 W_C。这里假设当 $t = 0$ 时，$q = 0$。

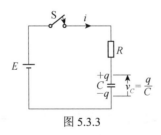

图 5.3.3

解：（1）当 $t > 0$ 时，电路方程为

$$Ri + v_C = E$$

由于 $i = \dfrac{\mathrm{d}q}{\mathrm{d}t}$，$v_C = \dfrac{q}{C}$，所以

$$R\frac{\mathrm{d}q}{\mathrm{d}t} + \frac{q}{C} = E$$

解此方程，得

$$q = CE + K\mathrm{e}^{-(1/RC)t} \qquad K\text{为任意常数}$$

由初始条件 $q\Big|_{t=0} = 0$，得

$$K = -CE$$

所以

$$q = Q\left[1 - e^{-(1/RC)t}\right] \qquad 其中，\ Q = CE$$

（2）电容两端的电压为

$$v_C = \frac{q}{C} = E\left[1 - e^{-(1/RC)t}\right]$$

（3）电路中的电流 i 为

$$i = \frac{\mathrm{d}q}{\mathrm{d}t} = -CE e^{-(1/RC)t}\left(-\frac{1}{CR}\right) = I e^{-(1/RC)t} \quad 其中，\ I = E/R$$

（4）q 随 t 变化的曲线，v_C 随 t 变化的曲线，i 随 t 变化的曲线分别如图 5.3.4（a），图 5.3.4（b），图 5.3.4（c）所示。

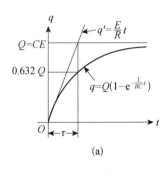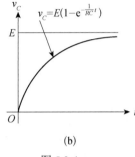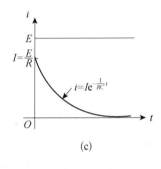

图 5.3.4

（5）根据图 5.3.4（a）所示的 q 随 t 变化的曲线可知，在 $t = 0$ 处的切线斜率为

$$\left.\frac{\mathrm{d}q}{\mathrm{d}t}\right|_{t=0} = \left.i\right|_{t=0} = \left.\frac{E}{R}e^{-(1/RC)t}\right|_{t=0} = \frac{E}{R}$$

于是，曲线 q 在 $t = 0$ 处的切线方程为

$$q = \frac{E}{R}t$$

此切线与直线 $Q = CE$ 相交所需要的时间就是时间常数 τ。令

$$\frac{E}{R}\tau = CE$$

即

$$\tau = RC$$

也就是说，RC 电路的时间常数 τ 等于电阻与电容的乘积。

（6）因为 $E = Ri + v_C$，$v_C = q/C$，所以

$$Ei = Ri^2 + v_C i$$

于是在过渡过程中，由电源供给的总能量 W 为

$$W = \int_0^{+\infty} Ei\,\mathrm{d}t = \int_0^{+\infty} \left(Ri^2 + v_C i\right)\mathrm{d}t$$

$$= R\int_0^{+\infty} i^2\,\mathrm{d}t + \frac{1}{C}\int_0^{+\infty} q\,\frac{\mathrm{d}q}{\mathrm{d}t}\,\mathrm{d}t$$

$$= R\int_0^{+\infty} i^2 \mathrm{d}t + \frac{1}{C}\int_0^Q q \mathrm{d}q$$

$$= \frac{Q^2}{2C} + R\int_0^\infty i^2 \mathrm{d}t$$

所以

$$W_C = \frac{Q^2}{2C} = \frac{1}{2}CE^2$$

例 5.3.3

如图 5.3.5 所示，在由 R 和 L 等串联而成的电路中，闭合开关 S 并断开开关 S'，直流电源电压为 E，经过 10 分钟后，电流 $i = E/R$。此时，断开开关 S 并同时闭合开关 S'。（1）求通过电路的电流 $i(t)$；（2）画出 i 随 t 的变化曲线；（3）求电阻两端的电压；（4）试证：在过渡过程中，电阻 R 上消耗的能量 W_R 等于电感 L 中存储的能量 W_L。

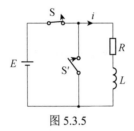

图 5.3.5

解：（1）假设 $t=0$ 时断开开关 S 并同时闭合开关 S'，则 $t > 0$ 时，电流 $i(t)$ 经过 R、L、S'。由基尔霍夫电压定律，对闭合回路求电压之和，得到电路方程

$$L\frac{\mathrm{d}i}{\mathrm{d}t} + Ri = 0 \tag{5.3.5}$$

对上式进行变量分离，得

$$\frac{\mathrm{d}i}{i} = -\frac{R}{L}\mathrm{d}t$$

两边积分，得

$$\ln i = -\frac{R}{L}t + K' \qquad K' \text{为任意常数}$$

所以

$$i(t) = \mathrm{e}^{-(R/L)t+K'} = K\mathrm{e}^{-(R/L)t}, \quad K = \mathrm{e}^{K'}。$$

由于电感中的电流不产生阶跃变化，因此在断开开关 S 并同时闭合开关 S' 的瞬间，电感中的电流保持不变，是稳定状态下的电流。也就是说，初始条件为 $i(0) = E/R$，由此得到

$$K = \frac{E}{R}$$

所以

$$i(t) = E / R\mathrm{e}^{-(R/L)t} = I \cdot \mathrm{e}^{-(R/L)t} \qquad (t \geqslant 0) \qquad (5.3.6)$$

其中, $I = \dfrac{E}{R}$。

（2）式（5.3.6）表明，电流从初始电流 I 开始，随着时间 t 的增加，按指数规律逐渐减小并趋于 0。也就是说，当 $t = \infty$ 时，$i(t)$ 会渐渐消失，i 随 t 的变化曲线如图 5.3.6 所示。

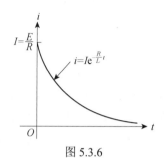

图 5.3.6

（3）电阻两端的电压

$$v = Ri = E\,\mathrm{e}^{-(R/L)t} \qquad (t > 0)$$

注意，电压仅仅定义在 $t > 0$ 时，因为在 $t = 0$ 时，电压会产生阶跃变化，所以 $t = 0$ 时的电压值是未知的。

（4）在式（5.3.5）两边同乘以 i，得

$$Li\frac{\mathrm{d}i}{\mathrm{d}t} + Ri^2 = 0$$

所以

$$Ri^2 = -Li\frac{\mathrm{d}i}{\mathrm{d}t}$$

于是，在电阻 R 上消耗的能量 W_R 为

$$W_R = \int_0^{+\infty} Ri^2 \mathrm{d}t = -\int_0^{+\infty} Li\frac{\mathrm{d}i}{\mathrm{d}t}\mathrm{d}t = -L\int_I^0 i\mathrm{d}i = \frac{LI^2}{2} = W_L$$

这说明，当 $t = \infty$ 时，电阻 R 上消耗的能量等于电感中存储的初始能量。

注意对上式积分时上限和下限的转换，当 $t = 0$ 时，$i = I$；当 $t = \infty$ 时，$i = 0$。

例 5.3.4

如图 5.3.7 所示，在由 R 和 C 等串联而成的电路中，闭合开关 S 并断开开关 S′，电源电压为 E，10 分钟后，电路达到稳定状态。此时，电容相对于恒定电压表现为开路，电压源不能维持持续的电流，电容 C 两端的电压呈现电源电压，于是 $v_C = E$。此时断开开关 S 并同时闭合开关 S′。（1）求电容 C 中的电荷量；（2）求 v_C；（3）求电路中的电流 i；（4）画出 v_C 随 t 变化的曲线和 i 随 t 变化的曲线；（5）试证在过渡过程中，电阻 R 上消耗的电能 W_R 等于电容 C 中存储的能量 W_C。

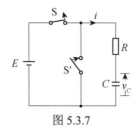

图 5.3.7

解：（1）令 $t=0$ 时断开开关 S 并同时闭合开关 S'。在 $t>0$ 时，电流经过 R、C、S'，所以，电路方程为

$$R \cdot i + v_C = 0$$

由于

$$i = \frac{\mathrm{d}q}{\mathrm{d}t}, \quad v_C = \frac{q}{C}$$

所以

$$R\frac{\mathrm{d}q}{\mathrm{d}t} + \frac{q}{C} = 0 \tag{5.3.7}$$

解得

$$q = K\mathrm{e}^{-(1/RC)t} \quad K \text{ 为任意常数。}$$

由于 $q\Big|_{t=0} = CE$，将其代入上式，得

$$K = CE$$

所以

$$q = Q\mathrm{e}^{-(1/RC)t} \quad \text{其中，} Q = CE。$$

在这里，我们也可以通过电流建立如下的电路方程

$$C\frac{\mathrm{d}v}{\mathrm{d}t} + \frac{v}{R} = 0$$

解此方程得

$$v_C = E\mathrm{e}^{-(1/RC)t}$$

（2）电容电压

$$v_C = \frac{q}{C} = E\mathrm{e}^{-(1/RC)t}$$

这表明，RC 电路的固有响应是初始电压按指数规律衰减的，时间常数 τ 为衰减率。

（3）电路中的电流

$$i = \frac{\mathrm{d}q}{\mathrm{d}t} = CE\mathrm{e}^{-(1/RC)t}\left(-\frac{1}{RC}\right)$$

$$= -I\mathrm{e}^{-(1/RC)t}$$

其中，$I = \dfrac{E}{R}$。

上式中的负号表示电流 i 的方向与图 5.3.7 中所示的方向相反。

（4）v_C 随 t 变化的曲线和 i 随 t 变化的曲线分别如图 5.3.8（a）和图 5.3.8（b）所示。

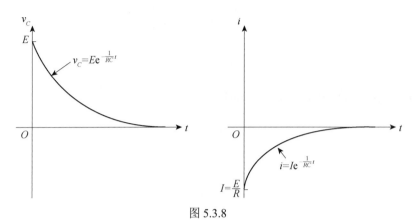

图 5.3.8

（5）在式（5.3.7）的两边同乘以 $i = \mathrm{d}q / \mathrm{d}t$，得

$$R\left(\frac{\mathrm{d}q}{\mathrm{d}t}\right)^2 + \frac{q}{C}\frac{\mathrm{d}q}{\mathrm{d}t} = Ri^2 + \frac{q}{C}\frac{\mathrm{d}q}{\mathrm{d}t} = 0$$

所以

$$R \cdot i^2 = -\frac{q}{C}\frac{\mathrm{d}q}{\mathrm{d}t}$$

于是

$$
\begin{aligned}
W_R &= \int_0^{+\infty} Ri^2 \mathrm{d}t = -\int_0^{+\infty} \frac{q}{C}\frac{\mathrm{d}q}{\mathrm{d}t}\mathrm{d}t \\
&= -\frac{1}{C}\int_Q^0 q\mathrm{d}q = \frac{1}{C}\int_0^Q q\mathrm{d}q \\
&= \frac{Q^2}{2C} = W_C
\end{aligned}
$$

注意此处积分上限和下限的变化，当 $t = 0$ 时，$q = Q$；当 $t = \infty$ 时，$q = 0$。

习题 5.3

1. 在由 R 和 L 串联而成的电路中，电阻 $R=7\,\Omega$，电感 $L=5\mathrm{H}$，电源电压为（$\sin\omega t + \cos\omega t$）V，试求电路中电流的表达式。这里假设 $t = 0$ 时，电流为 2A。

2. 在由 R 和 L 串联而成的电路中，$R = 2\,\Omega$，$L=25\mathrm{H}$，电源电压为 $Ae^{-t}\mathrm{V}$，其中，A 为正的常数，求电流的表达式。

3. 在由 R 和 C 串联而成的电路中，电源电压为 $E = 1 - \cos 2t$，V 试求电流的表达式，这里假设 $q(0) = 0$。

4. 在如图 5.3.9 所示的电路中，闭合开关 S，求 $i_R = i_L$ 所需的时间。

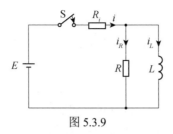

图 5.3.9

5. 在如图 5.3.10 所示的电路中，闭合开关S，试求电容 C 两端的电压 v_C。这里假设当 $t = 0$ 时，$v_C = 0$。

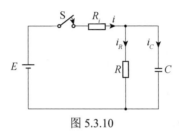

图 5.3.10

5.4　二阶常系数齐次线性微分方程

当式（5.1.2）和式（5.1.3）中的系数 $f(x) = a$，$g(x) = b$，$h(x) = c$ 均为常数，且 $q(x) = 0$ 时，方程

$$a\frac{\mathrm{d}y}{\mathrm{d}x} + by = 0$$

$$a\frac{\mathrm{d}^2 y}{\mathrm{d}x^2} + b\frac{\mathrm{d}y}{\mathrm{d}x} + cy = 0$$

分别被称为一阶常系数齐次线性微分方程和二阶常系数齐次线性微分方程。下面讨论它们的解法。

1. 一阶常系数齐次线性微分方程

$$a\frac{\mathrm{d}y}{\mathrm{d}x} + by = 0 \tag{5.4.1}$$

根据 5.2 节介绍的一阶线性微分方程的解法，容易求得此方程的通解。下面介绍另一种方法。

由于指数函数 $y = \mathrm{e}^{rx}$ 的导数的特殊性，可假设此方程的解为

$$y_1 = \mathrm{e}^{rx}$$

其中，r 为待定常数。

将其代入式（5.4.1）中，得

$$(ar + b)\mathrm{e}^{rx} = 0$$

由于 $\mathrm{e}^{rx} \neq 0$，所以

$$ar + b = 0$$

上式被称为式（5.4.1）的**特征方程**。解此代数方程，得特征根

$$r = -b/a$$

所以式（5.4.1）的一个特解为

$$y_1 = \mathrm{e}^{rx} = \mathrm{e}^{(-b/a)x}$$

当 K 为任意常数时，式（5.4.1）的通解为

$$y = Ky_1 = K\mathrm{e}^{(-b/a)x}$$

例 5.4.1

求电路方程

$$L\frac{\mathrm{d}i}{\mathrm{d}t} + Ri = 0$$

的通解。

解：原方程的特征方程为

$$Lr + R = 0$$

所以

$$r = -\frac{R}{L}$$

于是，此方程的通解为

$$i = K\mathrm{e}^{-(R/L)t} \quad K \text{ 为任意常数}$$

2. 二阶常系数齐次线性微分方程

$$a\frac{\mathrm{d}^2 y}{\mathrm{d}x^2} + b\frac{\mathrm{d}y}{\mathrm{d}x} + cy = 0 \tag{5.4.2}$$

为了更好地讨论此方程的解法，先介绍一些预备知识。

定理 5.4.1

如果 $y_1 = y_1(x)$，$y_2 = y_2(x)$ 是式（5.4.2）的解，K_1 和 K_2 为任意常数，则它们的线性组合

$$y = K_1 y_1(x) + K_2 y_2(x)$$

仍为式（5.4.2）的解。

证明：将 $y = K_1 y_1(x) + K_2 y_2(x)$ 代入式（5.4.2）的左边，得

$$a\frac{\mathrm{d}^2 y}{\mathrm{d}x^2} + b\frac{\mathrm{d}y}{\mathrm{d}x} + cy = a\frac{\mathrm{d}^2}{\mathrm{d}x^2}K_1 y_1 + K_2 y_2 + b\frac{\mathrm{d}}{\mathrm{d}x}K_1 y_1 + K_2 y_2 + c(K_1 y_1 + K_2 y_2)$$

$$= a\frac{\mathrm{d}^2}{\mathrm{d}x^2}K_1 y_1 + a\frac{\mathrm{d}^2}{\mathrm{d}x^2}K_2 y_2 + b\frac{\mathrm{d}}{\mathrm{d}x}K_1 y_1 + b\frac{\mathrm{d}}{\mathrm{d}x}K_2 y_2 + cK_1 y_1 + cK_2 y_2$$

$$= K_1\left(a\frac{\mathrm{d}^2}{\mathrm{d}x^2}y_1 + b\frac{\mathrm{d}}{\mathrm{d}x}y_1 + cy_1\right) + K_2\left(a\frac{\mathrm{d}^2}{\mathrm{d}x^2}y_2 + b\frac{\mathrm{d}}{\mathrm{d}x}y_2 + cy_2\right) = 0$$

由此可知，这个线性组合满足了方程，是方程的一个解。

具体地看，对于方程

$$\frac{\mathrm{d}^2 y}{\mathrm{d}x^2} - 4y = 0$$

我们容易验证，e^{2x} 和 e^{-2x} 是方程的两个解，那么它们的线性组合为

$$y = K_1 \mathrm{e}^{2x} + K_2 \mathrm{e}^{-2x} \qquad 其中，\ K_1 \text{ 和 } K_2 \text{ 为任意常数}$$

也是此方程的解。

通过线性组合的方式，可以得到原方程的一个新形式的解。但这个新的解是否为原方程的通解呢？不一定。比如，e^x 和 $3\mathrm{e}^x$ 是方程

$$\frac{\mathrm{d}^2 y}{\mathrm{d}x^2} - y = 0$$

的两个解，但它们的线性组合

$$y = K_1 \cdot \mathrm{e}^x + K_2 \cdot 3\mathrm{e}^x \qquad 其中，\ K_1 \text{ 和 } K_2 \text{ 为任意常数}$$

并不是此方程的通解，因为

$$y = K_1 \mathrm{e}^x + K_2 3\mathrm{e}^x = (K_1 + 3K_2)\mathrm{e}^x = K\mathrm{e}^x$$

在这里，两个任意常数经过合并之后变成了一个任意常数。那么，具备什么条件的两个解的线性组合才能成为原方程的通解呢？为此，引入下面的定义和定理。

定义 5.4.1

设 $y_1(x)$ 和 $y_2(x)$ 是定义在某区间上的两个函数，如果

$$\frac{y_1(x)}{y_2(x)} = 常数$$

则称 $y_1(x)$ 和 $y_2(x)$ 在该区间上是线性相关的，否则称它们在该区间上是线性无关的。

比如，函数 e^x 和 $3\mathrm{e}^x$ 是线性相关的，因为

$$\frac{\mathrm{e}^x}{3\mathrm{e}^x} = \frac{1}{3}\ (常数)$$

而函数 e^x 和 e^{2x} 是线性无关的，因为

$$\frac{\mathrm{e}^x}{\mathrm{e}^{2x}} = \frac{1}{\mathrm{e}^x} \neq 常数$$

又如，函数 $\sin x$ 和 $\cos x$ 也是线性无关的，因为

$$\frac{\sin x}{\cos x} \neq 常数$$

定理 5.4.2

如果 $y_1 = y_1(x)$，$y_2 = y_2(x)$ 是式（5.4.2）的两个线性无关的解，并且 K_1 和 K_2 为任意

常数，那么它们的线性组合

$$y = K_1 y_1(x) + K_2 y_2(x)$$

必定是式（5.4.2）的通解。

容易验证，$\sin 2x$ 和 $\cos 2x$ 是二阶微分方程

$$\frac{\mathrm{d}^2 y}{\mathrm{d}x^2} + 4y = 0$$

的两个解，并且它们是线性无关的，所以它们的线性组合

$$y = K_1 \sin 2x + K_2 \cos 2x \quad (K_1、K_2 为任意常数)$$

是方程的通解。

下面我们讨论式（5.4.2）的解法。

假设式（5.4.2）解为 $y = \mathrm{e}^{rx}$，将其代入原方程，可得特征方程为

$$ar^2 + br + c = 0$$

解此特征方程，得特征根为

$$r_1 = -\frac{b}{2a} + \frac{\sqrt{b^2 - 4ac}}{2a}$$

$$r_2 = -\frac{b}{2a} - \frac{\sqrt{b^2 - 4ac}}{2a}$$

根据 $b^2 - 4ac$ 为正数、零、负数的情况，可分别求出两个不同的实数根、两个相同实数根、共轭复数根。

（1）当 $b^2 - 4ac > 0$ 时，特征方程有两个不同的实根。此时，可得微分方程的两个解为

$$y_1 = \mathrm{e}^{r_1 x}, \ y_2 = \mathrm{e}^{r_2 x}$$

容易知道，这两个解是线性无关的，所以它们的线性组合

$$y = K_1 \mathrm{e}^{r_1 x} + K_2 \mathrm{e}^{r_2 x}$$

就是原方程的通解。

例 5.4.2

求解下列微分方程初值问题的解。

$$\frac{\mathrm{d}^2 y}{\mathrm{d}x^2} + 2\frac{\mathrm{d}y}{\mathrm{d}x} - 3y = 0 \qquad 初值条件 \ y(0) = 1, \ y'(0) = 4$$

解：原方程的特征方程为

$$r^2 + 2r - 3 = (r-1)(r+3) = 0$$

所以

$$r_1 = 1, \ r_2 = -3$$

于是，原方程通解为

$$y = K_1 \mathrm{e}^x + K_2 \mathrm{e}^{-3x}$$

由 $y(0) = 1, \ y'(0) = 4$，得

$$y(0) = K_1 + K_2 = 1$$

$$y'(0) = K_1 - 3K_2 = 4$$

解得

$$K_1 = \frac{7}{4}, \ \ K_2 = -\frac{3}{4}$$

所以，初值问题的解为

$$y = \frac{7}{4}\mathrm{e}^x - \frac{3}{4}\mathrm{e}^{-3x}$$

例 5.4.3

解微分方程

$$\frac{\mathrm{d}^2 y}{\mathrm{d}x^2} - r_0^2 y = 0 \quad \text{其中，} r_0 \text{ 为实常数}$$

解：原方程的特征方程为

$$r^2 - r_0^2 = 0$$

所以，特征根为

$$r_1 = r_0, \ \ r_2 = -r_0$$

原方程的通解为

$$y = K_1\mathrm{e}^{r_0 x} + K_2\mathrm{e}^{-r_0 x}$$

（2）当 $b^2 - 4ac = 0$ 时，特征方程有两个相等的实数根 $r_1 = r_2 = r = -b/(2a)$。此时可得方程的两个线性无关的解为

$$y_1 = \mathrm{e}^{rx}, \ \ y_2 = x\mathrm{e}^{rx}$$

原方程的通解为

$$y = (K_1 + K_2 x)\mathrm{e}^{rx}$$

其中，K_1 和 K_2 为任意常数。

例 5.4.4

解微分方程

$$\frac{\mathrm{d}^2 y}{\mathrm{d}x^2} + 4\frac{\mathrm{d}y}{\mathrm{d}x} + 4y = 0$$

解：原方程的特征方程为

$$r^2 + 4r + 4 = (r + 2)^2 = 0$$

所以

$$r_1 = r_2 = -2$$

于是，原方程的通解为

$$y = (K_1 + K_2 x)\mathrm{e}^{-2x}$$

（3）当 $b^2 - 4ac < 0$ 时，特征方程有两个共轭复数根。这时

$$r_1 = -\frac{b}{2a} + \mathrm{j}\frac{\sqrt{4ac - b^2}}{2a} = \alpha + \mathrm{j}\beta$$

$$r_2 = -\frac{b}{2a} - \mathrm{j}\frac{\sqrt{4ac - b^2}}{2a} = \alpha - \mathrm{j}\beta$$

其中，$\alpha = -\dfrac{b}{2a}$，$\beta = \dfrac{\sqrt{4ac - b^2}}{2a}$。

由此，方程的通解为

$$
\begin{aligned}
y &= K_1 \mathrm{e}^{(\alpha + \mathrm{j}\beta)x} + K_2 \mathrm{e}^{(\alpha - \mathrm{j}\beta)x} = \mathrm{e}^{\alpha x}(K_1 \mathrm{e}^{\mathrm{j}\beta x} + K_2 \mathrm{e}^{-\mathrm{j}\beta x}) \\
&= \mathrm{e}^{\alpha x}\left[K_1(\cos\beta x + \mathrm{j}\sin\beta x) + K_2(\cos\beta x - \mathrm{j}\sin\beta x)\right] \\
&= \mathrm{e}^{\alpha x}\left[(K_1 + K_2)\cos\beta x + \mathrm{j}(K_1 - K_2)\sin\beta x\right] \\
&= \mathrm{e}^{\alpha x}(C_1 \cos\beta x + C_2 \sin\beta x)
\end{aligned}
$$

其中，$C_1 = K_1 + K_2$，$C_2 = \mathrm{j}(K_1 - K_2)$。

于是，方程的通解可表示为

$$y = \mathrm{e}^{\alpha x}(K_1 \cos\beta x + K_2 \sin\beta x)$$

例 5.4.5

解微分方程

$$\frac{\mathrm{d}^2 y}{\mathrm{d}x^2} + 2\frac{\mathrm{d}y}{\mathrm{d}x} + 6y = 0$$

解：原方程的特征方程为

$$r^2 + 2r + 6 = 0$$

其特征根为

$$r_1 = -1 + \mathrm{j}\sqrt{5}, \ r_2 = -1 - \mathrm{j}\sqrt{5}$$

此时，$\alpha = -1$，$\beta = \sqrt{5}$，所以，原方程的通解为

$$y = \mathrm{e}^{-x}(K_1 \cos\sqrt{5}x + K_2 \sin\sqrt{5}x)$$

一般地，求二阶常系数齐次线性微分方程通解的步骤如下：

（1）写出对应的特征方程：$ar^2 + br + c = 0$；

（2）求出特征根 r_1 和 r_2；

（3）根据特征根的三种不同情况，写出对应的通解（见表 5.4.1）。

表 5.4.1

特征方程 $ar^2 + br + c = 0$ 的根 r_1 和 r_2	微分方程 $ay'' + by' + cy = 0$ 的通解
两个不相等实根，$r_1 \neq r_2$	$y = K_1 \mathrm{e}^{r_1 x} + K_2 \mathrm{e}^{r_2 x}$
两个相等实根，$r_1 = r_2 = r$	$y = (K_1 + K_2 x)\mathrm{e}^{r x}$
一对共轭复数根，$r_1 = \alpha + \mathrm{j}\beta$，$r_2 = \alpha - \mathrm{j}\beta$	$y = \mathrm{e}^{\alpha x}(K_1 \cos\beta x + K_2 \sin\beta x)$

例 5.4.6

解下列微分方程。

（1）$\dfrac{\mathrm{d}^2 y}{\mathrm{d}x^2} + 2\dfrac{\mathrm{d}y}{\mathrm{d}x} + 2y = 0$　　　　　　　　　　　　　（2）$\dfrac{\mathrm{d}^2 y}{\mathrm{d}x^2} + \omega^2 y = 0$　　　$(\omega > 0)$

解：（1）特征方程为

$$r^2 + 2r + 2 = 0$$

解得

$$r_1 = -1 + \mathrm{j}$$
$$r_2 = -1 - \mathrm{j}$$

于是原方程的通解为

$$y = \mathrm{e}^{-x}(K_1 \cos x + K_2 \sin x)$$

（2）特征方程为

$$r^2 + \omega^2 = 0$$

解得

$$r_1 = \mathrm{j}\omega$$
$$r_2 = -\mathrm{j}\omega$$

因而，原方程的通解为

$$y = K_1 \cos \omega x + K_2 \sin \omega x$$
$$= K\left(\frac{K_1}{K}\cos \omega x + \frac{K_2}{K}\sin \omega x\right)$$
$$= K\sin(\omega x + \varphi)$$

其中，$K = \sqrt{K_1^2 + K_2^2}$，$\varphi = \arctan(K_1 / K_2)$。

例 5.4.7

在如图 5.4.1 所示的 LC 串联电路中，电容 C 充电到其两端电压为 E 后，在 $t = 0$ 时刻，开关 S 闭合，电容放电。试求：（1）电容 C 上的电荷 q；（2）流过电路的电流 i。

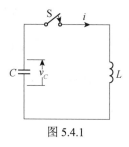

图 5.4.1

解：电路方程为

$$L\frac{\mathrm{d}i}{\mathrm{d}t} + v_c = 0, \quad v_c = \frac{q}{C}$$

即

$$L\frac{\mathrm{d}^2 q}{\mathrm{d}t^2} + \frac{q}{C} = 0$$

所以

$$\frac{\mathrm{d}^2 q}{\mathrm{d}t^2} + \omega^2 q = 0$$

其中，$\omega = \dfrac{1}{\sqrt{LC}}$，为角频率。

方程的通解为

$$q = K_1 \cos\omega t + K_2 \sin\omega t$$

从而

$$i = \frac{\mathrm{d}q}{\mathrm{d}t} = -\omega K_1 \sin\omega t + \omega K_2 \cos\omega t$$

根据题意 $q(0) = CE$，$i(0) = 0$，得

$$K_1 = CE, \quad K_2 = 0$$

所以

（1） $q = CE\cos\omega t = CE\cos\dfrac{t}{\sqrt{LC}}$

（2） $i = -\omega CE\sin\omega t = -\dfrac{E}{\sqrt{L/C}}\sin\dfrac{t}{\sqrt{LC}}$

习题 5.4

1. 求下列微分方程的通解。

（1） $\dfrac{\mathrm{d}^2 y}{\mathrm{d}x^2} - \dfrac{\mathrm{d}y}{\mathrm{d}x} - 6y = 0$

（2） $\dfrac{\mathrm{d}^2 y}{\mathrm{d}x^2} + 3\dfrac{\mathrm{d}y}{\mathrm{d}x} - 10y = 0$

（3） $\dfrac{\mathrm{d}^2 y}{\mathrm{d}x^2} - 4\dfrac{\mathrm{d}y}{\mathrm{d}x} = 0$

（4） $\dfrac{\mathrm{d}^2 y}{\mathrm{d}x^2} + 6\dfrac{\mathrm{d}y}{\mathrm{d}x} + 9y = 0$

（5） $3\dfrac{\mathrm{d}^2 y}{\mathrm{d}x^2} + \dfrac{\mathrm{d}y}{\mathrm{d}x} - 2y = 0$

（6） $\dfrac{\mathrm{d}^2 y}{\mathrm{d}x^2} - 8y = 0$

（7） $\dfrac{\mathrm{d}^2 y}{\mathrm{d}x^2} + \dfrac{\mathrm{d}y}{\mathrm{d}x} + y = 0$

（8） $\dfrac{\mathrm{d}^2 y}{\mathrm{d}x^2} + 4y = 0$

2. 求下列微分方程在给定条件下的特解。

（1） $\begin{cases} \dfrac{\mathrm{d}^2 y}{\mathrm{d}x^2} - 5\dfrac{\mathrm{d}y}{\mathrm{d}x} + 6y = 0 \\ y(0) = \dfrac{1}{2}, \ y'(0) = 1 \end{cases}$

（2） $\begin{cases} \dfrac{\mathrm{d}^2 y}{\mathrm{d}x^2} + \dfrac{\mathrm{d}y}{\mathrm{d}x} - 2y = 0 \\ y(0) = 3, \ y'(0) = 0 \end{cases}$

（3）$\begin{cases} \dfrac{\mathrm{d}^2 y}{\mathrm{d}x^2} - 6\dfrac{\mathrm{d}y}{\mathrm{d}x} + 9y = 0 \\ y(0) = 0, \ y'(0) = 2 \end{cases}$ 　　　　（4）$\begin{cases} \dfrac{\mathrm{d}^2 y}{\mathrm{d}x^2} + 3\dfrac{\mathrm{d}y}{\mathrm{d}x} + 2y = 0 \\ y(0) = 1, \ y'(0) = 1 \end{cases}$

3. 如图 5.4.2 所示，当 $t = 0$ 时闭合开关 S_1；当 $t = t_1$ 时闭合开关 S_2。试求此时流过电路的电流。

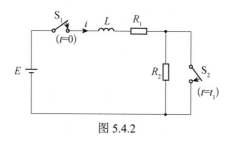

图 5.4.2

5.5　二阶常系数非齐次线性微分方程

前面已经讨论了常系数齐次线性微分方程的解法。然而，在电路分析中，我们经常需要求解二阶非齐次线性微分方程。当非齐次项 $q(x) \neq 0$ 时，下列方程

$$a\frac{\mathrm{d}y}{\mathrm{d}x} + by = q(x) \tag{5.5.1}$$

$$a\frac{\mathrm{d}^2 y}{\mathrm{d}x^2} + b\frac{\mathrm{d}y}{\mathrm{d}x} + cy = q(x) \tag{5.5.2}$$

被称为常系数非齐次线性微分方程。式（5.5.1）的解法在学习一阶线性微分方程时讨论过。下面主要讨论式（5.5.2）的解法。

定理 5.5.1

如果非齐次线性微分方程，即式（5.5.2）一个特解为 y^*，而它所对应的齐次线性方程的通解为 y_h，那么非齐次线性微分方程，即式（5.5.2）的通解为

$$y = y^* + y_h$$

此定理的证明从略。

这个定理告诉我们，非齐次线性微分方程的通解等于它的一个特解，加上它所对应的齐次线性微分方程的通解。

例 5.5.1

求微分方程

$$\frac{\mathrm{d}^2 y}{\mathrm{d}x^2} - 4y = x$$

的通解。

解：原方程对应的齐次方程为

$$\frac{\mathrm{d}^2 y}{\mathrm{d}x^2} - 4y = 0$$

容易得其通解为

$$y_h = K_1 \mathrm{e}^{2x} + K_2 \mathrm{e}^{-2x} \qquad K_1,\ K_2\ \text{为任意常数}$$

通过观察可得，原方程的一个特解为

$$y^* = -\frac{1}{4}x$$

所以，原方程的通解为

$$y = y^* + y_h = -\frac{1}{4}x + K_1 \mathrm{e}^{2x} + K_2 \mathrm{e}^{-2x}$$

通过前面的学习，我们已经能够求出二阶齐次线性微分方程的通解。下面主要介绍如何求出二阶非齐次线性方程的一个特解 y^*。很显然，特解 y^* 的形式与方程中的非齐次项 $q(x)$ 的特征有关。

例 5.5.2

求微分方程

$$\frac{\mathrm{d}^2 y}{\mathrm{d}x^2} - 4y = 8x^2 - 2x$$

的一个特解。

解：原方程非齐次项 $q(x) = 8x^2 - 2x$ 是多项式形式，由于多项式的导数仍是多项式，所以可猜测原方程的特解应该为一个多项式，而且不会含有高于 x^2 的项。于是，可以设特解为

$$y^* = ax^2 + bx + c$$

然后，得出

$$(y^*)' = 2ax + b，\quad (y^*)'' = 2a$$

将其代入原方程，得

$$2a - 4ax^2 + bx + c = 8x^2 - 2x$$

对比系数，得

$$-4a = 8$$
$$-4b = -2$$
$$2a - 4c = 0$$

解得

$$a = -2,\ b = \frac{1}{2},\ c = -1$$

因此，原方程的一个特解为

$$y^* = -2x^2 + \frac{1}{2}x - 1$$

将它代入原方程，容易验证，它是非齐次线性微分方程的一个特解。

例 5.5.3

求微分方程

$$\frac{\mathrm{d}^2 y}{\mathrm{d}x^2} + 2\frac{\mathrm{d}y}{\mathrm{d}x} - 3y = 4\mathrm{e}^{2x}$$

的一个特解。

解：原方程的非齐次项 $q(x) = 4\mathrm{e}^{2x}$ 是指数形式，由于 e^{2x} 的导数是 e^{2x} 的倍数，所以可猜测原方程的特解为 $y^* = K\mathrm{e}^{2x}$。将其代入原方程，容易得

$$K = \frac{4}{5}$$

因此，原方程的一个特解为

$$y^* = \frac{4}{5}\mathrm{e}^{2x}$$

将它代入原方程，容易验证，它是非次齐线性微分方程的一个特解。

例 5.5.4

求微分方程

$$\frac{\mathrm{d}^2 y}{\mathrm{d}x^2} - 3\frac{\mathrm{d}y}{\mathrm{d}x} + 7y = x - \cos 2x$$

的一个特解。

解：原方程的非齐次项为 $q(x) = x - \cos 2x$，含有多项式和三角函数。所以，可猜测原方程的特解为 $y^* = ax + b + h\cos 2x + k\sin 2x$ 的形式。将其代入原方程，得

$$a = \frac{1}{7},\ b = \frac{3}{49},\ h = -\frac{1}{15},\ k = \frac{2}{15}$$

因此，原方程的一个特解为

$$y^* = \frac{1}{7}x + \frac{3}{49} - \frac{1}{15}\cos 2x + \frac{2}{15}\sin 2x$$

注意，虽然非齐次项 $q(x)$ 中没有常数项和含 $\sin 2x$ 的项，但在猜测原方程的特解形式时，必须将这些项都考虑进去。

一般地，可以将非齐次线性微分方程特解的特征归纳如下。

（1）若 $q(x) = P_n(x)$，其中，$P_n(x)$ 是已知的 n 次多项式。此时可设特解为

$$y^* = x^k Q_n(x)$$

其中，$Q_n(x)$ 是系数待定的 n 次多项式。k 的取值如下：

当 $r = 0$ 不是特征方程的特征根时，$k = 0$；

当 $r = 0$ 是特征方程的单根时，$k = 1$；

当 $r = 0$ 是特征方程的二重根时，$k = 2$。

（2）若 $q(x) = P_n(x)\mathrm{e}^{ax}$，其中，$a$ 是已知常数，$P_n(x)$ 是已知的 n 次多项式。此时可设特解为

$$y^* = x^k Q_n(x)\mathrm{e}^{ax}$$

其中，$Q_n(x)$ 是系数待定的 n 次多项式。k 的取值如下：

当 $r = a$ 不是特征方程的特征根时，$k = 0$；

当 $r = a$ 是特征方程的单根时，$k = 1$；

当 $r = a$ 是特征方程的二重根时，$k = 2$。

（3）若 $q(x) = A\cos\omega x + B\sin\omega x$，其中，$A$、$B$、$\omega$ 是已知常数。此时可设特解为

$$y^* = x^k(a\cos\omega x + b\sin\omega x)$$

其中，a、b 是待定常数。k 的取值如下：

当 $r = \pm\mathrm{j}\omega$ 不是特征方程的特征根时，$k = 0$；

当 $r = \pm\mathrm{j}\omega$ 是特征方程的特征根时，$k = 1$。

例 5.5.5

求微分方程

$$9\frac{\mathrm{d}^2 y}{\mathrm{d}x^2} + 6\frac{\mathrm{d}y}{\mathrm{d}x} + y = 7x\mathrm{e}^{2x}$$

的一个特解。

解：特征方程为

$$9r^2 + 6r + 1 = 0$$

其特征根为

$$r_1 = r_2 = -\frac{1}{3}$$

故可设特解为

$$y^* = x^0 ax + b\mathrm{e}^{2x}$$

则

$$(y^*)' = a + 2ax + 2b\mathrm{e}^{2x}$$
$$(y^*)'' = 4(a + b + ax)\mathrm{e}^{2x}$$

代入原方程，得

$$49a = 7$$
$$42a + 49b = 0$$

从而

$$a = \frac{1}{7}, \quad b = -\frac{6}{49}$$

所以，原方程的一个特解为

$$y^* = \frac{1}{7}x - \frac{6}{49}e^{2x}$$

例 5.5.6

求微分方程

$$\frac{\mathrm{d}^2 y}{\mathrm{d}x^2} + 3\frac{\mathrm{d}y}{\mathrm{d}x} + 2y = 20\cos 2x$$

的一个特解。

解：特征方程为

$$r^2 + 3r + 2 = 0$$

其特征根为

$$r_1 = 1, \quad r_2 = 2$$

故可设特解为

$$y^* = x^0(a\cos 2x + b\sin 2x)$$

将 y^*、$(y^*)'$、$(y^*)''$ 代入原方程，整理并对比系数得

$$-2a + 6b = 20$$

$$-6a - 2b = 0$$

从而

$$a = -1, \quad b = 3$$

所以，原方程的一个特解为

$$y^* = -\cos 2x + 3\sin 2x$$

例 5.5.7

求微分方程

$$\frac{\mathrm{d}^2 y}{\mathrm{d}x^2} + y = 4\sin x$$

的一个特解。

解：特征方程为

$$r^2 + 1 = 0$$

其特征根为

$$r_1 = \mathrm{j}, \quad r_2 = -\mathrm{j}$$

故设特解为

$$y^* = x^1(a\cos x + b\sin x)$$

将 y^*、$(y^*)'$、$(y^*)''$ 代入原方程，整理并对比系数得

$$-2a = 4$$

$$b = 0$$

从而

$$a = -2, \quad b = 0$$

所以，原方程的一个特解为

$$y^* = -2x\cos 2x$$

例 5.5.8

在如图 5.5.1 所示的电路中，当 $t = 0$ 时施加直流电压 E，试求通过电路的电流 i。这里 $i\big|_{t=0} = 0, q\big|_{t=0} = 0$。

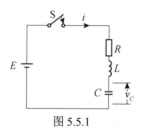

图 5.5.1

解：当 $t > 0$，电路方程为

$$L\frac{\mathrm{d}i}{\mathrm{d}t} + Ri + v_C = E$$

由于 $i = \dfrac{\mathrm{d}q}{\mathrm{d}t}, \dfrac{\mathrm{d}i}{\mathrm{d}t} = \dfrac{\mathrm{d}^2 q}{\mathrm{d}t^2}, v_C = \dfrac{q}{C}$，所以

$$L\frac{\mathrm{d}^2 q}{\mathrm{d}t^2} + R\frac{\mathrm{d}q}{\mathrm{d}t} + \frac{q}{C} = E \tag{5.5.3}$$

容易知道，此方程的一个特解 q_1 为

$$q_1 = CE$$

式（5.5.3）所对应的齐次线性微分方程的特征方程为

$$Lr^2 + Rr + 1/C = 0$$

所以

$$r_1 = -\frac{R}{2L} + \frac{\sqrt{R^2 - 4L/C}}{2L} = -\alpha + \beta$$

$$r_2 = -\frac{R}{2L} - \frac{\sqrt{R^2 - 4L/C}}{2L} = -\alpha - \beta$$

其中，$\alpha = \dfrac{R}{2L}, \quad \beta = \dfrac{\sqrt{R^2 - 4L/C}}{2L}$。

（1）当 $R^2 - 4L/C > 0$ 时，得

$$r_1 = -\alpha + \beta, \quad r_2 = -\alpha - \beta$$

式（5.5.3）对应的齐次线性微分方程的通解 q_2 为

$$q_2 = K_1 e^{r_1 t} + K_2 e^{r_2 t}$$

所以，式（5.5.3）的通解为

$$q = CE + K_1 e^{r_1 t} + K_2 e^{r_2 t}$$

于是

$$i = \frac{\mathrm{d}q}{\mathrm{d}t} = K_1 r_1 e^{r_1 t} + K_2 r_2 e^{r_2 t}$$

由初始条件 $q\big|_{t=0} = 0$，$i\big|_{t=0} = 0$ 得

$$CE + K_1 + K_2 = 0$$

$$K_1 r_1 + K_2 r_2 = 0$$

从而

$$K_1 = \frac{r_2 CE}{r_1 - r_2}$$

$$K_2 = -\frac{r_1 CE}{r_1 - r_2}$$

所以

$$i = \frac{r_2 CE}{r_1 - r_2} r_1 e^{r_1 t} - \frac{r_1 CE}{r_1 - r_2} r_2 e^{r_2 t} = \frac{r_1 r_2 CE}{r_1 - r_2} (e^{r_1 t} - e^{r_2 t}) \qquad (5.5.4)$$

由一元二次方程根与系数的关系，得

$$r_1 r_2 = 1 / LC$$

$$r_1 - r_2 = 2\beta$$

所以，式（5.5.4）变为

$$i(t) = \frac{\dfrac{1}{LC} \cdot CE}{2\beta} \left[e^{(-\alpha + \beta)t} - e^{(-\alpha - \beta)t} \right]$$

$$= \frac{E}{2\beta L} \left[e^{(-\alpha + \beta)t} - e^{(-\alpha - \beta)t} \right]$$

$$= \frac{E}{\beta L} \cdot e^{-\alpha t} \cdot \frac{e^{\beta t} - e^{-\beta t}}{2}$$

（2）当 $R^2 - 4L / C = 0$ 时，得

$$r_1 = r_2 = -\alpha$$

对应的齐次线性微分方程的通解 q_2 为

$$q_2 = K_1 e^{r_1 t} + K_2 t e^{r_1 t}$$

所以，式（5.5.3）的通解为

$$q = CE + K_1 e^{r_1 t} + K_2 t e^{r_1 t}$$

于是

$$i(t) = \frac{\mathrm{d}q}{\mathrm{d}t} = K_1 r_1 e^{r_1 t} + K_2 e^{r_1 t} + K_2 r_1 t e^{r_1 t}$$

由初始条件 $q|_{t=0}=0$，$i|_{t=0}=0$ 得

$$CE+K_1=0, \quad K_1 r_1 + K_2 = 0$$

从而

$$K_1 = -CE$$

$$K_2 = CEr_1$$

所以

$$i(t) = CE \cdot r_1^2 \cdot t\mathrm{e}^{r_1 t}$$

由一元二次方程根与系数的关系，得

$$r_1^2 = \frac{1}{LC}$$

所以

$$i(t) = CE \cdot \frac{1}{LC} \cdot t\mathrm{e}^{r_1 t} = \frac{E}{L} t\mathrm{e}^{-\alpha t}$$

（3）当 $R^2 - 4L/C < 0$ 时，得

$$r_1 = -\alpha + \beta, \quad r_2 = -\alpha - \beta$$

其中，$\beta = \mathrm{j}\dfrac{\sqrt{4L/C - R^2}}{2L} = \mathrm{j}\omega$。类似于第（1）种情形，有

$$i = \frac{E}{\omega L} \cdot \mathrm{e}^{-\alpha t} \cdot \frac{\mathrm{e}^{\mathrm{j}\omega t} - \mathrm{e}^{-\mathrm{j}\omega t}}{2\mathrm{j}}$$

$$= \frac{E}{\omega L} \cdot \mathrm{e}^{-\alpha t} \cdot \sin\omega t$$

如果 $R=0$，则 $\alpha = R/2L = 0$，$\omega = 1/\sqrt{LC}$，上式就变为

$$i = \frac{E}{\omega L}\sin\omega t = \frac{E}{\sqrt{L/C}}\sin\frac{1}{\sqrt{LC}}t$$

其中，$\dfrac{\mathrm{e}^{\mathrm{j}\omega t} - \mathrm{e}^{-\mathrm{j}\omega t}}{2\mathrm{j}} = \sin\omega t$（可参见 2.4 节中讲述的复数与三角函数的关系）。

例 5.5.9

在如图 5.5.2 所示的电路中，已知 $R = 200\Omega$，$L = 50\mathrm{mH}$，$C = 0.2\mu\mathrm{F}$，求电路中电压响应的特征方程的根。

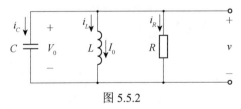

图 5.5.2

解：对于图 5.5.2 所示电路来说，存储在电感、电容中的能量释放时，将在并联支路上产生电压 v。为了求解并联电路中的电压固有响应，先要写出关于电压 v 的微分方

程。如图 5.5.2 所示，用电容上的初始电压 V_0 表示存储在电容上的初始能量，用流过电感的初始电流 I_0 表示存储于电感上的初始能量。要想得到各支路上的电流，就必须求得各支路上的电压。

由于流出节点的电流和为 0，所以电压的微分方程为

$$\frac{V}{R} + \frac{1}{L}\int_0^t V\mathrm{d}t + I_0 + C\frac{\mathrm{d}V}{\mathrm{d}t} = 0 \qquad (5.5.5)$$

对上式求关于 t 的一阶导数，由于 I_0 是常数，所以

$$\frac{1}{R}\frac{\mathrm{d}V}{\mathrm{d}t} + \frac{V}{L} + C\frac{\mathrm{d}^2V}{\mathrm{d}t^2} = 0$$

整理得

$$\frac{\mathrm{d}^2V}{\mathrm{d}t^2} + \frac{1}{RC}\frac{\mathrm{d}V}{\mathrm{d}t} + \frac{V}{LC} = 0 \qquad (5.5.6)$$

式（5.5.6）的特征方程为

$$s^2 + \frac{s}{RC} + \frac{1}{LC} = 0$$

其两个特征根分别为

$$s_1 = -\frac{1}{2RC} + \sqrt{\left(\frac{1}{2RC}\right)^2 - \frac{1}{LC}} = -\alpha + \sqrt{\alpha^2 - \omega^2}$$

$$s_2 = -\frac{1}{2RC} + \sqrt{\left(\frac{1}{2RC}\right)^2 - \frac{1}{LC}} = -\alpha - \sqrt{\alpha^2 - \omega^2}$$

其中，$\alpha = \dfrac{1}{2RC}$，$\omega = \sqrt{\dfrac{1}{LC}}$。

于是，式（5.5.6）的通解为

$$V = V_1 + V_2 = A_1\mathrm{e}^{s_1 t} + A_2\mathrm{e}^{s_2 t}$$

当 $R = 200\Omega$，$L = 50\mathrm{mH}$，$C = 0.2\mu\mathrm{F}$ 时

$$\alpha = \frac{1}{2RC} = \frac{10^6}{2(200)\times(0.2)} = 1.25\times10^4$$

$$\omega^2 = \frac{1}{LC} = \frac{(10^3)\times(10^6)}{(50)\times(0.2)} = 10^8$$

则有

$$s_1 = -1.25\times10^4 + \sqrt{1.5625\times10^8 - 10^8}$$
$$= -12500 + 7500 = -5000$$
$$s_2 = -1.25\times10^4 - \sqrt{1.5625\times10^8 - 10^8} \qquad (5.5.7)$$
$$= -12500 - 7500 = -20000$$

例 5.5.10

在如图 5.5.2 所示的电路中，已知 $R = 200\Omega$，$L = 50\mathrm{mH}$，$C = 0.2\mu\mathrm{F}$，且 $v(0^+) = 12\,\mathrm{V}$，

$i_L(0^+) = 30\,\text{mA}$。求解下列问题：（1）各条支路上的初始电流；（2） $\mathrm{d}v/\mathrm{d}t$ 的初始值；（3） $v(t)$ 的表达式。

解：（1）因为电感上的电流不能突变，所以电感上的初始电流为 30mA，即

$$i_L(0^-) = i_L(0) = i_L(0^+) = 30\text{mA}$$

电容使并联元件两端的电压为 12V，因此电阻支路上的电流为

$$i_R(0^+) = \frac{12}{200} = 60\text{mA}$$

根据基尔霍夫电流定律，每一瞬间流出节点的电流之和为 0，因此电容支路上的电流为

$$i_C(0^+) = -i_L(0^+) - i_R(0^+) = -90\text{mA}$$

假设电感电流和电容电压在能量释放的瞬间就达到直流稳态值，则 $i_c(0^-) = 0$，也就是说，电容支路上的电流在 $t = 0$ 时有一个瞬间突变。

（2）由于 $i_C = C(\mathrm{d}v/\mathrm{d}t)$，所以

$$\frac{\mathrm{d}v(0^+)}{\mathrm{d}t} = \frac{i_C}{C} = \frac{-90 \times 10^{-3}}{0.2 \times 10^{-6}} = -450$$

（3）特征方程的根 s_1 和 s_2 由 R、L 和 C 确定，由式（5.5.7）可得

$$s_1 = -1.25 \times 10^4 + \sqrt{1.5625 \times 10^8 - 10^8}$$
$$= -12500 + 7500 = 5000$$
$$s_2 = -1.25 \times 10^4 - \sqrt{1.5625 \times 10^8 - 10^8}$$
$$= -12500 - 7500 = -20000$$

所以电压响应为

$$v = A_1 \mathrm{e}^{s_1 t} + A_2 \mathrm{e}^{s_2 t} \tag{5.5.8}$$

根据 $v(0^+)$ 和 $\mathrm{d}v(0^+)/\mathrm{d}t$ 的值，可得

$$12 = A_1 + A_2$$
$$-450 \times 10^3 = -5000 A_1 - 20000 A_2$$

解得

$$A_1 = -14，\quad A_2 = 26$$

将这两个值代入式（5.5.8）中，得电压响应为

$$v(t) = (-14\mathrm{e}^{-5000t} + 26\mathrm{e}^{-20000t})\text{V}，\quad t \geqslant 0$$

例 5.5.11

接续例 5.5.10，计算各支路中电流的固有响应，即求能量释放过程中各支路上的电流 i_R、i_L、i_C 的表达式。

解：由例 5.5.10 可知，3 条支路上的电压均为

$$v(t) = (-14\mathrm{e}^{-5000t} + 26\mathrm{e}^{-20000t})\text{V}，\quad t \geqslant 0$$

电阻支路上的电流为

$$i_R(t) = \frac{v(t)}{200} = (-70\mathrm{e}^{-5000t} + 130\mathrm{e}^{-20000t})\mathrm{mA}, \quad t \geq 0$$

求电感支路上的电流有两种方法。第一种方法是利用电感两端的电压与电流间的积分关系

$$i_L(t) = \frac{1}{L} \int_0^t V_L(x)\mathrm{d}x + I_0$$

第二种方法是先求电容支路上的电流，再利用基尔霍夫电流定律：$i_R + i_L + i_C = 0$。这里采用后一种方法。电容支路上的电流为

$$i_C(t) = C\frac{\mathrm{d}V}{\mathrm{d}t}$$
$$= 0.2 \times 10^{-6} \times (70000\mathrm{e}^{-5000t} - 520000\mathrm{e}^{-20000t})$$
$$= (14\mathrm{e}^{-5000t} - 104\mathrm{e}^{-20000t})\mathrm{mA}, \quad t \geq 0$$

由 $i_C(0^+) = -90\mathrm{mA}$ 知，符合上例中的结果。

电感支路上的电流为

$$i_L(t) = -i_R(t) - i_C(t)$$
$$= (56\mathrm{e}^{-5000t} - 26\mathrm{e}^{-20000t})\mathrm{mA}, \quad t \geq 0$$

习题 5.5

1. 解下列微分方程。

（1）$\dfrac{\mathrm{d}^2 y}{\mathrm{d}x^2} - 2\dfrac{\mathrm{d}y}{\mathrm{d}x} - 3y = 2x + 1$ 　　　　（2）$\dfrac{\mathrm{d}^2 y}{\mathrm{d}x^2} + 2\dfrac{\mathrm{d}y}{\mathrm{d}x} - 3y = \mathrm{e}^{2x}$

（3）$\dfrac{\mathrm{d}^2 y}{\mathrm{d}x^2} - \dfrac{\mathrm{d}y}{\mathrm{d}x} - 2y = \mathrm{e}^{2x}$ 　　　　　（4）$\dfrac{\mathrm{d}^2 y}{\mathrm{d}x^2} + 4y = 8\sin 2x$

（5）$\dfrac{\mathrm{d}^2 y}{\mathrm{d}x^2} + \dfrac{1}{2}\dfrac{\mathrm{d}y}{\mathrm{d}x} - \dfrac{1}{2}y = x\mathrm{e}^{-x}$ 　　（6）$\dfrac{\mathrm{d}^2 y}{\mathrm{d}x^2} + 2\dfrac{\mathrm{d}y}{\mathrm{d}x} + y = 4x\mathrm{e}^{-x}$

（7）$\dfrac{\mathrm{d}^2 y}{\mathrm{d}x^2} + 4y = x\cos x$ 　　　　　（8）$\dfrac{\mathrm{d}^2 y}{\mathrm{d}x^2} - 2\dfrac{\mathrm{d}y}{\mathrm{d}x} + 5y = \cos 2x$

2. 求下列微分方程的特解。

（1）$\begin{cases} \dfrac{\mathrm{d}^2 y}{\mathrm{d}x^2} - 5\dfrac{\mathrm{d}y}{\mathrm{d}x} + 6y = 2\mathrm{e}^x \\ y(0) = 1, \ y'(0) = 1 \end{cases}$ 　　（2）$\begin{cases} \dfrac{\mathrm{d}^2 y}{\mathrm{d}x^2} + 4y = \sin x\cos x \\ y(0) = 0, \ y'(0) = 0 \end{cases}$

3. 在如图 5.5.2 所示的电路中，已知 $R = 100\Omega$，$L = 20\mathrm{mH}$。（1）如果 $C = 500\mathrm{nF}$，求描述电路中电压响应的特征方程的根；（2）假如角频率为 20000 rad/s，求此时的电容值及电路中电压响应的特征方程的根。

4. 在如图 5.5.2 所示的电路中，已知 $R = 2\mathrm{k}\Omega$，$L = 250\mathrm{mH}$，$C = 10\mathrm{nF}$，电感上的初始电流 $I_0 = -4\,\mathrm{A}$，电容上的初始电压为 0V，电路中的电压为 v，(1)求 $i_R(0^+)$；(2)求 $i_C(0^+)$；（3）求 $\mathrm{d}v(0^+)/\mathrm{d}t$；（4）当 $t \geq 0$ 时，求 $v(t)$。

5. 在如图 5.5.2 所示的电路中，已知 $C = 0.05\mu\mathrm{F}$，电容上的初始电压为 15V，电感上的初始电流为 0。$t \geqslant 0$ 时的电压响应为：

$$v(t) = -5\mathrm{e}^{-5000t} + 20\mathrm{e}^{-20000t}\,\mathrm{V}$$

（1）求 R、L、α、ω_0；（2）当 $t \geqslant 0^+$ 时，求 $i_R(t)$、$i_L(t)$、$i_C(t)$。

6. 在如图 5.5.2 所示的电路中，当电容为 50 nF 时，

$$v(t) = 125\mathrm{e}^{-4000t}(\cos 3000t - 2\sin 3000t)\mathrm{V}, \qquad t \geqslant 0$$

求 L、R、V_0、I_0、$i_L(t)$。

7. 在如图 5.5.2 所示的电路中，电压响应为：

$$v(t) = D_1 t\mathrm{e}^{-4000t} + D_2\mathrm{e}^{-4000t}, \quad t \geqslant 0$$

若电感上的初始电流为 5mA，电容上的初始电压为 25V，电感为 5H。（1）求 R、C、D_1、D_2 的值；（2）当 $t \geqslant 0^+$ 时，求 $i_C(t)$。

5.6　交流电路的稳态响应

本节讨论正弦电压源（或电流源）所产生的阶跃响应。

（1）只有电感 L 的电路

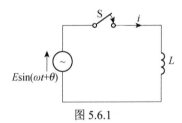

图 5.6.1

在如图 5.6.1 所示的只有电感 L 的电路中，当 $t = 0$ 时闭合开关 S，在电感 L 上施加交流电压 $E\sin(\omega t + \theta)$，此时的电路方程为

$$L\frac{\mathrm{d}i}{\mathrm{d}t} = E\sin(\omega t + \theta)$$

从而

$$\int L\mathrm{d}i = \int E\sin(\omega t + \theta)\mathrm{d}t$$

可以得到电流的一个特解 i_1 为

$$i_1(t) = \frac{-E}{\omega L}\cos(\omega t + \theta) = I\sin\left(\omega t + \theta - \frac{\pi}{2}\right)$$

其中，$X_L = \omega L, I = \dfrac{E}{X_L}$。

类似地，若在电感 L 上施加交流电压 $E\cos(\omega t + \theta)$ 时，可以得到电流的一个特解 i_2 为

$$i_2(t) = I \cos\left(\omega t + \theta - \frac{\pi}{2}\right)$$

进一步地，如果用复数交流电压 $Ee^{j(\omega t+\theta)}$ 代替上述的交流电压，此时的电路方程为

$$L \frac{\mathrm{d}i}{\mathrm{d}t} = \dot{E}e^{j\omega t}$$

其中，$\dot{E} = Ee^{j\theta}$。

从而

$$\int L \mathrm{d}i = \int \dot{E}e^{j\omega t} \mathrm{d}t$$

容易得到特解 $i(t)$ 为

$$L \cdot i(t) = \frac{\dot{E}}{j\omega} e^{j\omega t}$$

$$i(t) = \frac{\dot{E}}{j\omega L} \cdot e^{j\omega t} = \dot{I}e^{j\omega t}$$

其中，$\dot{I} = \dfrac{\dot{E}}{j\omega L} = \dfrac{\dot{E}}{jX_L} = \dfrac{E}{X_L} \cdot e^{j\theta} \cdot (-j) = Ie^{j[\theta-(\pi/2)]}$，$I = \dfrac{E}{X_L}$，$X_L = \omega L$。

所以

$$i(t) = \dot{I}e^{j\omega t} = Ie^{j[\theta-(\pi/2)]}e^{j\omega t} = Ie^{j[\omega t+\theta-(\pi/2)]}$$

于是

$$i_1(t) = \mathrm{Im}[i(t)] = I \sin\left(\omega t + \theta - \frac{\pi}{2}\right)$$

$$i_2(t) = \mathrm{Re}[i(t)] = I \cos\left(\omega t + \theta - \frac{\pi}{2}\right)$$

可见，复数交流电压的响应包含了前面的两种情形。

（2）只有电容 C 的电路

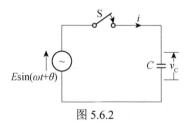

图 5.6.2

在如图 5.6.2 所示的只有电容 C 的电路中，当 $t = 0$ 时闭合开关 S，施加交流电压 $V_C = Ee^{j(\omega t+\theta)}$ 时，则电路中的稳态电流 $i(t)$ 为

$$i(t) = C\frac{\mathrm{d}V_C}{\mathrm{d}t} = C\frac{\mathrm{d}\left[Ee^{j(\omega t+\theta)}\right]}{\mathrm{d}t}$$

$$= C\frac{Ee^{j\theta}\mathrm{d}e^{j\omega t}}{\mathrm{d}t} = C\dot{E}\omega j \cdot e^{j\omega t}$$

其中，$\dot{E} = Ee^{j\theta}$。

记 $\dot{I} = \mathrm{j}\omega C\dot{E}$，则

$$i(t) = \dot{I}\mathrm{e}^{\mathrm{j}\omega t}$$

根据 $\dot{I} = \mathrm{j}\omega C\dot{E}$，得

$$\dot{E} = \frac{\dot{I}}{\mathrm{j}\omega C} = -\mathrm{j}\frac{\dot{I}}{\omega C} = -\mathrm{j}X_C\dot{I}$$

其中，$X_C = \dfrac{1}{\omega C}$。

如果所施加的交流电压分别为 $E\cos(\omega t + \theta)$ 和 $E\sin(\omega t + \theta)$，则对应的稳态电流 i_1 和 i_2 分别为

$$i_1 = I\cos\left(\omega t + \theta + \frac{\pi}{2}\right) = \mathrm{Re}\big[i(t)\big]$$

$$i_2 = I\sin\left(\omega t + \theta + \frac{\pi}{2}\right) = \mathrm{Im}\big[i(t)\big]$$

其中，$I = \dfrac{E}{X_L}$，$X_C = \dfrac{1}{\omega C}$。

例 5.6.1

如图 5.6.3 所示，在 R 与 L 串联的电路中，电路的初始电流为 0，当 $t = 0$ 时施加交流电压 $E\sin(\omega t + \theta)$。（1）求出电路中的电流；（2）画出电流随时间变化的图像。

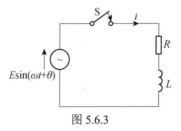

图 5.6.3

解：（1）当 $t > 0$ 时，电路方程为

$$L\frac{\mathrm{d}i}{\mathrm{d}t} + Ri = E\sin(\omega t + \theta) \tag{5.6.1}$$

这是一阶非齐次线性微分方程。其对应的齐次线性微分方程的通解 $i_2(t)$ 为

$$i_2(t) = K\mathrm{e}^{-(R/L)t}$$

下面求这个非齐次线性微分方程的特解。先将其改写为

$$L\frac{\mathrm{d}i}{\mathrm{d}t} + Ri = E\mathrm{e}^{\mathrm{j}(\omega t + \theta)}$$

由式（5.2.5）可求出其特解为

$$i(t) = \mathrm{e}^{-(R/L)t} \int \frac{E}{L} \mathrm{e}^{\mathrm{j}(\omega t + \theta)} \mathrm{e}^{(R/L)t} \mathrm{d}t$$

$$= \frac{E}{L(\mathrm{j}\omega + R/L)} \mathrm{e}^{\mathrm{j}(\omega t + \theta)}$$

$$= \frac{E(-\mathrm{j}\omega + R/L)}{L\left[\omega^2 + (R/L)^2\right]} \mathrm{e}^{\mathrm{j}(\omega t + \theta)}$$

然后取其虚部，得 $i_1(t)$ 为

$$i_1(t) = \frac{E}{L\left[\omega^2 + (R/L)^2\right]}\left[\frac{R}{L}\sin(\omega t + \theta) - \omega\cos(\omega t + \theta)\right]$$

$$= I\sin(\omega t + \theta - \varphi)$$

其中，$I = \dfrac{E}{Z}$，$Z = \sqrt{R^2 + X_L^{\,2}}$，$X_L = \omega L$，$\varphi = \arctan(X_L/R)$。

于是，式（5.6.1）的通解为

$$i(t) = i_1(t) + i_2(t)$$

$$= I\sin(\omega t + \theta - \varphi) + K\mathrm{e}^{-(R/L)t}$$

根据初始条件 $i\big|_{t=0} = 0$，得

$$i\big|_{t=0} = I\sin(\theta - \varphi) + K = 0$$

即

$$K = -I\sin(\theta - \varphi)$$

则

$$i(t) = I\left[\sin(\omega t + \theta - \varphi) - \sin(\theta - \varphi)\mathrm{e}^{-(R/L)t}\right]$$

$$= \frac{E}{\sqrt{R^2 + X_L^{\,2}}}\sin(\omega t + \theta - \varphi) + \frac{-E}{\sqrt{R^2 + X_L^{\,2}}}\sin(\theta - \varphi)\mathrm{e}^{-(R/L)t}$$

上式右边第一个式子称为电流的稳态响应，只要开关 S 保持闭合状态且信号源为正弦电压，这个式子就一直存在；上式右边第二个式子称为电流的暂态响应，随着时间的推移，它将趋近于无穷小。暂态响应和稳态响应合称为全响应。

基于上式，可以得到如下几条关于稳态响应的性质。

第一，稳态响应是一个正弦函数。

第二，稳态响应的频率与信号源频率相同，此性质适用于电阻 R、电感 L、电容 C 的值均为常数的任意线性电路。

第三，稳态响应的最大值通常与信号源的幅值不同。

第四，稳态响应的相位角通常与信号源不同。

因此，求电路的稳态响应实际上是求响应的幅值与相位角，而响应的形状与频率已知。

（2）图 5.6.4（a）和图 5.6.4（b）分别表示当 $\theta - \varphi = 0$ 和 $\theta - \varphi = \dfrac{\pi}{2}$ 时，电流随时间变化的图像。图 5.6.4（a）所示为电流不经过过渡直接到达稳态的变化过程。

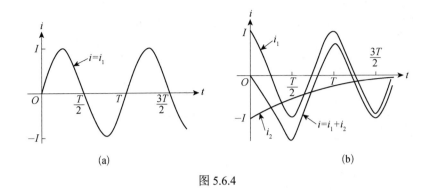

图 5.6.4

此处与前面曾讨论过的直流电压源是类似的。唯一的区别在于，这里的电压源是随时间变化的正弦电压，电压值不是常数。

例 5.6.2

在如图 5.6.5 所示电路中，当 $t=0$ 时施加交流电压 $E\sin(\omega t+\theta)$，（1）求电容 C 的端子电压 v_C；（2）求电路中的电流 i；（3）画出电流随时间变化的图像。

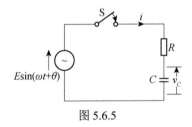

图 5.6.5

解：（1）当 $t>0$ 时，电路方程为

$$R\frac{\mathrm{d}q}{\mathrm{d}t}+\frac{q}{C}=E\sin(\omega t+\theta) \tag{5.6.2}$$

这是一阶非齐次线性微分方程，其特解 $q_1(t)$ 为

$$q_1(t)=\frac{E}{\omega Z}\sin\left(\omega t+\theta-\varphi-\frac{\pi}{2}\right)$$

$$=-\frac{E}{\omega Z}\cos(\omega t+\theta-\varphi)$$

其中，$Z=\sqrt{R^2+X_C{}^2}$，的 $X_C=1/\omega C$，$\varphi=\arctan(-X_C/R)$。

对应的齐次线性微分方程通解 $q_2(t)$ 为

$$q_2(t)=Ke^{-(1/RC)t}$$

所以，式（5.6.2）的通解为

$$q(t)=q_1(t)+q_2(t)$$

$$=-\frac{E}{\omega Z}\cos(\omega t+\theta-\varphi)+Ke^{-(1/RC)t}$$

根据初始条件 $q\big|_{t=0} = 0$，得

$$q\big|_{t=0} = -\frac{E}{\omega Z}\cos(\theta - \varphi) + K = 0$$

所以

$$K = \frac{E}{\omega Z}\cos(\theta - \varphi)$$

故

$$q(t) = \frac{E}{\omega Z}\Big[-\cos(\omega t + \theta - \varphi) + \cos(\theta - \varphi)\mathrm{e}^{-(1/RC)t}\Big]$$

因此

$$v_C = \frac{q}{C} = \frac{E}{\omega ZC}\Big[-\cos(\omega t + \theta - \varphi) + \cos(\theta - \varphi)\mathrm{e}^{-(1/RC)t}\Big]$$

（2）对 $q(t)$ 求导，得

$$\begin{aligned}
i(t) = \frac{\mathrm{d}q}{\mathrm{d}t} &= i_1 + i_2 \\
&= \frac{E}{Z}\sin(\omega t + \theta - \varphi) + \frac{-E}{R}\frac{1}{\omega ZC}\cos(\theta - \varphi)\mathrm{e}^{-(1/RC)t} \\
&= \frac{E}{Z}\sin(\omega t + \theta - \varphi) + \frac{-E}{R}\sin\varphi\cos(\theta - \varphi)\mathrm{e}^{-(1/RC)t}
\end{aligned}$$

注意，上式中 $\sin\varphi = \dfrac{1}{\omega ZC}$。

（3）图 5.6.6 所示为 $\theta = 0$，$\varphi = -\dfrac{\pi}{4}$ 时，电流随时间变化的图像。

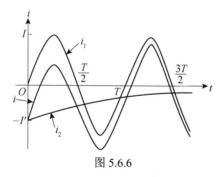

图 5.6.6

习题 5.6

1. 在如图 5.6.7 所示的电路中，当 $t = 0$ 时施加交流电压 $E\sin(\omega t + \theta)$，求流过电路的电流 i。

2. 在 RLC 串联电路中，$R = 25\Omega$，$C = 0.001\mathrm{F}$，$L = 0.3\mathrm{H}$，电压源为 $E = 121.7\sin 42t$，求电路中的电流 i。假设 $i(0) = i'(0) = 0$。

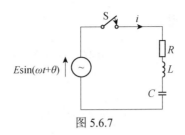

图 5.6.7

3. 在 RLC 串联电路中，$R=72\,\Omega$，$C=0.003\text{F}$，$L=0.2\text{H}$，电压源为 $E=150\sin 25t$，求电路中的电流。假设初始电流和初始电荷均为零。

4. 在由电阻 R 和电容 C 串联而成的电路中，$R=6\,\Omega$，$C=8\text{F}$，电压源为 $E=t\sin\omega t(\text{V})$，求电路中的电流。假设初始电流为 2A。

5. 在 $t=0$ 时，将电压 $E=100\cos\left(400t+\dfrac{\pi}{3}\right)\text{V}$ 加到如图 5.6.3 所示的电路中，若电路的电阻为 $40\,\Omega$，电感为 75mH，假设初始电流为 0。（1）求 $t\geqslant 0$ 时的电流 $i(t)$；（2）求 $i(t)$ 的稳态响应和暂态响应表达式；（3）求 $t=1.875\text{ms}$ 时 $i(t)$ 的值；（4）求稳态响应的幅值、频率（用弧度表示）及相位角；（5）电压与电流的相位相差多少度？

第 6 章　拉普拉斯变换

本章主要介绍拉普拉斯变换及其在电路分析中的应用。

6.1　拉氏变换的定义

定义 6.1.1

设 $f(t)$ 是时间变量 t 的函数，s 是与 t 无关的另一个变量，称

$$L[f(t)] = \int_0^{+\infty} f(t)e^{-st}dt \qquad (6.1.1)$$

为 $f(t)$ 的拉普拉斯变换，简称拉氏变换。符号" $L[f(t)]$ "读作" $f(t)$ 的拉氏变换"。

有时，$f(t)$ 的拉氏变换也记为 $F(s)$，即

$$L[f(t)] = F(s) \qquad (6.1.2)$$

其中，$f(t)$ 被称为原函数，$F(s)$ 被称为象函数。

式（6.1.1）表明，积分运算完成以后，其结果不再含有时间变量 t，而只含有变量 s，因而是 s 的函数。在实际应用中，t 代表时域，而式（6.1.1）式中的常数 e 是无量纲的，所以 s 必须具有时间倒数的量纲，即频率。这就是说，拉氏变换将时域函数 $f(t)$ 转换为频域函数 $F(s)$。利用拉氏变换可以将时域的微积分方程变换为频域的代数方程。处理代数方程可以使未知量的求解过程得到很大简化。

在式（6.1.2）中，如果已知频域函数 $F(s)$，则可通过逆拉氏变换得到相应的时域函数 $f(t)$，即

$$f(t) = L^{-1}[F(s)] \qquad (6.1.3)$$

在此，需要对拉氏变换作出如下说明：

第一，式（6.1.1）是一个无穷限的广义积分，因为积分的上限为无穷大。读者可能会思考这个积分是否存在的问题，或者说 $f(t)$ 是否存在拉氏变换？事实上，在工程分析中，有意义的初等函数都存在拉氏变换。在线性电路分析中，通常都是用存在拉氏变换的电源激励系统，不存在拉氏变换的电源是没有意义的。

第二，拉氏变换不讨论 $t < 0$ 时的情况，或者说，$F(s)$ 仅由 $t \geqslant 0$ 时 $f(t)$ 的特性决定。通常情况下，当 $t < 0$ 时，规定 $f(t) = 0$。因此，图 6.1.1（a）和 6.1.1（b）所示的两个函数虽然不同，但它们的拉氏变换是相等的。

第三，式（6.1.1）通常被称为单边拉氏变换。在双边拉氏变换中，积分下限为 $-\infty$，

本书不讨论双边拉氏变换。

另外，在实际电路中，可能会遇到在原点（$t=0$时）不连续的或者有跳跃的函数。比如，若电路中的开关动作，会使电流或电压产生突变。引入阶跃函数或冲激函数，就可以用数学方法表达这种不连续性。

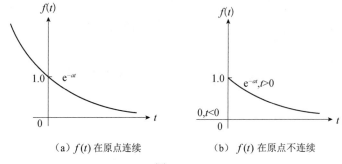

（a）$f(t)$ 在原点连续　　　　　　（b）$f(t)$ 在原点不连续

图 6.1.1

定义 6.1.2

分段函数

$$k \cdot u(t) = \begin{cases} 0 & t < 0 \\ k & t \geqslant 0 \end{cases} \tag{6.1.4}$$

被称为阶跃函数，其图像如图 6.1.2 所示。若 $k=1$，则式（6.1.4）被称为单位阶跃函数。

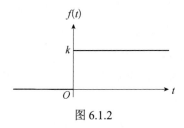

图 6.1.2

当然，阶跃点可能出现在 t 不等于零的其他点。比如，在顺序开关电路中，在 $t=a$ 处出现的阶跃函数可表示为

$$k \cdot u(t-a) = \begin{cases} 0 & t < a \\ k & t \geqslant a \end{cases} \tag{6.1.5}$$

图 6.1.3 描述了式（6.1.5）表示的阶跃函数。当 $t<a$ 时，阶跃函数的值为 0；当 $t \geqslant a$ 时，阶跃函数的值为 k。

如果当 $t \leqslant a$ 时，阶跃函数的值为 k，这时阶跃函数就可表示为

$$k \cdot u(a-t) = \begin{cases} k & t \leqslant a \\ 0 & t > a \end{cases} \tag{6.1.6}$$

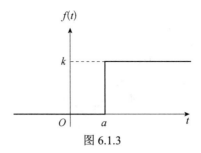

图 6.1.3

图 6.1.4 描述了式（6.1.6）表示的阶跃函数。

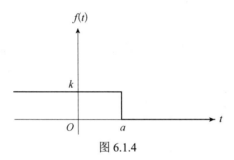

图 6.1.4

利用阶跃函数可以表示在整个正半轴上有定义且连续有界的函数。下面通过例题讲述用阶跃函数表示在规定的时间里打开和关闭线性函数。

例 6.1.1

用阶跃函数表示如图 6.1.5 所示的函数。

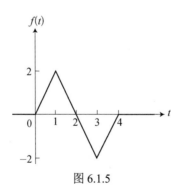

图 6.1.5

解：如图 6.1.5 所示的函数由 0、1、3、4 点分成三条线段，各线段的函数表达式如图 6.1.6 所示。下面用阶跃函数表示在某些适当的点打开和关闭这些函数。

对于 $y = 2t$ 来说，在 $t = 0$ 时打开，在 $t = 1$ 时关闭；

对于 $y = -2t + 4$ 来说，在 $t = 1$ 时打开，在 $t = 3$ 时关闭；

对于 $y = 2t - 8$ 来说，在 $t = 3$ 时打开，在 $t = 4$ 时关闭。

$f(t)$ 的表达式为

$$f(t) = 2t\left[u(t) - u(t-1)\right] + (-2t+4)\left[u(t-1) - u(t-3)\right] + (2t-8)\left[u(t-3) - u(t-4)\right]$$

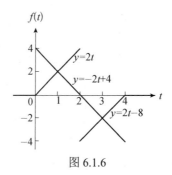

图 6.1.6

定义 6.1.3

如图 6.1.7 所示，某函数在 $0 \leqslant t < t_0$ 时取值为 1，t 在其余范围时取值为 0，该函数被称为方波函数，用 $f(t)$ 表示该函数。

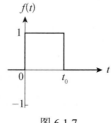

图 6.1.7

很显然，方波函数 $f(t)$ 可以用单位阶跃函数表示，

$$f(t) = u(t) - u(t - t_0)$$

图 6.1.8 表示了具体的计算过程。

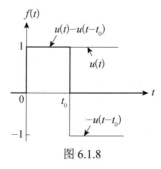

图 6.1.8

在电路分析中，有限宽度的方波可以用两个阶跃函数来表示。比如，函数

$$f(t) = k\left[u(t-1) - u(t-3)\right]$$

表示当 $1 \leqslant t < 3$ 时，函数值为 k，在其他点的函数值为 0。因此，它表示一个高为 k，从 $t = 1$ 处开始，在 $t = 3$ 前结束的有限方波。用阶跃函数定义这个方波时，可以将函数 $u(t-1)$ 看成是在 $t = 1$ 时常数值为 k 的开关闭合，而阶跃函数 $-u(t-3)$ 可以看成是在 $t = 3$ 时常数值为 k 的开关断开。读者可以画出它的图像。

根据方波函数的定义，可以写出如图 6.1.9 所示的宽为 Δt、高为 $1/\Delta t$、面积为 1 的

方波函数 $\delta_{\Delta t}(t)$ 。

$$\delta_{\Delta t}(t) = \frac{1}{\Delta t}\big[u(t) - u(t - \Delta t)\big]$$

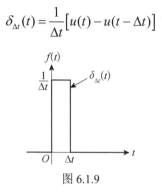

图 6.1.9

在上式中令 $\Delta t \to 0$ ，则

$$\delta(t) = \lim_{\Delta t \to 0}\delta_{\Delta t}(t) = \lim_{\Delta t \to 0}\frac{u(t) - u(t - \Delta t)}{\Delta t} = \frac{\mathrm{d}u(t)}{\mathrm{d}t} \tag{6.1.7}$$

这个函数 $\delta(t)$ 被称为单位冲激函数。由式（6.1.7）可知，单位冲激函数可看成是阶跃函数的导数。单位冲激函数还可以定义如下。

如果函数 $\delta(t)$ 满足：

$$\int_{-\infty}^{+\infty}\delta(t)\mathrm{d}t = 1 \tag{6.1.8}$$

$$\delta(t) = 0, \quad \text{当} t \neq 0 \text{时} \tag{6.1.9}$$

就称 $\delta(t)$ 为单位冲激函数。

式（6.1.8）表示单位冲激函数图像围成的面积为 1，该面积表示冲激强度。式（6.1.9）表示，当 $t \neq 0$ 时，单位冲激函数的函数值均为 0。

其实，冲激是具有无穷大幅值、持续时间为零的信号。自然界中并不存在这种信号，但有些电路中的信号具有这种特征。比如，在电路分析中进行开关操作或在电路中加入冲激函数时，会出现冲激电压或电流，因此，冲激函数的数学模型非常有用。

类似地，如果在 $t = a$ 处存在一个冲激，且冲激强度为 k ，那么该冲激函数就可以表示为

$$\int_{-\infty}^{+\infty}k\delta(t - a)\mathrm{d}t = k$$

$$\delta(t - a) = 0, \quad t \neq a$$

单位冲激函数有一个重要特性，就是筛选性。用数学式表示为

$$\int_{-\infty}^{+\infty}f(t)\delta(t - a)\mathrm{d}t = f(a) \tag{6.1.10}$$

其中，假设函数 $f(t)$ 在 $t = a$ 处连续。式（6.1.10）表示，冲激函数筛掉了除 $t = a$ 之外的所有 $f(t)$ 的值。

这是因为在 $t \neq a$ 的任一点， $\delta(t - a) = 0$ ，因此，式（6.1.10）的积分为

$$I = \int_{-\infty}^{+\infty} f(t)\delta(t-a)\mathrm{d}t = \int_{a-\varepsilon}^{a+\varepsilon} f(t)\delta(t-a)\mathrm{d}t$$

其中，ε 是一个很小的正数。由于 $f(t)$ 在点 $t=a$ 处连续，故当 t 趋近于 a 时，$f(t)$ 趋近于 $f(a)$，即 $f(t)$ 取值为 $f(a)$，所以

$$I = \int_{a-\varepsilon}^{a+\varepsilon} f(t)\delta(t-a)\mathrm{d}t = f(a)\int_{a-\varepsilon}^{a+\varepsilon} \delta(t-a)\mathrm{d}t = f(a)$$

例 6.1.2

求单位冲激函数 $\delta(t)$ 的拉氏变换。

解：根据冲激函数的筛选性，得

$$L[\delta(t)] = \int_0^{+\infty} \delta(t)\mathrm{e}^{-st}\mathrm{d}t = \mathrm{e}^0 \int_0^{+\infty} \delta(t)\mathrm{d}t = 1$$

例 6.1.3

求积分

$$\int_2^5 (t^2 + 5t + 4)\big[\delta(t) + \delta(t-3) + \delta(t-7)\big]\mathrm{d}t$$

解：根据冲激函数的筛选性，得

$$\int_2^5 (t^2 + 5t + 4)\big[\delta(t) + \delta(t-3) + \delta(t-7)\big]\mathrm{d}t$$

$$= \int_2^5 (t^2 + 5t + 4)\delta(t)\mathrm{d}t + \int_2^5 (t^2 + 5t + 4)\delta(t-3)\mathrm{d}t$$

$$+ \int_2^5 (t^2 + 5t + 4)\delta(t-7)\mathrm{d}t$$

$$= 0 + (3^2 + 5\times3 + 4) + 0 = 28$$

例 6.1.4

求冲激函数的导数的拉氏变换。

解：图 6.1.10（a）所示为一个单位冲激函数（当 $\varepsilon \to 0$ 时）的模型；图 6.1.10（b）表示该单位冲激函数的一阶导数 $\delta'(t)$。

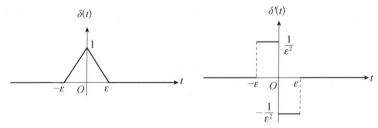

（a）单位冲激函数的模型   （b）单位冲激函数的一阶导数

图 6.1.10   单位冲激函数及其导数

为了求出 $\delta'(t)$ 的拉氏变换，由定义对函数进行积分，积分后令 $\varepsilon \to 0$,则

$$L[\delta'(t)] = \int_{-\infty}^{+\infty} \delta'(t)\mathrm{e}^{-st}\mathrm{d}t$$

$$= \lim_{\varepsilon \to 0}\left[\int_{-\varepsilon}^{0^-} \frac{1}{\varepsilon^2}\mathrm{e}^{-st}\mathrm{d}t + \int_{0^+}^{+\varepsilon}\left(-\frac{1}{\varepsilon^2}\right)\mathrm{e}^{-st}\mathrm{d}t\right]$$

$$= \lim_{\varepsilon \to 0}\frac{\mathrm{e}^{s\varepsilon}+\mathrm{e}^{-s\varepsilon}-2}{s\varepsilon^2} = \lim_{\varepsilon \to 0}\frac{s\mathrm{e}^{s\varepsilon}+s\mathrm{e}^{-s\varepsilon}}{2s\varepsilon}$$

$$= \lim_{\varepsilon \to 0}\frac{s^2\mathrm{e}^{s\varepsilon}+s^2\mathrm{e}^{-s\varepsilon}}{2s} = s \qquad (6.1.11)$$

注意，上述求解过程运用了两次洛必达法则。

单位冲激函数的导数被称为单位冲激偶。

习题 6.1

1. 用阶跃函数表示图 6.1.11 所示的函数。

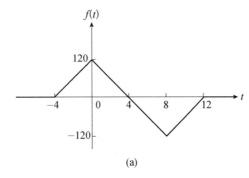

(a)

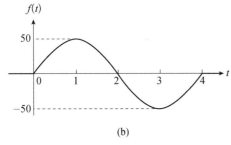

(b)

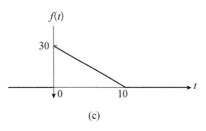

(c)

图 6.1.11

2. 用阶跃函数表示图 6.1.12 所示的函数。

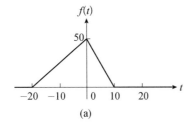

(a)

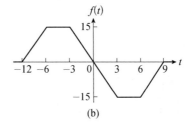

(b)

图 6.1.12

3. 画出 $f(t)$ 在 $-25 \leqslant t \leqslant 25$s 时的波形，$f(t)$ 的表达式如下：

$$f(t) = -(20t+400)u(t+20) + (40t+400)u(t+10) +$$
$$(400-40t)u(t-10) + (20t-400)u(t-20)$$

4. 若函数 $f(t)$ 的定义如下：

$$f(t) = \begin{cases} 0 & t \leqslant 0 \\ 3t & 0 < t \leqslant 2\text{s} \\ 60 & 2\text{s} < t \leqslant 4\text{s} \\ 60\cos\left(\dfrac{\pi}{4}t - \pi\right) & 4\text{s} < t \leqslant 8\text{s} \\ 30t - 300 & 8\text{s} < t \leqslant 10\text{s} \\ 0 & 10\text{s} < t \leqslant \infty \end{cases}$$

（1）画出 $-2 \leqslant t \leqslant 12$s 时 $f(t)$ 的图像。（2）用方波函数写出 $f(t)$ 的表达式。

5. 计算下列积分。

（1）$\displaystyle\int_{-2}^{4}(t^3+4)\big[\delta(t) + 4\delta(t-2)\big]\mathrm{d}t$

（2）$\displaystyle\int_{-3}^{4}t^2\big[\delta(t) + \delta(t+2.5) + \delta(t-5)\big]\mathrm{d}t$

（3）$\displaystyle\int_{2}^{8}(t^2+5t)\big[\delta(t) + \delta(t-3) + \delta(t-7)\big]\mathrm{d}t$

6.2　函数变换

在电路分析中，经常需要使用特殊的时域函数的拉氏变换。由于本书讨论的拉氏变换是单边的，我们假设当 $t < 0$ 时，$f(t) = 0$。

前面已经求出，单位冲激函数的拉氏变换为 1，即 $L[\delta(t)] = 1$。下面再讨论其他几个常见函数的拉氏变换。

例 6.2.1

求单位阶跃函数的拉氏变换。

解：$L[u(t)] = \displaystyle\int_{0}^{+\infty}u(t)\mathrm{e}^{-st}\mathrm{d}t = \int_{0}^{+\infty}1\mathrm{e}^{-st}\mathrm{d}t = \dfrac{\mathrm{e}^{-st}}{-s}\bigg|_{0}^{+\infty} = \dfrac{1}{s}$

例 6.2.2

求斜坡函数的拉氏变换。

解：$L[t] = \displaystyle\int_{0}^{+\infty}t\mathrm{e}^{-st}\mathrm{d}t = \dfrac{1}{-s}\int_{0}^{+\infty}t\,\mathrm{d}(\mathrm{e}^{-st})$

$$= \frac{1}{-s} \left\{ \left[t e^{-st} \right]_0^{+\infty} - \int_0^{+\infty} e^{-st} dt \right\}$$

$$= \frac{1}{s} \int_0^{+\infty} e^{-st} dt = \frac{1}{s} \cdot \frac{1}{s} = \frac{1}{s^2}$$

例 6.2.3

求衰减指数函数的拉氏变换。

解：衰减指数函数的图像如图 6.2.1 所示，当 $t > 0$ 时，$f(t) = e^{-at}$。其拉氏变换为

$$L\left[e^{-at} \right] = \int_0^{+\infty} e^{-at} e^{-st} dt = \int_0^{+\infty} e^{-(a+s)t} dt = \frac{1}{s+a}$$

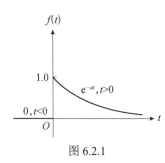

图 6.2.1

例 6.2.4

求正弦函数的拉氏变换。

解：$t > 0$ 时的正弦函数图像如图 6.2.2 所示，当 $t > 0$ 时，$f(t) = \sin \omega t$ 的拉氏变换为

$$L\left[\sin \omega t \right] = \int_0^{+\infty} \sin \omega t \cdot e^{-st} dt = \int_0^{+\infty} \frac{e^{\omega t j} - e^{-\omega t j}}{2j} \cdot e^{-st} dt$$

$$= \int_0^{+\infty} \frac{e^{(\omega j - s)t} - e^{-(\omega j + s)t}}{2j} dt = \frac{1}{2j} \left(\frac{1}{s - j\omega} - \frac{1}{s + j\omega} \right)$$

$$= \frac{\omega}{s^2 + \omega^2}$$

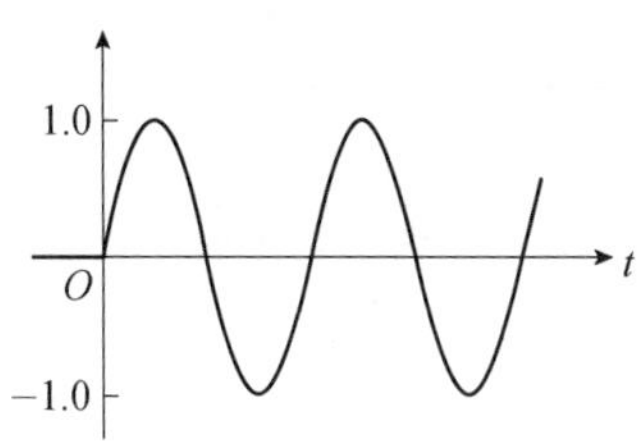

图 6.2.2

例 6.2.5

求函数 $f(t) = t e^{at}$ 的拉氏变换。

解：$L\left[te^{at}\right]=\int_0^{+\infty}te^{at}e^{-st}dt=\int_0^{+\infty}te^{-(s-a)t}dt$

$\qquad\qquad=\dfrac{1}{-(s-a)}\left\{\left[te^{-(s-a)t}\right]_0^{+\infty}-\int_0^{+\infty}e^{-(s-a)t}dt\right\}$

$\qquad\qquad=\dfrac{1}{s-a}\int_0^{+\infty}e^{-(s-a)t}dt=\dfrac{1}{(s-a)^2}$

类似地，读者可以求出

$$L\left[te^{-at}\right]=\dfrac{1}{(s+a)^2}$$

表 6.2.1 中列出了常用函数的拉氏变换，在电路分析中经常用到它们。

表 6.2.1　常用函数的拉氏变换

类型	$f(t)(t>0)$	$F(s)$
冲激偶	$\delta'(t)$	s
冲激函数	$\delta(t)$	1
阶跃函数	$u(t)$	$\dfrac{1}{s}$
斜坡函数	t	$\dfrac{1}{s^2}$
指数函数	e^{-at}	$\dfrac{1}{s+a}$
衰减斜坡函数	te^{-at}	$\dfrac{1}{(s+a)^2}$
正弦函数	$\sin\omega t$	$\dfrac{\omega}{s^2+\omega^2}$
余弦函数	$\cos\omega t$	$\dfrac{s}{s^2+\omega^2}$
衰减正弦函数	$e^{-at}\sin\omega t$	$\dfrac{\omega}{(s+a)^2+\omega^2}$
衰减余弦函数	$e^{-at}\cos\omega t$	$\dfrac{s+a}{(s+a)^2+\omega^2}$

习题 6.2

1. 求下列函数的拉氏变换。

（1）　$f(t)=te^{-at}$

（2）　$f(t)=\cos\omega t$

（3）　$f(t)=\sin(\omega t+\theta)$

（4）　$f(t)=\cos(\omega t+\theta)$

6.3　算子变换

算子变换主要讨论如何将时域函数 $f(t)$ 转换成与之对应的频域函数 $F(s)$，或者将频域函数 $F(s)$ 转换成与之对应的时域函数 $f(t)$。重要的算子变换的方法包括如下几种：乘以常数、加减运算、微分运算、积分运算、时域平移、频域平移、尺度变换等。

（1）乘以常数

若 $L\big[f(t)\big]=F(\mathrm{s})$，则

$$L\big[k\cdot f(t)\big]=k\cdot F(\mathrm{s}) \tag{6.3.1}$$

也就是说，常数可以提到拉氏变换的外面。

（2）加减运算

若 $L\big[f_1(t)\big]=F_1(s)$，$L\big[f_2(t)\big]=F_2(s)$，$L\big[f_3(t)\big]=F_3(s)$，则

$$L\big[f_1(t)+f_2(t)-f_3(t)\big]=F_1(s)+F_2(s)-F_3(s) \tag{6.3.2}$$

也就是说，时域的加减运算对应频域的加减运算。

证明：

$$
\begin{aligned}
L\big[f_1(t)+f_2(t)-f_3(t)\big] &=\int_0^{+\infty}\big[f_1(t)+f_2(t)-f_3(t)\big]\mathrm{e}^{-st}\mathrm{d}t\\
&=\int_0^{+\infty}f_1(t)\mathrm{e}^{-st}\mathrm{d}t+\int_0^{+\infty}f_2(t)\mathrm{e}^{-st}\mathrm{d}t-\int_0^{+\infty}f_3(t)\mathrm{e}^{-st}\mathrm{d}t\\
&=F_1(s)+F_2(s)-F_3(s)
\end{aligned}
$$

（3）微分运算

若 $\lim\limits_{t\to\infty}\mathrm{e}^{-st}f(t)=0$，$L\big[f(t)\big]=F(s)$，则

$$L\left[\frac{\mathrm{d}f(t)}{\mathrm{d}t}\right]=sF(s)-f(0) \tag{6.3.3}$$

也就是说，时域函数导数的拉氏变换等于 $F(\mathrm{s})$ 乘以 s 后，再减去 $f(t)$ 的初始值 $f(0)$。

证明：根据拉氏变换的定义，得

$$L\left[\frac{\mathrm{d}f(t)}{\mathrm{d}t}\right]=\int_0^{+\infty}\frac{\mathrm{d}f(t)}{\mathrm{d}t}\mathrm{e}^{-st}\mathrm{d}t$$

用分部积分法，令 $u(t)=\mathrm{e}^{-st}$，$\mathrm{d}v=\dfrac{\mathrm{d}f(t)}{\mathrm{d}t}\mathrm{d}t=\mathrm{d}f(t)$，得

$$
\begin{aligned}
L\left[\frac{\mathrm{d}f(t)}{\mathrm{d}t}\right]&=\mathrm{e}^{-st}f(t)\Big|_0^{+\infty}-\int_0^{+\infty}f(t)(-s\mathrm{e}^{-st})\mathrm{d}t\\
&=-f(0)+s\int_0^{+\infty}f(t)\mathrm{e}^{-st}\mathrm{d}t\\
&=sF(s)-f(0)
\end{aligned}
$$

这个结论是非常重要的，它可以将对时域 t 的导数运算转化为对频域 s 的代数运算。

以式（6.3.3）为基础，可求出高阶导数的拉氏变换。比如，求 $f(t)$ 二阶导数的拉氏变换。

令

$$g(t) = \frac{\mathrm{d}f(t)}{\mathrm{d}t} \tag{6.3.4}$$

根据式（6.3.3）可以写出

$$G(s) = L\big[g(t)\big] = L\left[\frac{\mathrm{d}f(t)}{\mathrm{d}t}\right] = sF(s) - f(0) \tag{6.3.5}$$

由于

$$\frac{\mathrm{d}^2 f(t)}{\mathrm{d}t^2} = \frac{\mathrm{d}g(t)}{\mathrm{d}t}$$

故

$$L\left\{\frac{\mathrm{d}^2 f(t)}{\mathrm{d}t^2}\right\} = L\left\{\frac{\mathrm{d}g(t)}{\mathrm{d}t}\right\} = sG(s) - g(0) \tag{6.3.6}$$

联立式（6.3.4）、式（6.3.5）、式（6.3.6），得

$$L\left\{\frac{\mathrm{d}^2 f(t)}{\mathrm{d}t^2}\right\} = s\big[sF(s) - f(0)\big] - g(0)$$

$$= s^2 F(s) - sf(0) - \frac{\mathrm{d}f(0)}{\mathrm{d}t}$$

同理，可以求得

$$L\left\{\frac{\mathrm{d}^3 f(t)}{\mathrm{d}t^3}\right\} = s^3 F(s) - s^2 f(0) - s\frac{\mathrm{d}f(0)}{\mathrm{d}t} - \frac{\mathrm{d}^2 f(0)}{\mathrm{d}t^2}$$

连续应用上述方法，可求得 n 阶导数的拉氏变换为

$$L\left\{\frac{\mathrm{d}^n f(t)}{\mathrm{d}t^n}\right\} = s^n F(s) - s^{n-1} f(0) - s^{n-2}\frac{\mathrm{d}f(0)}{\mathrm{d}t} - s^{n-3}\frac{\mathrm{d}^2 f(0)}{\mathrm{d}t^2} - \cdots - s\frac{\mathrm{d}^{n-2} f(0)}{\mathrm{d}t^{n-2}} - \frac{\mathrm{d}^{n-1} f(0)}{\mathrm{d}t^{n-1}}$$

（4）积分运算

若 $\lim\limits_{t \to +\infty} \dfrac{\mathrm{e}^{-st}}{s}\left[\int_0^t f(x)\mathrm{d}x\right] = 0$，$L\big[f(t)\big] = F(s)\mathfrak{M}$ 时，则

$$L\left[\int_0^t f(x)\mathrm{d}x\right] = \frac{F(s)}{s}$$

也就是说，时域函数 $f(t)$ 的积分的拉氏变换，等于 $f(t)$ 在频域 s 中对应的函数 $F(s)$ 除以 s。

对于任意函数 $f(t)$，它与单位阶跃函数 $u(t)$ 的乘积为 $f(t)u(t)$，表示：当 $t < 0$ 时，$f(t)u(t) = 0$；当 $t \geq 0$ 时，$f(t)u(t) = f(t)$，其图像如图 6.3.1 所示。

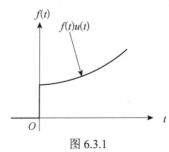

图 6.3.1

类似地，若将 $f(t)$ 沿着时间轴平移一个常数 a，则可表示为 $f(t-a)u(t-a)$，并且

$$f(t-a)u(t-a) = \begin{cases} 0 & t < a \\ f(t-a) & t \geqslant a \end{cases}$$

（5）时域平移

若 $L[f(t)] = F(s)$，则

$$L[f(t-a)u(t-a)] = e^{-as}F(s) \qquad (a > 0) \qquad (6.3.7)$$

也就是说，时域函数 $f(t)$ 的平移对应频域函数 $F(s)$ 乘以一个指数函数。

证明：当 $t \geqslant a$ 时，$u(t-a) = 1$；当 $t < a$ 时，$u(t-a) = 0$。所以

$$L[f(t-a)u(t-a)] = \int_0^{+\infty} f(t-a)u(t-a)e^{-st}dt$$

$$= \int_a^{+\infty} f(t-a)e^{-st}dt \qquad (6.3.8)$$

引入变换，令 $x = t - a$，则当 $t = a$ 时，$x = 0$；当 $t = \infty$ 时，$x = \infty$，且 $dx = dt$。于是，式（6.3.8）可写为

$$\int_a^{+\infty} f(t-a)e^{-st}dt = \int_0^{+\infty} f(x)e^{-s(x+a)}dx$$

$$= e^{-as}\int_0^{+\infty} f(x)e^{-sx}dx = e^{-as}F(s)$$

这就是要求证的结论。

例如，已知

$$L[t \cdot u(t)] = \frac{1}{s^2}$$

根据式（6.3.7），可直接得出函数 $f(t) = (t-a)u(t-a)$ 的拉氏变换为

$$L[(t-a)u(t-a)] = e^{-as}\frac{1}{s^2}$$

（6）频域平移

若 $L[f(t)] = F(s)$，则

$$L[e^{-at}f(t)] = F(s+a) \qquad (6.3.9)$$

也就是说，频域函数 $F(s)$ 的平移对应时域函数 $f(t)$ 乘以一个指数函数。请读者自行完成证明。

比如，已知

$$L[\cos\omega t] = \frac{s}{s^2 + \omega^2}$$

运用式（6.3.9），得

$$L[e^{-at}\cos\omega t] = \frac{s+a}{(s+a)^2 + \omega^2}$$

（7）尺度变换

若 $L[f(t)] = F(s)$，则

$$L[f(at)] = \frac{1}{a}F\left(\frac{s}{a}\right) \qquad (a > 0) \qquad (6.3.10)$$

这个性质的证明，请读者自行自己完成。

比如，已知

$$L[\cos t] = \frac{s}{s^2 + 1}$$

运用式（6.3.10），得

$$L[\cos \omega t] = \frac{1}{\omega} \cdot \frac{\dfrac{s}{\omega}}{\left(\dfrac{s}{\omega}\right)^2 + 1} = \frac{s}{s^2 + \omega^2}$$

为了方便应用，我们把上面讨论的算子变换总结如下，见表 6.3.1。

表 6.3.1　算子变换表

算子	$f(t)$	$F(s)$
数乘	$kf(t)$	$kF(s)$
加减法	$f_1(t) + f_2(t) - f_3(t) + \cdots$	$F_1(s) + F_2(s) - F_3(s) + \cdots$
一阶微分（时域）	$\dfrac{\mathrm{d}f(t)}{\mathrm{d}t}$	$sF(s) - f(0)$
二阶微分（时域）	$\dfrac{\mathrm{d}^2 f(t)}{\mathrm{d}t^2}$	$s^2 F(s) - sf(0) - \dfrac{\mathrm{d}f(0)}{\mathrm{d}t}$
时域积分	$\displaystyle\int_0^t f(x)\mathrm{d}x$	$\dfrac{F(s)}{s}$
时域平移	$f(t-a)u(t-a)$	$\mathrm{e}^{-as} F(s)$
频域平移	$\mathrm{e}^{-at} f(t)$	$F(s+a)$
尺度变换	$f(at)$	$\dfrac{1}{a} F\left(\dfrac{s}{a}\right)$
一阶微分（s 域）	$tf(t)$	$-\dfrac{\mathrm{d}F(s)}{\mathrm{d}s}$
n 阶微分（s 域）	$t^n f(t)$	$(-1)^n \dfrac{\mathrm{d}^n F(s)}{\mathrm{d}s^n}$
s 域积分	$\dfrac{f(t)}{t}$	$\displaystyle\int_s^\infty F(u)\mathrm{d}u$

表 6.3.1 中，a 为常数且 $a > 0$。

例 6.3.1

试求下列函数 $f(t)$ 对应的 s 域函数。

（1）$f(t) = at + b$　　　　（2）$f(t) = \sin(\omega t + \theta)$　　　　（3）$f(t) = A(1 - \mathrm{e}^{-at})$

解：（1）　$L[f(t)] = L[at + b] = L[at] + L[b]$

$$= aL[t] + bL[1] = \frac{a}{s^2} + \frac{b}{s}$$

（2） $L[f(t)] = L[\sin(\omega t + \theta)] = L[\sin\omega t\cos\theta + \cos\omega t\sin\theta]$

$\qquad = \cos\theta \cdot L[\sin\omega t] + \sin\theta \cdot L[\cos\omega t]$

$\qquad = \cos\theta \cdot \dfrac{\omega}{s^2 + \omega^2} + \sin\theta \cdot \dfrac{s}{s^2 + \omega^2}$

$\qquad = \dfrac{\omega \cdot \cos\theta + s \cdot \sin\theta}{s^2 + \omega^2}$

（3） $L[f(t)] = L\left[A(1 - e^{-at})\right] = A\left\{L[1] - L\left[e^{-at}\right]\right\}$

$\qquad = A\left(\dfrac{1}{s} - \dfrac{1}{s + a}\right) = \dfrac{Aa}{s(s + a)}$

例 6.3.2

求下列拉氏变换。

（1） $L\left[\dfrac{1 - e^{-t}}{t}\right]$ （2） $L[t\sin2t]$ （3） $L\left[t^2\sin2t\right]$

解：（1）因为 $L\left[1 - e^{-t}\right] = L[1] - L\left[e^{-t}\right] = \dfrac{1}{s} - \dfrac{1}{s + 1}$，根据 s 域积分的算子变换，得

$$L\left[\dfrac{1 - e^{-t}}{t}\right] = \int_s^\infty \left(\dfrac{1}{u} - \dfrac{1}{u + 1}\right)du = \ln\dfrac{u}{u + 1}\bigg|_s^\infty = \ln\left(1 + \dfrac{1}{s}\right)$$

（2）因为 $L[\sin2t] = \dfrac{2}{s^2 + 4}$，根据一阶微分（$s$ 域）的算子变换，得

$$L[t\sin2t] = -\dfrac{d}{ds}\left(\dfrac{2}{s^2 + 4}\right) = \dfrac{4s}{(s^2 + 4)^2}$$

（3）因为 $L[\sin2t] = \dfrac{2}{s^2 + 4}$，根据二阶微分（$s$ 域）的算子变换，得

$$L\left[t^2\sin2t\right] = (-1)^2\dfrac{d^2}{ds^2}\left(\dfrac{2}{s^2 + 4}\right) = \dfrac{12s^2 - 16}{(s^2 + 4)^3}$$

习题 6.3

1. 求下列函数的拉氏变换。

（1） $f(t) = e^{at}\sin\beta t$

（2） $f(t) = e^{-at}\cos\beta t$

（3） $f(t) = e^{-at}\sin(\omega t + \theta)$

（4） $f(t) = e^{at}\cos(\omega t - \theta)$

（5） $f(t) = -20e^{-5(t-2)}u(t - 2)$

（6） $f(t) = (8t - 8)\left[u(t - 1) - u(t - 2)\right] + (24 - 8t)\left[u(t - 2) - u(t - 4)\right] +$
$\qquad (8t - 40)\left[u(t - 4) - u(t - 5)\right]$

2. 求下列拉氏变换。

（1）$L\left[t^2 e^{-at}\right]$ 　　　　　　　　　　　（2）$L\left[t\cos(\omega t)\right]$

（3）$L\left[\int_0^t e^{-ax}dx\right]$ 　　　　　　　　　（4）$L\left[\int_0^t ydy\right]$

（5）$L\left[\dfrac{d}{dt}\sin\omega t\right]$ 　　　　　　　　（6）$L\left[\dfrac{d}{dt}\cos\omega t\right]$

（7）$L\left[\dfrac{d}{dt}(e^{-at}\sin\omega t)\right]$ 　　　　　（8）$L\left[\int_0^t e^{-ax}\cos\omega xdx\right]$

3. 求如图 6.3.2 所示函数的拉氏变换。

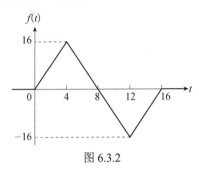

图 6.3.2

6.4　逆拉氏变换

在实际问题中，经常还需要一个与拉氏变换相对的反变换——逆拉氏变换。也就是在给出频域 s 中的有理函数 $F(s)$ 的情况下，求与之对应的时域函数 $f(t)$，即

$$f(t) = L^{-1}\left[F(s)\right]$$

初等函数的逆拉氏变换可以参照表 6.2.1。在此基础上，介绍求一般有理函数 $F(s)$ 的逆拉氏变换的简单方法。

假设

$$F(s) = \frac{N(s)}{M(s)} = \frac{a_n s^n + a_{n-1}s^{n-1} + \cdots + a_1 s + a_0}{b_m s^m + b_{m-1}s^{m-1} + \cdots + b_1 s + b_0}$$

是两个关于 s 的多项式之比，指数中的 m 和 n 均为正整数（实际问题中不会出现 s 的非整数次方）。

若 $m > n$，则 $\dfrac{N(s)}{M(s)}$ 被称为有理真分式，若 $m \leqslant n$，则 $\dfrac{N(s)}{M(s)}$ 被称为有理假分式。

1. 若 $F(s)$ 为有理真分式

有理真分式 $F(s)$ 可以展开为部分分式之和的形式。在将其展开为部分分式前，要对 $M(s)$ 进行因式分解。对于 $M(s)$ 的每个单根，展开式中会出现一个项；对于 $M(s)$ 的 r 阶重根，展开式中会出现 r 个项。比如，真分式

$$\frac{s+6}{s(s+3)(s+1)^2}$$

的分母有 4 个根，其中有 2 个是单根，即 $s=0$，$s=-3$；1 个是二阶重根，即 $s=-1$；所以，它的展开式为

$$\frac{s+6}{s(s+3)(s+1)^2} \equiv \frac{K_1}{s} + \frac{K_2}{s+3} + \frac{K_3}{(s+1)^2} + \frac{K_4}{s+1}$$

写出展开式的关键，是要找到展开式中每一项所对应的时域函数 $f(t)$，根据表 6.2.1 可得

$$L^{-1}\left[\frac{s+6}{s(s+3)(s+1)^2}\right] = (K_1 + K_2 \mathrm{e}^{-3t} + K_3 t\mathrm{e}^{-t} + K_4 \mathrm{e}^{-t})u(t)$$

剩下的问题就是确定展开式中的系数 K（K_1、K_2、K_3、K_4）。

一般地，$M(s)$ 的根有四种情况：（1）有不相等的实数根；（2）有不相等的复数根；（3）有多重实数根；（4）有多重复数根。

（1）有不相等的实数根

为求得展开式中的系数 K（K_1、K_2、K_3、K_4），要在等式两边同时乘以一个因式，该因式就是所求的系数 K 对应的分母。然后令 s 等于所乘因式的根，再计算等式两边的值，等式右边就是所求的系数 K，左边就是其值。

例 6.4.1

已知 $F(s) = \dfrac{96 \times (s+5)(s+12)}{s(s+8)(s+6)}$，求 $F(s)$ 对应的时域函数 $f(t)$。

解：设

$$F(s) = \frac{96 \times (s+5)(s+12)}{s(s+8)(s+6)} \equiv \frac{K_1}{s} + \frac{K_2}{s+8} + \frac{K_3}{s+6} \qquad (6.4.1)$$

为求得 K_1 的值，上式两边同时乘以 s，然后令 $s=0$ 并代入上式中，得

$$\left.\frac{96 \times (s+5)(s+12)}{(s+8)(s+6)}\right|_{s=0} \equiv K_1 + \left.\frac{K_2 s}{s+8}\right|_{s=0} + \left.\frac{K_3 s}{s+6}\right|_{s=0}$$

即

$$\frac{96 \times (5) \times (12)}{8 \times 6} \equiv K_1$$

$$K_1 = 120$$

为求得 K_2 的值，两边同乘以 $s+8$，然后令 $s=-8$ 并代入上式中，得

$$\left.\frac{96 \times (s+5)(s+12)}{s(s+6)}\right|_{s=-8} \equiv \left.\frac{K_1(s+8)}{s}\right|_{s=-8} + K_2 + \left.\frac{K_3(s+8)}{(s+6)}\right|_{s=-8}$$

即

$$\frac{96 \times (-3) \times (4)}{(-8) \times (-2)} = K_2$$

$$K_2 = -72$$

同理，得

$$\left. \frac{96 \times (s+5)(s+12)}{s(s+8)} \right|_{s=-6} = K_3$$

$$K_3 = 48$$

所以，式（6.4.1）就变为

$$\frac{96 \times (s+5)(s+12)}{s(s+8)(s+6)} \equiv \frac{120}{s} + \frac{48}{s+6} - \frac{72}{s+8} \qquad (6.4.2)$$

为了检验计算结果，可以令 $s = -5$ 并代入式（6.4.2）中。对于 $s = -5$，左边等于 0，右边等于

$$\frac{120}{-5} + \frac{48}{1} - \frac{72}{3} = -24 + 48 - 24 = 0$$

因此，式（6.4.2）在 s 取任何值时都是相等的。

接下来，求逆拉氏变换，得

$$\begin{aligned} f(t) &= L^{-1}\left[\frac{96 \times (s+5)(s+12)}{s(s+8)(s+6)} \right] \\ &= L^{-1}\left[\frac{120}{s} + \frac{48}{s+6} - \frac{72}{s+8} \right] \\ &= (120 + 48e^{-6t} - 72e^{-8t})u(t) \end{aligned}$$

（2）有不相等的复数根

有不相等的复数根时，展开式中系数 K 的求法与上面讲的基本相同，唯一区别是计算时包含复数的代数运算。

例 6.4.2

已知 $F(s) = \dfrac{100 \times (s+3)}{(s+6)(s^2+6s+25)}$，求与 $F(s)$ 对应的时域函数 $f(t)$。

解：求方程 $s^2 + 6s + 25 = 0$ 的根得

$$s = -3 + j4, \quad s = -3 - j4$$

对分母进行因式分解，得

$$\begin{aligned} \frac{100 \times (s+3)}{(s+6)(s^2+6s+25)} &= \frac{100 \times (s+3)}{(s+6)(s+3-j4)(s+3+j4)} \\ &= \frac{K_1}{s+6} + \frac{K_2}{s+3-j4} + \frac{K_3}{s+3+j4} \end{aligned}$$

用同样的方法求 K_1、K_2、K_3。

$$K_1 = \left. \frac{100 \times (s+3)}{s^2+6s+25} \right|_{s=-6} = \frac{100 \times (-3)}{25} = -12$$

$$K_2 = \frac{100 \times (s+3)}{(s+6)(s+3+\mathrm{j}4)}\bigg|_{s=-3+\mathrm{j}4} = \frac{100 \times (\mathrm{j}4)}{(3+\mathrm{j}4)(\mathrm{j}8)} = \frac{50}{3+\mathrm{j}4}$$

$$K_3 = \frac{100 \times (s+3)}{(s+6)(s+3-\mathrm{j}4)}\bigg|_{s=-3-\mathrm{j}4} = \frac{100 \times (-\mathrm{j}4)}{(3-\mathrm{j}4)(-\mathrm{j}8)} = \frac{50}{3-\mathrm{j}4}$$

所以

$$\frac{10(s+3)}{(s+6)(s^2+6s+25)} = \frac{-12}{s+6} + \frac{10\angle -53.13°}{s+3-4\mathrm{j}} + \frac{10\angle 53.13°}{s+3+4\mathrm{j}} \qquad (6.4.3)$$

需要说明的是：（1）在用物理方法可实现的电路中，复数根总是以共轭复数的形式成对出现的；（2）与共轭复数根所对应的系数也是共轭复数。比如，上面算出的 K_3 与 K_2 就是共轭复数。因此，对于共轭复根来说，只需要计算一半的系数。

在对式（6.4.3）进行逆拉氏变换前，还需要验算部分分式展开式。此时，令 $s=-3$ 比较方便。左边等于 0，右边为

$$\frac{-12}{3} + \frac{10\angle -53.13°}{-\mathrm{j}4} + \frac{10\angle 53.13°}{\mathrm{j}4}$$

$$= -4 + 2.5\angle 36.87° + 2.5\angle -36.87°$$

$$= -4 + 2 + \mathrm{j}1.5 + 2 - \mathrm{j}1.5 = 0$$

接下来，对式（6.4.3）进行逆拉氏变换

$$f(t) = L^{-1}\left[\frac{100 \times (s+3)}{(s+6)(s^2+6s+25)}\right]$$

$$= L^{-1}\left[\frac{-12}{s+6} + \frac{10\angle -53.13°}{s+3-\mathrm{j}4} + \frac{10\angle 53.13°}{s+3+\mathrm{j}4}\right] \qquad (6.4.4)$$

$$= (-12\mathrm{e}^{-6t} + 10\mathrm{e}^{-\mathrm{j}53.13°}\mathrm{e}^{-(3-\mathrm{j}4)t} + 10\mathrm{e}^{\mathrm{j}53.13°}\mathrm{e}^{-(3+\mathrm{j}4)t})u(t)$$

一般地，时域函数中包含虚数部分是不现实的。事实上，式（6.4.4）中含有虚数部分的项总是成对出现的，它们在相加时恰好消掉，即

$$10\mathrm{e}^{-\mathrm{j}53.13°}\mathrm{e}^{-(3-\mathrm{j}4)t} + 10\mathrm{e}^{\mathrm{j}53.13°}\mathrm{e}^{-(3+\mathrm{j}4)t}$$

$$= 10\mathrm{e}^{-3t}(\mathrm{e}^{\mathrm{j}(4t-53.13°)} + \mathrm{e}^{-\mathrm{j}(4t-53.13°)})$$

$$= 20\mathrm{e}^{-3t}\cos(4t-53.13°)$$

所以，式（6.4.4）变为

$$L^{-1}\left[\frac{100 \times (s+3)}{(s+6)(s^2+6s+25)}\right] = [-12\mathrm{e}^{-6t} + 20\mathrm{e}^{-3t}\cos(4t-53.13°)]u(t)$$

（3）有多重实数根

为了求得与 r 重根对应项的系数，将等式两边同乘以重根多项式的 r 次方，再令 K 等于重根，计算等式两边的值，求得一个系数。为求得剩下的 $(r-1)$ 个系数，对等式两边求导 $(r-1)$ 次，在每次求导后，计算出重根处等式两边的值，右边是要求的系数，而左边是它的值。

例 6.4.3

已知 $F(s) = \dfrac{100 \times (s + 25)}{s(s + 5)^3}$，求与 $F(s)$ 对应的时域函数 $f(t)$。

解：令

$$\frac{100 \times (s + 25)}{s(s + 5)^3} = \frac{K_1}{s} + \frac{K_2}{(s + 5)^3} + \frac{K_3}{(s + 5)^2} + \frac{K_4}{s + 5} \qquad (6.4.5)$$

为了求出 K_1，先在式（6.4.5）两边同时乘以 s，再令 $s = 0$，得

$$K_1 = \left.\frac{100 \times (s + 25)}{(s + 5)^3}\right|_{s=0} = \frac{100 \times (25)}{125} = 20$$

为了求出 K_2，先在式（6.4.5）两边同时乘以 $(s + 5)^3$，然后令 $s = -5$，计算两边的值

$$\left.\frac{100 \times (s + 25)}{s}\right|_{s=-5} = \left.\frac{K_1(s + 5)^3}{s}\right|_{s=-5} + K_2 + K_3(s + 5)|_{s=-5} + K_4(s + 5)^2\big|_{s=-5}$$

$$\frac{100 \times (20)}{(-5)} = K_1 \times 0 + K_2 + K_3 \times 0 + K_4 \times 0$$

$$K_2 = -400$$

为了求出 K_3，先在式（6.4.5）两边同时乘以 $(s + 5)^3$，然后两边同时对 s 求一阶导数，最后把 $s = -5$ 代入式中，即

$$\frac{\mathrm{d}}{\mathrm{d}s}\left[\frac{100(s + 25)}{s}\right]_{s=-5} = \frac{\mathrm{d}}{\mathrm{d}s}\left[\frac{K_1(s + 5)^3}{s}\right]_{s=-5} + \frac{\mathrm{d}}{\mathrm{d}s}\left[K_2\right]_{s=-5} +$$

$$\frac{\mathrm{d}}{\mathrm{d}s}\left[K_3(s + 5)\right]_{s=-5} + \frac{\mathrm{d}}{\mathrm{d}s}\left[K_4(s + 5)^2\right]_{s=-5}$$

$$K_3 = -100$$

为了求出 K_4，先在式（6.4.5）两边同时乘以 $(s + 5)^3$，然后两边同时对 s 求二阶导数，再令 $s = -5$，求两边的值。第一次求导化简后，再进行一次求导，得

$$100\frac{\mathrm{d}}{\mathrm{d}s}\left[-\frac{25}{s^2}\right]_{s=-5} = K_1\frac{\mathrm{d}}{\mathrm{d}s}\left[\frac{(s + 5)^2(2s - 5)}{s^2}\right]_{s=-5} + 0 + \frac{\mathrm{d}}{\mathrm{d}s}\left[K_3\right]_{s=-5} + \frac{\mathrm{d}}{\mathrm{d}s}\left[2K_4(S + 5)\right]_{s=-5}$$

$$K_4 = -20$$

于是

$$\frac{100 \times (s + 25)}{s(s + 5)^3} = \frac{20}{s} - \frac{400}{(s + 5)^3} - \frac{100}{(s + 5)^2} - \frac{20}{s + 5}$$

把 $s = -25$ 代入上式，可以验证展开式是正确的。

逆拉氏变换为

$$f(t) = L^{-1}\left[\frac{100 \times (s + 25)}{s(s + 5)^3}\right]$$

$$= L^{-1}\left[\frac{20}{s} - \frac{400}{(s + 5)^3} - \frac{100}{(s + 5)^2} - \frac{20}{s + 5}\right]$$

$$= [20 - 200t^2 e^{-5t} - 100te^{-5t} - 20e^{-5t}]u(t)$$

（4）有多重复数根

有多重复数根时，展开式中系数的求法与上面讲的基本相同，只是运算时包含复数的代数运算。考虑到复数根总是以共轭复数的形式成对出现的，并且其所对应的系数也是共轭复数，因此只需计算一半的系数。

例 6.4.4

已知 $F(s) = \dfrac{768}{(s^2 + 6s + 25)^2}$，求与 $F(s)$ 对应的时域函数 $f(t)$。

解：对 $F(s)$ 的分母进行因式分解，得

$$F(s) = \frac{768}{(s+3-j4)^2(s+3+j4)^2}$$

$$= \frac{K_1}{(s+3-j4)^2} + \frac{K_2}{s+3-j4} + \frac{K_1^*}{(s+3+j4)^2} + \frac{K_2^*}{s+3+j4}$$

这里只需要计算 K_1 和 K_2，因为 K_1^* 和 K_2^* 是它们的共轭复数，K_1 的值为

$$K_1 = \left. \frac{768}{(s+3+j4)^2} \right|_{s=-3+j4}$$

$$= \frac{768}{(j8)^2} = -12 \tag{6.4.6}$$

K_2 的值为

$$K_2 = \left. \frac{\mathrm{d}}{\mathrm{d}s}\left[\frac{768}{(s+3+j4)^2} \right] \right|_{s=-3+j4} = \left. -\frac{2 \times 768}{(s+3+j4)^3} \right|_{s=-3+j4} \tag{6.4.7}$$

$$= \frac{2 \times 768}{(j8)^3} = -j3 = 3\angle -90°$$

由式（6.4.6）和式（6.4.7）得

$$K_1^* = -12$$

$$K_2^* = j3 = 3\angle 90°$$

将展开式分组得

$$F(s) = \left[\frac{-12}{(s+3-j4)^2} + \frac{-12}{(s+3+j4)^2} \right] + \left[\frac{3\angle -90°}{s+3-j4} + \frac{3\angle 90°}{s+3+j4} \right]$$

所以，$F(s)$ 的逆拉氏变换为

$$f(t) = [-24te^{-3t}\cos 4t + 6e^{-3t}\cos(4t - 90°)]u(t)$$

一般地，若 $F(s)$ 的分母多项式中有 r 重实数根 a，则展开式中的项的形式为

$$\frac{K}{(s+a)^r}$$

该项的逆拉氏变换为

$$L^{-1}\left[\frac{K}{(s+a)^r}\right] = \frac{Kt^{r-1}e^{-at}}{(r-1)!}u(t)$$

若 $F(s)$ 的分母多项式中有 r 重复数根，则展开式中各项的形式为

$$\frac{K}{(s+\alpha-j\beta)^r} + \frac{K^*}{(s+\alpha+j\beta)^r}$$

该项的逆拉氏变换为

$$L^{-1}\left[\frac{K}{(s+\alpha-j\beta)^r} + \frac{K^*}{(s+\alpha+j\beta)^r}\right] = \left[\frac{2|K|t^{r-1}}{(r-1)!}e^{-\alpha t}\cos(\beta t+\theta)\right]u(t)$$

需要说明的是，在多数电路分析中，r 很少会大于 2。用表 6.4.1 所示的 4 个有用的变换对就可以求出分式的逆拉氏变换。

表 6.4.1　4 个有用的变换

根的形式	$F(s)$	$f(t)$
1. 单实根	$\dfrac{K}{s+a}$	$Ke^{-at}u(t)$
2. 重实根	$\dfrac{K}{(s+a)^2}$	$Kte^{-at}u(t)$
3. 单复根	$\dfrac{K}{s+\alpha-j\beta} + \dfrac{K^*}{s+\alpha+j\beta}$	$2|K|e^{-\alpha t}\cos(\beta t+\theta)u(t)$
4. 重复根	$\dfrac{K}{(s+\alpha-j\beta)^2} + \dfrac{K^*}{(s+\alpha+j\beta)^2}$	$2t|K|e^{-\alpha t}\cos(\beta t+\theta)u(t)$

注意：在表 6.4.1 中，单实根和重实根中所含的 K 都是实数。而单复根和重复根中所含的 $K = |K|\angle\theta$，都是复数，且 K^* 是 K 的共轭复数。

例 6.4.5

已知 $F(s) = \dfrac{100\times(s+3)}{(s+6)(s^2+6s+25)}$，求与 $F(s)$ 对应的时域函数 $f(t)$。

解：本题在例 6.4.2 中已经求解过，这里提供另一种解法。

$$F(s) = \frac{100(s+3)}{(s+6)(s^2+6s+25)} = \frac{-12}{s+6} + \frac{12s+100}{s^2+6s+25}$$

$$= \frac{-12}{s+6} + \frac{12(s+3)}{(s+3)^2+4^2} + \frac{16\times4}{(s+3)^2+4^2}$$

取逆拉氏变换，得

$$f(t) = L^{-1}\left[\frac{-12}{s+6}\right] + L^{-1}\left[\frac{12(s+3)}{(s+3)^2+4^2}\right] + L^{-1}\left[\frac{16\times4}{(s+3)^2+4^2}\right]$$

$$= -12L^{-1}\left[\frac{1}{s+6}\right] + 12L^{-1}\left[\frac{(s+3)}{(s+3)^2+4^2}\right] + 16L^{-1}\left[\frac{4}{(s+3)^2+4^2}\right]$$

查表 6.4.1 得

$$f(t) = -12e^{-6t} + 12e^{-3t}\cos 4t + 16e^{-3t}\sin 4t$$

$$= -12e^{-6t} + 4e^{-3t}\left[3\cos 4t + 4\sin 4t\right]$$

$$= -12e^{-6t} + 20e^{-3t}\left[\frac{3}{5}\cos 4t + \frac{4}{5}\sin 4t\right]$$

$$= -12e^{-6t} + 20e^{-3t}\cos(4t - 53.13°)$$

2. 若 $F(s)$ 为有理假分式

假分式总能展开为一个整式多项式与有理真分式之和。

比如，函数

$$F(s) = \frac{s^4 + 13s^3 + 66s^2 + 200s + 300}{s^2 + 9s + 20}$$

用分子除以分母得到的整式多项式和有理真分式之和为

$$F(s) = s^2 + 4s + 10 + \frac{30s + 100}{s^2 + 9s + 20}$$

然后，将有理真分式 $\dfrac{30s + 100}{s^2 + 9s + 20}$ 展开为部分分式之和

$$\frac{30s + 100}{s^2 + 9s + 20} = \frac{30s + 100}{(s+4)(s+5)} = \frac{-20}{s+4} + \frac{50}{s+5}$$

所以

$$F(s) = s^2 + 4s + 10 - \frac{20}{s+4} + \frac{50}{s+5}$$

再求上式的逆拉氏变换，得

$$f(t) = \frac{d^2\delta(t)}{dt^2} + 4\frac{d\delta(t)}{dt} + 10\delta(t) - (20e^{-4t} - 50e^{-5t})u(t)$$

习题 6.4

1. 求下列各函数对应的时域函数 $f(t)$。

（1）$F(s) = \dfrac{6s^2 + 26s + 26}{(s+1)(s+2)(s+3)}$

（2）$F(s) = \dfrac{7s^2 + 63s + 134}{(s+3)(s+4)(s+5)}$

（3）$F(s) = \dfrac{18s^2 + 66s + 54}{(s+1)(s+2)(s+3)}$

（4）$F(s) = \dfrac{8 \times (s^2 - 5s + 50)}{s^2(s+10)}$

2. 求下列各函数对应的时域函数 $f(t)$。

（1） $F(s) = \dfrac{10 \times (s^2 + 119)}{(s + 5)(s^2 + 10s + 169)}$

（2） $F(s) = \dfrac{s^3 - 6s^2 + 15s + 50}{s^2(s^2 + 4s + 5)}$

（3） $F(s) = \dfrac{11s^2 + 172s + 700}{(s + 2)(s^2 + 12s + 100)}$

（4） $F(s) = \dfrac{56s^2 + 112s + 5000}{s(s^2 + 14s + 625)}$

3. 求下列各函数对应的时域函数 $f(t)$。

（1） $F(s) = \dfrac{4s^2 + 7s + 1}{s(s + 1)^2}$

（2） $F(s) = \dfrac{s^2 + 6s + 5}{(s + 2)^3}$

（3） $F(s) = \dfrac{10 \times (3s^2 + 4s + 4)}{s(s + 2)^2}$

4. 求下列各函数对应的时域函数 $f(t)$。

（1） $F(s) = \dfrac{40}{(s^2 + 4s + 5)^2}$

（2） $F(s) = \dfrac{16s^3 + 72s^2 + 216s - 128}{(s^2 + 2s + 5)^2}$

5. 求下列各函数对应的时域函数 $f(t)$。

（1） $F(s) = \dfrac{2s^3 + 8s^2 + 2s - 4}{s^2 + 5s + 4}$

（2） $F(s) = \dfrac{5s^2 + 29s + 32}{(s + 2)(s + 4)}$

（3） $F(s) = \dfrac{s^2 + 25s + 150}{s + 20}$

6.5　拉氏变换在电路分析中的应用

本节讨论如何应用拉氏变换求解电路微分方程。这种方程一般含有导数或积分，对其进行拉氏变换时，可以将其转化为一个代数方程，这时会变得相对比较简单。下面介绍几个例子。

例 6.5.1

用拉氏变换求解二阶微分方程。

$$\begin{cases} \dfrac{\mathrm{d}^2 y}{\mathrm{d}t^2} + y = 1 \\ y(0) = 1, \ y'(0) = 0 \end{cases}$$

解：对方程两边进行拉氏变换，并记 $Y = Y(s) = L[y(t)]$，得

$$L[y''(t) + y(t)] = L[1]$$

即

$$L[y''(t)] + L[y(t)] = L[1]$$

于是

$$s^2 Y - s y(0) - y'(0) + Y = \frac{1}{s}$$

因为 $y(0) = 1, \ y'(0) = 0$，上式变成

$$s^2 Y - s + Y = \frac{1}{s}$$

所以

$$Y = \frac{1}{s}$$

对上式进行逆拉氏变换，得

$$y = L^{-1}[Y] = L^{-1}\left[\frac{1}{s}\right] = 1$$

这就是所求的解。

例 6.5.2

用拉氏变换求解二阶微分方程。

$$\begin{cases} \dfrac{\mathrm{d}^2 y}{\mathrm{d}t^2} - 3\dfrac{\mathrm{d}y}{\mathrm{d}t} + 2y = 2\mathrm{e}^{-t} \\ y(0) = 2, \ y'(0) = -1 \end{cases}$$

解：对进行方程两边进行拉氏变换，并记 $Y = Y(s) = L[y(t)]$，得

$$L[y''(t)] - 3L[y'(t)] + 2L[y(t)] = 2L[\mathrm{e}^{-t}]$$

于是

$$[s^2 Y - s y(0) - y'(0)] - 3[sY - y(0)] + 2Y = \frac{2}{s+1}$$

因为 $y(0) = 2, \ y'(0) = -1$，上式变为

$$Y = \frac{2s^2 - 5s - 5}{(s+1)(s-1)(s-2)} = \frac{1}{3} \cdot \frac{1}{s+1} + \frac{4}{s-1} - \frac{7}{3} \cdot \frac{1}{s-2}$$

对上式实施逆拉氏变换，得出所求的解为

$$y = L^{-1}[Y] = \frac{1}{3}\mathrm{e}^{-t} + 4\mathrm{e}^{t} - \frac{7}{3}\mathrm{e}^{2t}$$

例 6.5.3

在如图 6.5.1 所示 RLC 并联电路中，假设开关断开时，电路中的初始能量为 0，求 $t \geqslant 0$ 时电路中的电压响应 $v(t)$。

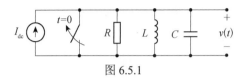

图 6.5.1

解：电压响应 $N(t)$ 是阶跃响应，它是由于给电路施加了一个直流电流而产生的，会在并联支路两端产生电压信号，并在各支路上产生电流信号。因此，可以写出 $v(t)$ 满足的微积分方程，这时将电路中流出上部节点的电流相加，得到方程

$$\frac{v(t)}{R} + \frac{1}{L}\int_0^t v(x)\mathrm{d}x + C\frac{\mathrm{d}v(t)}{\mathrm{d}t} = I_{dc}u(t) \tag{6.5.1}$$

此方程表示开关断开时，电流源的电流由 0 阶跃到 I_{dc}。

记 $L[v(t)] = V(s)$，对式（6.5.1）两边进行拉氏变换，得

$$\frac{V(s)}{R} + \frac{1}{L}\frac{V(s)}{s} + C[sV(s) - v(0)] = I_{dc}\frac{1}{s}$$

此代数方程中只有 $V(s)$ 是未知量。假设电路中 R、L、C 的值及电源电流 I_{dc} 都是已知的，因为初始能量为 0，所以电容的初始电压 $v(0) = 0$。

于是

$$V(s) \cdot \left\{ \frac{1}{R} + \frac{1}{Ls} + Cs \right\} = \frac{I_{dc}}{s}$$

$$V(s) = \frac{\dfrac{I_{dc}}{s}}{\dfrac{1}{R} + \dfrac{1}{Ls} + Cs} = \frac{\dfrac{I_{dc}}{C}}{s^2 + \dfrac{s}{RC} + \dfrac{1}{LC}}$$

显然 $V(s)$ 是 s 的有理函数。为了求出 $v(t)$，需要将 $V(s)$ 展开为部分分式形式，再进行逆拉氏变换。将逆拉氏变换记为

$$v(t) = L^{-1}[V(s)]$$

运用之前学习的方法，就可以求出电压响应。

这里也可以用求解微分方程的方法。对式（6.5.1）求关于 t 的导数，得

$$\frac{v}{L} + \frac{1}{R}\frac{\mathrm{d}v}{\mathrm{d}t} + C\frac{\mathrm{d}^2 v}{\mathrm{d}t^2} = 0$$

或者表示为

$$\frac{\mathrm{d}^2 v}{\mathrm{d}t^2} + \frac{1}{RC}\frac{\mathrm{d}v}{\mathrm{d}t} + \frac{v}{LC} = 0$$

此二阶常系数齐次线性微分方程，可得其通解。

后面的步骤请读者自行完成，

例 6.5.4

在如图 6.5.2 所示的电路中，设电容的初始电压为 V_0，求固有响应 $i(t)$ 和 $v(t)$ 对应的时域函数表达式。

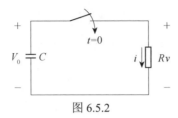

图 6.5.2

解：该电路的微分方程为

$$v + R \cdot i = 0, \quad i = C\frac{\mathrm{d}v}{\mathrm{d}t}$$

于是

$$RC\frac{\mathrm{d}v}{\mathrm{d}t} + v = 0$$

进行拉氏变换，得

$$RC \cdot L\left[\frac{\mathrm{d}v}{\mathrm{d}t}\right] + L[v] = 0$$

$$RC \cdot \{sV(s) - V_0\} + V(s) = 0$$

$$V(s) = \frac{V_0}{s + \dfrac{1}{RC}}$$

再对上式进行逆拉氏变换，得

$$v(t) = V_0 \mathrm{e}^{-t/RC} u(t)$$

所以，电路中的电流为

$$i(t) = \frac{V_0}{R} \mathrm{e}^{-t/RC} u(t)$$

例 6.5.5

在如图 6.5.3 所示的电路中，设电路中的初始能量为零，求断开开关后 $i_L(t)$ 的表达式。

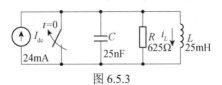

图 6.5.3

解：类似于例 6.5.3，可以建立如下的微分方程

$$i_L(t) + \frac{L}{R}\frac{\mathrm{d}i_L(t)}{\mathrm{d}t} + CL\frac{\mathrm{d}^2 i_L(t)}{\mathrm{d}t^2} = I_{\mathrm{dc}}u(t)$$

对上式进行拉氏变换，得

$$I_L + \frac{L}{R}\{sI_L - i(0)\} + CL\left\{s^2 I_L - si(0) - \frac{\mathrm{d}i(0)}{\mathrm{d}t}\right\} = \frac{I_{\mathrm{dc}}}{s}$$

所以

$$I_L = \frac{\dfrac{I_{\mathrm{dc}}}{LC}}{s\left(s^2 + \left(\dfrac{1}{RC}\right)s + \dfrac{1}{LC}\right)}$$

将 R、L、C、I_{dc} 的值代入上式，得

$$I_L = \frac{384 \times 10^5}{s(s^2 + 64000s + 16 \times 10^8)}$$

对上式分母的二次项进行因式分解

$$I_L = \frac{384 \times 10^5}{s(s + 32000 - \mathrm{j}24000)(s + 32000 + \mathrm{j}24000)}$$

将上式展开，得

$$I_L = \frac{K_1}{s} + \frac{K_2}{s + 32000 - \mathrm{j}24000} + \frac{K_2^*}{s + 32000 + \mathrm{j}24000} \tag{6.5.2}$$

其中的系数

$$K_1 = \frac{384 \times 10^5}{16 \times 10^8} = 24 \times 10^{-3}$$

$$K_2 = \frac{384 \times 10^5}{(-32000 + \mathrm{j}24000)(\mathrm{j}48000)}$$

$$= 20 \times 10^{-3} \angle 126.87°$$

将 K_1 和 K_2 的值代入式（6.5.2）中，并进行逆拉氏变换，得

$$i_L = [24 + 40\mathrm{e}^{-32000t} \cos(24000t + 126.87°)]u(t)$$

例 6.5.6

在如图 6.5.4 所示的电路中，断开开关时，电路中无储能。（1）当 $t \geqslant 0$ 时，写出关于 $v_0(t)$ 的微分方程；（2）求 $V(s)$ 和 $I(s)$。

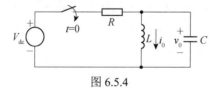

图 6.5.4

解：（1）根据基尔霍夫电压定律，得到电路方程为

$$\left(i_0(t) + C\frac{\mathrm{d}v_0(t)}{\mathrm{d}t}\right)R + v_0(t) = V_{\mathrm{dc}}u(t)$$

即

$$\frac{R}{L}\int_0^t v_0(x)\mathrm{d}x + CR\frac{\mathrm{d}v_0(t)}{\mathrm{d}t} + v_0(t) = V_{\mathrm{dc}}u(t)$$

（2）对上式进行拉氏变换，得

$$\frac{R}{L}\cdot\frac{V(s)}{s} + CR\{sV(s) - v(0)\} + V(s) = V_{\mathrm{dc}}\frac{1}{s}$$

因为断开开关时，电路中无储能，所以 $v(0) = 0$。由此可得

$$V(s) = \frac{\dfrac{V_{\mathrm{dc}}}{CR}}{s^2 + \dfrac{1}{CR}s + \dfrac{1}{LC}}$$

由 $v_0(t) = L\dfrac{\mathrm{d}i_0(t)}{\mathrm{d}t}$ 得

$$V(s) = L\{sI(s) - i_0(0)\}$$

而 $i_0(0) = 0$，于是

$$V(s) = LsI(s)$$

从而

$$I(s) = \frac{V(s)}{Ls} = \frac{1}{Ls}\frac{\dfrac{V_{\mathrm{dc}}}{CR}}{s^2 + \dfrac{1}{CR}s + \dfrac{1}{LC}} = \frac{\dfrac{V_{\mathrm{dc}}}{CRL}}{s\left(s^2 + \dfrac{1}{CR}s + \dfrac{1}{LC}\right)}$$

当然，我们也可以通过关于 $i_0(t)$ 的微分方程得到这个结论。比如

$$\left(i_0(t) + C\frac{\mathrm{d}v_0(t)}{\mathrm{d}t}\right)R + v_0(t) = V_{\mathrm{dc}}u(t)$$

而 $v_0(t) = L\dfrac{\mathrm{d}i_0(t)}{\mathrm{d}t}$，则 $\dfrac{\mathrm{d}v_0(t)}{\mathrm{d}t} = L\dfrac{\mathrm{d}^2 i_0(t)}{\mathrm{d}t^2}$，所以

$$i_0(t)R + CLR\frac{\mathrm{d}^2 i_0(t)}{\mathrm{d}t^2} + L\frac{\mathrm{d}i_0(t)}{\mathrm{d}t} = V_{\mathrm{dc}}u(t)$$

即

$$CLR\frac{\mathrm{d}^2 i_0(t)}{\mathrm{d}t^2} + L\frac{\mathrm{d}i_0(t)}{\mathrm{d}t} + i_0(t)R = V_{\mathrm{dc}}u(t)$$

对上式进行拉氏变换，同时考虑 $i_0(0) = 0, v(0) = 0$，得

$$CLRs^2 I(s) + LsI(s) + RI(s) = V_{\mathrm{dc}}\frac{1}{s}$$

$$I(s) = \frac{1}{s}\frac{\dfrac{V_{\mathrm{dc}}}{CLR}}{s^2 + \dfrac{1}{CR}s + \dfrac{1}{CL}}$$

习题 6.5

1. 利用拉氏变换，求解下列微分方程。

（1）$\begin{cases}\dfrac{\mathrm{d}^2 y}{\mathrm{d}t^2}-3\dfrac{\mathrm{d}y}{\mathrm{d}t}+2y=4 \\ y(0)=1,\ y'(0)=1\end{cases}$ 　　　　（2）$\begin{cases}\dfrac{\mathrm{d}^2 y}{\mathrm{d}t^2}+16y=32t \\ y(0)=3,\ y'(0)=-2\end{cases}$

（3）$\begin{cases}\dfrac{\mathrm{d}^2 y}{\mathrm{d}t^2}+4\dfrac{\mathrm{d}y}{\mathrm{d}t}+4y=6\mathrm{e}^{-2t} \\ y(0)=-2,\ y'(0)=8\end{cases}$ 　　　　（4）$\dfrac{\mathrm{d}^3 y}{\mathrm{d}t^3}+\dfrac{\mathrm{d}y}{\mathrm{d}t}=t+1$

2. 在如图 6.5.1 所示的电路中，用交流电流源 $5\cos10t(\mathrm{A})$ 代替直流电流源，电路中 $R=1\Omega$，$L=625\mathrm{mH}$，$C=25\mathrm{mF}$，求 $V(s)$ 的表达式。

3. 在如图 6.5.4 所示的电路中，断开开关时，电路中无储能，已知 $R=10\mathrm{k}\Omega$，$L=800\mathrm{mH}$，$C=100\mathrm{nF}$，$V_{\mathrm{dc}}=70\mathrm{V}$，求 $v_0(t)$ 和 $i_0(t)$，其中，$t\geqslant 0$。

4. 在如图 6.5.5 所示的电路中，断开开关时，电路中无储能。（1）写出 $t\geqslant 0$ 时，关于 $v_0(t)$ 的微分方程；（2）求 $V_0(s)$ 和 $I_0(s)$；（3）已知电路中 $R=4\mathrm{k}\Omega$，$L=2.5\mathrm{H}$，$C=25\mathrm{nF}$，$I_{\mathrm{dc}}=3\mathrm{mA}$，求 $v_0(t)$ 和 $i_0(t)$ 其中，$t\geqslant 0$。

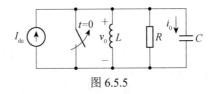

图 6.5.5

5. 在如图 6.5.6 所示的电路中，断开开关时，电路中无储能，
（1）列出关于节点电压 $v_1(t)$ 和 $v_2(t)$ 的微分方程；
（2）求 $V_2(s)$ 的表达式；
（3）已知电路中 $R=2500\Omega$，$L=500\mathrm{mH}$，$C=0.5\mu\mathrm{F}$，若 $i_\mathrm{g}(t)=15\,\mathrm{mA}$，求 $v_2(t)$。

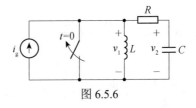

图 6.5.6

6. 在如图 6.5.7 所示的电路中，开关已在 a 处很长时间，当 $t=0$ 时，将开关瞬时转至 b 处。
（1）求 $V_0(s)$ 的表达式；
（2）已知电路中 $R=5000\Omega$，$L=1\mathrm{H}$，$C=0.25\mu\mathrm{F}$，若 $V_{\mathrm{dc}}=15\mathrm{V}$，求 $v_0(t)$，其中，$t\geqslant 0$ 时。

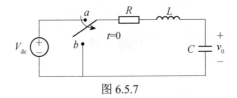

图 6.5.7

第7章 无穷级数

无穷级数是近似计算和数值计算的有力工具。本章主要介绍无穷级数的概念与性质、幂级数和泰勒展开式等。

7.1 级数的概念

在中学阶段，曾经学习过如何求已知数列的前 n 项之和。现在，我们要把这种求和运算推广到无穷多项的情形中。为此，需要引入下面的定义。

定义 7.1.1

若给定一个无穷数列

$$u_1, u_2, u_3, \cdots, u_n, \cdots$$

则

$$u_1 + u_2 + u_3 + \cdots + u_n + \cdots$$

被称为**无穷级数**，简称**级数**。记为

$$\sum_{n=1}^{\infty} u_n = u_1 + u_2 + u_3 + \cdots + u_n + \cdots \tag{7.1.1}$$

其中，u_n 为无穷级数的第 n 项，也被称为通项。

需要注意，式（7.1.1）只是表示无穷多项相加的一种形式，并不意味着一定能求出具体的和，因为对于无穷多项来说，逐项相加求和的运算是不可能完成的。

比如，下列都是级数：

（1）$1+2+3+\cdots+n+\cdots$ $\qquad\qquad$ $u_n = n$

（2）$1+\dfrac{1}{2}+\dfrac{1}{4}+\cdots+\dfrac{1}{2^{n-1}}+\cdots$ $\qquad$ $u_n = \dfrac{1}{2^{n-1}}$

（3）$1+\dfrac{1}{2}+\dfrac{1}{3}+\cdots+\dfrac{1}{n}+\cdots$ $\qquad\quad$ $u_n = \dfrac{1}{n}$

（4）$1-x+x^2-x^3+\cdots+(-1)^{n-1}x^{n-1}+\cdots$ $\quad$ $u_n = (-1)^{n-1}x^{n-1}$

（5）$\sin x + \sin 2x + \sin 3x + \cdots + \sin nx + \cdots$ $\quad$ $u_n = \sin nx$

其中，前三个级数的每一项都是常数，这样的级数被称为**数项级数**；而后两个级数的每一项中都是含有未知变量 x，这样的级数被称为**函数项级数**。

级数 $\displaystyle\sum_{n=1}^{\infty} u_n$ 的前 n 项之和，被称为级数的部分和，记为 S_n，即

$$S_n = u_1 + u_2 + u_3 + \cdots + u_n = \sum_{i=1}^{n} u_i \qquad (7.1.2)$$

定义 7.1.2

对于无穷级数 $\sum_{n=1}^{\infty} u_n$，如果当 $n \to \infty$ 时，$S_n \to S$，即部分和的极限存在（有限），那么就称无穷级数 $\sum_{n=1}^{\infty} u_n$ 收敛于 S。此时，S 被称为无穷级数的和，并记为

$$S = u_1 + u_2 + u_3 + \cdots + u_n + \cdots$$

如果当 $n \to \infty$ 时，S_n 没有极限，即 $\lim_{n \to \infty} S_n$ 不存在，则称无穷级数 $\sum_{n=1}^{\infty} u_n$ 发散。发散的无穷级数没有和。

当无穷级数 $\sum_{n=1}^{\infty} u_n$ 收敛于 S 时，无穷级数的和 S 与前 n 项的部分和 S_n 之差

$$S - S_n = u_{n+1} + u_{n+2} + u_{n+3} + \cdots \qquad (7.1.3)$$

被称为**无穷级数的余项**。

例 7.1.1

求无穷级数

$$1 + \frac{1}{2} + \frac{1}{4} + \cdots + \frac{1}{2^{n-1}} + \frac{1}{2^n} + \cdots$$

的和。

解：记 $S_n = 1 + \dfrac{1}{2} + \dfrac{1}{4} + \cdots + \dfrac{1}{2^{n-1}}$，由等比数列的求和公式，得

$$S_n = \frac{1 - \left(\dfrac{1}{2}\right)^n}{1 - \dfrac{1}{2}}$$

于是

$$\lim_{n \to \infty} S_n = \lim_{n \to \infty} \frac{1 - \left(\dfrac{1}{2}\right)^n}{1 - \dfrac{1}{2}} = \lim_{n \to \infty} 2\left[1 - \left(\dfrac{1}{2}\right)^n\right] = 2$$

这说明 $\lim_{n \to \infty} S_n$ 存在，根据级数收敛的定义，得

$$1 + \frac{1}{2} + \frac{1}{4} + \cdots + \frac{1}{2^{n-1}} + \cdots = 2$$

此例告诉我们，判断一个级数是收敛还是发散，可以先求出此级数的部分和 S_n，然后再讨论极限 $\lim_{n \to \infty} S_n$ 是否存在。若极限 $\lim_{n \to \infty} S_n$ 存在，则该级数就收敛于这个极限；否则，

该级数就是发散的。

例 7.1.2

判断下列级数的敛散性，若收敛，则求其和。

（1）$\displaystyle\sum_{n=1}^{\infty} n$
　　　　　　　　　　　　（2）$\displaystyle\sum_{n=1}^{\infty} \frac{1}{n(n+1)}$

（3）$\displaystyle\sum_{n=1}^{\infty} \ln\frac{n+1}{n}$
　　　　　　　　　（4）$\displaystyle\sum_{n=1}^{\infty} \frac{1}{\sqrt{n+1}+\sqrt{n}}$

解：（1）因为

$$S_n = 1 + 2 + 3 + \cdots + n = \frac{n(n+1)}{2}$$

而 $\displaystyle\lim_{n\to\infty} S_n = \lim_{n\to\infty}\frac{n(n+1)}{2} = +\infty$，所以级数

$$\sum_{n=1}^{\infty} n$$

是发散的。

（2）因为

$$S_n = \frac{1}{1\times 2} + \frac{1}{2\times 3} + \cdots + \frac{1}{n(n+1)}$$

$$= \left(\frac{1}{1}-\frac{1}{2}\right) + \left(\frac{1}{2}-\frac{1}{3}\right) + \cdots + \left(\frac{1}{n}-\frac{1}{n+1}\right) = 1 - \frac{1}{n+1}$$

于是 $\displaystyle\lim_{n\to\infty} S_n = \lim_{n\to\infty}\left(1-\frac{1}{n+1}\right) = 1$，所以级数

$$\sum_{n=1}^{\infty} \frac{1}{n(n+1)}$$

收敛，且其和 $S = 1$。可以简记为

$$\sum_{n=1}^{\infty} \frac{1}{n(n+1)} = 1$$

（3）因为

$$S_n = \ln 2 + \ln\frac{3}{2} + \ln\frac{4}{3} + \cdots + \ln\frac{n+1}{n}$$

$$= \ln 2 + (\ln 3 - \ln 2) + (\ln 4 - \ln 3) + \cdots + [\ln(n+1) - \ln n]$$

$$= \ln(n+1)$$

于是 $\displaystyle\lim_{n\to\infty} S_n = \lim_{n\to\infty}\ln(n+1) = +\infty$，所以级数

$$\sum_{n=1}^{\infty} \ln\frac{n+1}{n}$$

是发散的。

（4）因为

$$\frac{1}{\sqrt{n+1}+\sqrt{n}}=\sqrt{n+1}-\sqrt{n}$$

所以

$$\begin{aligned}S_n&=\left(\sqrt{2}-\sqrt{1}\right)+\left(\sqrt{3}-\sqrt{2}\right)+\cdots+\left(\sqrt{n+1}-\sqrt{n}\right)\\&=\sqrt{n+1}-\sqrt{1}\end{aligned}$$

于是 $\lim\limits_{n\to\infty}S_n=\lim\limits_{n\to\infty}\left(\sqrt{n+1}-\sqrt{1}\right)=+\infty$ ，所以此级数是发散的。

例 7.1.3

分析等比级数（几何级数）

$$\sum_{n=1}^{\infty}aq^{n-1}=a+aq+aq^2+aq^3+\cdots+aq^{n-1}+\cdots\ (a\neq0)$$

的敛散性。

解：（1）当 $q=1$ 时， $S_n=na$ ，从而， $\lim\limits_{n\to\infty}S_n=\lim\limits_{n\to\infty}(na)=\infty$ ，此时级数是发散的。

（2）当 $q=-1$ 时，原级数变为 $a-a+a-a+\cdots$ ，则其部分和为

$$S_n=a-a+a-a+\cdots+a-a$$

此时，若 n 为奇数，则部分和 $S_n=a$ ；

若 n 为偶数，则部分和 $S_n=0$ 。

所以 $\lim\limits_{n\to\infty}S_n$ 不存在，此时级数是发散的。

（3）当 $q\neq\pm1$ 时，由等比数列的求和公式，得

$$S_n=a+aq+aq^2+aq^3+\cdots+aq^{n-1}=a\frac{1-q^n}{1-q}$$

若 $|q|<1$ ，则 $\lim\limits_{n\to\infty}q^n=0$ ，于是

$$\lim_{n\to\infty}S_n=\lim_{n\to\infty}a\frac{1-q^n}{1-q}=\frac{a}{1-q}$$

此时，级数是收敛的。

若 $|q|>1$ ，则 $\lim\limits_{n\to\infty}q^n=\infty$ ，从而 $\lim\limits_{n\to\infty}S_n=\infty$ ，此时级数是发散的。

综合上述讨论，得出结论如下：

当 $|q|\geqslant1$ 时，几何级数 $\sum\limits_{n=1}^{\infty}aq^{n-1}$ 发散；

当 $|q|<1$ 时，几何级数 $\sum\limits_{n=1}^{\infty}aq^{n-1}$ 收敛，其和为 $\dfrac{a}{1-q}$ 。

特别地，当 $a=1$ ， $q=x$ 时，有如下等式

$$1+x+x^2+\cdots+x^n+\cdots=\frac{1}{1-x}\quad(|x|<1)$$

这个结论非常有用。

例 7.1.4

分析级数 $\sum_{n=1}^{\infty}\dfrac{1}{n}$ 的敛散性。

解：级数 $\sum_{n=1}^{\infty}\dfrac{1}{n}$ 被称为调和级数，它的前 n 项部分和为

$$S_n = 1 + \frac{1}{2} + \frac{1}{3} + \cdots + \frac{1}{n}$$

结合区间 $[1,\ n+1]$ 上曲线 $y=\dfrac{1}{x}$ 与 x 轴所围成的曲边梯形面积，可以发现

$$S_n = 1 + \frac{1}{2} + \frac{1}{3} + \cdots + \frac{1}{n} > \int_1^{n+1}\frac{1}{x}\,\mathrm{d}x = \ln(n+1)$$

当 $n \to \infty$ 时，$\ln(n+1) \to \infty$，由此可知，S_n 的极限不存在，故调和级数是发散的。

　　虽然我们可以根据无穷级数收敛的定义来讨论级数的敛散性，但对于比较复杂的级数，使用这种方法往往难以判断其敛散性。下面的性质将有助于判断无穷级数的敛散性。

性质 7.1.1

若级数 $\sum_{n=1}^{\infty}u_n$ 收敛，则其通项 u_n 必趋于 0，即 $\lim_{n\to\infty}u_n = 0$。

证明：因为级数 $\sum_{n=1}^{\infty}u_n$ 收敛，所以 $\lim_{n\to\infty}S_n$ 存在，不妨设其为 S

$$S_n = (u_1 + u_2 + \cdots + u_{n-1}) + u_n = S_{n-1} + u_n$$
$$u_n = S_n - S_{n-1}$$

所以

$$\lim_{n\to\infty}u_n = \lim_{n\to\infty}(S_n - S_{n-1}) = \lim_{n\to\infty}S_n - \lim_{n\to\infty}S_{n-1} = S - S = 0$$

这个性质是级数收敛的必要条件，而不是充分条件。也就是说，当 $\lim_{n\to\infty}u_n \neq 0$ 时，级数必定是发散的；而当 $\lim_{n\to\infty}u_n = 0$ 时，级数 $\sum_{n=1}^{\infty}u_n$ 可能收敛，也可能发散。

　　比如，无穷级数 $1-1+1-1+1-1+\cdots$ 是发散的，因为 $\lim_{n\to\infty}(-1)^{n-1}u_n \neq 0$。

　　又如，对于调和级数

$$\sum_{1}^{\infty}\frac{1}{n} = 1 + \frac{1}{2} + \frac{1}{3} + \cdots + \frac{1}{n} + \cdots$$

虽然 $\lim_{n\to\infty}u_n = \lim_{n\to\infty}\dfrac{1}{n} = 0$，但它是发散的。

性质 7.1.2

若级数 $\sum_{n=1}^{\infty}u_n$ 和 $\sum_{n=1}^{\infty}v_n$ 都收敛，且其和分别为 S 与 T，则级数 $\sum_{n=1}^{\infty}(u_n \pm v_n)$ 也收敛，其和

为 $S \pm T$。

下面只证明 $\sum\limits_{n=1}^{\infty}(u_n + v_n)$ 的情况。

证明：记 $\sum\limits_{n=1}^{\infty}u_n$、$\sum\limits_{n=1}^{\infty}v_n$ 和 $\sum\limits_{n=1}^{\infty}(u_n + v_n)$ 的部分和分别为 S_n、T_n 和 M_n，且 $\lim\limits_{n\to\infty}S_n = S$，$\lim\limits_{n\to\infty}T_n = T$，则

$$
\begin{aligned}
M_n &= (u_1 + v_1) + (u_2 + v_2) + \cdots + (u_n + v_n) \\
&= (u_1 + u_2 + \cdots + u_n) + (v_1 + v_2 + \cdots + v_n) \\
&= S_n + T_n
\end{aligned}
$$

$$
\lim_{n\to\infty}M_n = \lim_{n\to\infty}(S_n + T_n) = \lim_{n\to\infty}S_n + \lim_{n\to\infty}T_n = S + T
$$

这表明，无穷级数

$$
\sum_{n=1}^{\infty}(u_n + v_n)
$$

收敛，且其和为 $S + T$。

例 7.1.5

判断下列级数

$$
\left(\frac{1}{2} + \frac{1}{3}\right) + \left(\frac{1}{2^2} + \frac{1}{3^2}\right) + \cdots + \left(\frac{1}{2^n} + \frac{1}{3^n}\right) + \cdots
$$

的敛散性。

解：根据从例 7.1.3 中得出的结论可知，级数

$$
\frac{1}{2} + \frac{1}{2^2} + \cdots + \frac{1}{2^n} + \cdots \quad \text{与} \quad \frac{1}{3} + \frac{1}{3^2} + \cdots + \frac{1}{3^n} + \cdots
$$

分别收敛于是 1 和 $\frac{1}{2}$，根据性质 7.1.2 得，级数

$$
\sum_{n=1}^{\infty}\left(\frac{1}{2^n} + \frac{1}{3^n}\right)
$$

收敛于 $1 + \frac{1}{2} = \frac{3}{2}$。

性质 7.1.3

（1）若 $\sum\limits_{n=1}^{\infty}u_n$ 收敛，且和为 S，则对于任一常数 C，级数 $\sum\limits_{n=1}^{\infty}Cu_n$ 也收敛，且其和为 CS。

（2）若 $\sum\limits_{n=1}^{\infty}u_n$ 发散，则对于任意的非零常数 C，级数 $\sum\limits_{n=1}^{\infty}Cu_n$ 也发散。

此性质的证明可以仿照性质 7.1.1 的证明过程来进行，请读者自行完成。

性质 7.1.4

在一个无穷级数中增加或去掉有限项，不会改变该级数的敛散性。

比如，级数 $\dfrac{1}{2}+\dfrac{1}{2^2}+\cdots+\dfrac{1}{2^n}+\cdots$ 是收敛的，现在去掉其中的有限项后得到如下的级数

$$\frac{1}{2^9}+\frac{1}{2^{20}}+\frac{1}{2^{31}}+\frac{1}{2^{100}}+\frac{1}{2^{101}}+\frac{1}{2^{102}}+\cdots+\frac{1}{2^n}+\cdots$$

也是收敛的。

习题 7.1

1. 写出下列级数的通项。

（1）$1+\dfrac{1}{3}+\dfrac{1}{5}+\dfrac{1}{7}+\cdots$

（2）$\dfrac{1}{4}+\dfrac{2}{5}+\dfrac{3}{6}+\dfrac{4}{7}+\cdots$

（3）$x-\dfrac{x^2}{2}+\dfrac{x^3}{3}-\dfrac{x^4}{4}+\cdots$

（4）$\dfrac{a^2}{2}-\dfrac{a^3}{5}+\dfrac{a^4}{10}-\dfrac{a^5}{17}+\cdots$

2. 根据级数收敛的定义，判断下列级数的敛散性。

（1）$\displaystyle\sum_{n=1}^{\infty}\left(\sqrt{n+3}-\sqrt{n+2}\right)$

（2）$\displaystyle\sum_{n=1}^{\infty}\frac{1}{(2n-1)(2n+1)}$

（3）$\displaystyle\sum_{n=1}^{\infty}(-1)^n$

（4）$\displaystyle\sum_{n=1}^{\infty}\left(\frac{1}{5^n}+\frac{1}{6^n}\right)$

3. 若级数 $\displaystyle\sum_{n=1}^{\infty}u_n$ 和 $\displaystyle\sum_{n=1}^{\infty}v_n$ 均发散，试判断级数 $\displaystyle\sum_{n=1}^{\infty}(u_n+v_n)$ 的敛散性。

4. 已知级数 $\displaystyle\sum_{n=1}^{\infty}(u_n\pm v_n)$ 都收敛，证明：级数 $\displaystyle\sum_{n=1}^{\infty}u_n$ 和 $\displaystyle\sum_{n=1}^{\infty}v_n$ 也收敛。

5. 判断下列级数的敛散性，若收敛，则求其和。

（1）$\displaystyle\sum_{n=1}^{\infty}\frac{6n}{9n+2}$

（2）$\displaystyle\sum_{n=1}^{\infty}\left(\frac{1}{2^n}+\frac{3^n}{4^n}\right)$

（3）$\displaystyle\sum_{n=1}^{\infty}\frac{(-1)^n}{5^n}$

（4）$\displaystyle\sum_{n=1}^{\infty}\frac{n+1}{2n}$

（5）$\displaystyle\sum_{n=1}^{\infty}\left(\frac{n}{n+1}\right)^n$

（6）$\displaystyle\sum_{n=1}^{\infty}\frac{1}{n(n+2)}$

7.2 幂级数

在处理工程技术问题时，经常用到两种比较特殊的函数项级数——幂级数和傅里叶

级数。这里先介绍幂级数，傅里叶级数将在下一章中专门讨论。

定义 7.2.1

形如

$$\sum_{n=0}^{\infty} a_n (x-a)^n = a_0 + a_1(x-a) + a_2(x-a)^2 + \cdots + a_n(x-a)^n + \cdots$$

的函数项级数被称为 **x − a** 的**幂级数**，其中，常数 a_0，a_1，a_2，$\cdots$ 被称为**幂级数的系数**，a 被称为**幂级数的中心**。

特别地，当 $a = 0$ 时，上述的幂级数就变为

$$\sum_{n=0}^{\infty} a_n x^n = a_0 + a_1 x + a_2 x^2 + \cdots + a_n x^n + \cdots \tag{7.2.1}$$

这种形式的级数被称为 **x** 的**幂级数**。

其实，这两种形式的幂级数没有本质性的差别。为简单起见，以下讨论都基于式（7.2.1）所示形式的幂级数。比如

$$\sum_{n=0}^{\infty} x^n = 1 + x + x^2 + \cdots + x^n + \cdots \tag{7.2.2}$$

$$\sum_{n=0}^{\infty} n! x^n = 1 + 1! x + 2! x^2 + \cdots + n! x^n + \cdots \tag{7.2.3}$$

$$\sum_{n=0}^{\infty} \frac{x^n}{n!} = 1 + \frac{x}{1!} + \frac{x^2}{2!} + \cdots + \frac{x^n}{n!} + \cdots \tag{7.2.4}$$

对于幂级数来说，我们感兴趣的是，当 x 取什么值时，它是收敛的。

比如，对于式（7.2.2），根据前面对几何级数的讨论可知，当 $|x| < 1$ 时，此幂级数是收敛的；当 $|x| \geqslant 1$ 时，此幂级数是发散的。

对于式（7.2.3）来说，只有当 $x = 0$ 时，它才是收敛的。

对于式（7.2.4）来说，不管 x 取什么值，它都是收敛的。

对一般的幂级数而言，通常会有三种情况：

（1）幂级数仅在 $x = 0$ 处收敛；

（2）对于所有的实数 x，幂级数都收敛；

（3）存在某个实数 R，当 $|x| < R$ 时，幂级数收敛；当 $|x| > R$ 时，幂级数发散。实数 R 称为幂级数的收敛半径，$(-R, R)$ 称为幂级数的收敛区间，在此区间内，幂级数都是收敛的。而在点 $x = -R$ 或 $x = R$ 处，幂级数是否收敛则需要另外讨论。

通常把由所有的收敛点构成的集合称为幂级数的收敛域。

例 7.2.1

求幂级数

$$\sum_{n=0}^{\infty}(-1)^n x^n = 1 - x + x^2 - x^3 + \cdots + (-1)^n x^n + \cdots$$

的收敛域。

解：根据几何级数的结论，得

$$1 - x + x^2 - x^3 + \cdots + (-1)^n x^n + \cdots = \frac{1}{1+x} \quad -1 < x < 1$$

也就是说，此幂级数收敛区间为$(-1, 1)$。

当$x = \pm 1$时，容易证明，级数是发散的。

所以，此幂级数的收敛域为$(-1, 1)$。

对于一般的幂级数，如何求出它的收敛半径R呢？在此，我们不加证明地介绍一个比较方便地求收敛半径R的公式：

$$R = \frac{1}{\lim\limits_{n \to \infty}\left|\dfrac{a_{n+1}}{a_n}\right|}$$

应用这个公式时，需要注意如下两种情况：

$$\lim_{n \to \infty}\left|\frac{a_{n+1}}{a_n}\right| = 0 \quad \text{或} \quad \lim_{n \to \infty}\left|\frac{a_{n+1}}{a_n}\right| = +\infty$$

一般地，我们规定：

如果$\lim\limits_{n \to \infty}\left|\dfrac{a_{n+1}}{a_n}\right| = 0$，则$R = \dfrac{1}{0} = +\infty$，即幂级数的收敛半径为$+\infty$。这意味着，对所有的实数$x$，幂级数$\sum\limits_{n=0}^{\infty} a_n x^n$都收敛。

如果$\lim\limits_{n \to \infty}\left|\dfrac{a_{n+1}}{a_n}\right| = +\infty$，则$R = \dfrac{1}{+\infty} = 0$，即幂级数的收敛半径为0，也就是说，幂级数$\sum\limits_{n=0}^{\infty} a_n x^n$仅在$x = 0$处收敛，在其他的点都发散。

例 7.2.2

求下列幂级数的收敛半径和收敛域。

（1）$\displaystyle\sum_{n=1}^{\infty} \frac{x^n}{n!}$ 　　　　　　（2）$\displaystyle\sum_{n=0}^{\infty} n! x^n$ 　　　　　　（3）$\displaystyle\sum_{n=1}^{\infty}(-1)^{n-1}\frac{x^n}{n}$

解：（1）因为

$$\lim_{n \to \infty}\left|\frac{a_{n+1}}{a_n}\right| = \lim_{n \to \infty}\left|\frac{\dfrac{1}{(n+1)!}}{\dfrac{1}{n!}}\right| = \lim_{n \to \infty}\frac{1}{n+1} = 0$$

所以幂级数的收敛半径$R = +\infty$，幂级数的收敛域为$(-\infty, +\infty)$。

（2）因为

$$\lim_{n\to\infty}\left|\frac{a_{n+1}}{a_n}\right|=\lim_{n\to\infty}\left|\frac{(n+1)!}{n!}\right|=\lim_{n\to\infty}(n+1)=+\infty$$

所以收敛半径 $R=0$，级数仅在 $x=0$ 处收敛，收敛域为 $\{x|x=0\}$。

（3）因为

$$\lim_{n\to\infty}\left|\frac{a_{n+1}}{a_n}\right|=\lim_{n\to\infty}\left|\frac{\dfrac{1}{(n+1)}}{\dfrac{1}{n}}\right|=\lim_{n\to\infty}\frac{n}{n+1}=1$$

所以幂级数的收敛半径 $R=1$，幂级数的收敛区间为（$-1,1$）。

另外，当 $x=-1$ 时，原级数为

$$-1-\frac{1}{2}-\frac{1}{3}-\cdots-\frac{1}{n}-\cdots$$

是发散的，因为此级数是负的调和级数。参见例 7.1.4。

当 $x=1$ 时，原级数为

$$1-\frac{1}{2}+\frac{1}{3}-\frac{1}{4}+\cdots+(-1)^{n-1}\frac{1}{n}+\cdots$$

是正负相间的交错级数，可以证明这个交错级数是收敛的。此处不再进行具体证明。

故，幂级数

$$\sum_{n=1}^{\infty}(-1)^{n-1}\frac{x^n}{n}$$

的收敛域为 $(-1,1]$。

正像前文曾经讨论的无穷级数性质一样，幂级数有下面的性质。

性质 7.2.1

设幂级数 $\sum\limits_{n=0}^{\infty}a_nx^n$ 和 $\sum\limits_{n=0}^{\infty}b_nx^n$ 均收敛，且其公共收敛域为 D，则在收敛域 D 内必有

$$\sum_{n=0}^{\infty}a_nx^n+\sum_{n=0}^{\infty}b_nx^n=\sum_{n=0}^{\infty}(a_n+b_n)x^n$$

$$k\sum_{n=0}^{\infty}a_nx^n=\sum_{n=0}^{\infty}ka_nx^n$$

该性质表明，两个收敛的幂级数在其公共收敛域内可以运用加法交换律进行求和运算。

性质 7.2.2

设幂级数 $\sum\limits_{n=0}^{\infty}a_nx^n$ 在收敛区间 $(-R,R)$ 内的和函数为 $S(x)$，则

$$S'(x) = \left(\sum_{n=0}^{\infty} a_n x^n \right)' = \sum_{n=0}^{\infty} (a_n x^n)' = \sum_{n=0}^{\infty} n a_n x^{n-1}$$

性质 7.2.3

设幂级数 $\sum_{n=0}^{\infty} a_n x^n$ 在收敛区间 $(-R, R)$ 内的和函数为 $S(x)$，则

$$\int_0^x S(x) \mathrm{d}x = \int_0^x \left(\sum_{n=0}^{\infty} a_n x^n \right) \mathrm{d}x = \sum_{n=0}^{\infty} \left(\int_0^x a_n x^n \mathrm{d}x \right) = \sum_{n=0}^{\infty} \frac{a_n}{n+1} x^{n+1}$$

简单地说，幂级数在其收敛区间内可以逐项求导或逐项积分，并且逐项求导或逐项积分后得到的幂级数的收敛区间不变，但在收敛区间的端点处，级数的敛散性可能会发生改变。

比如，几何级数

$$1 + x + x^2 + x^3 + \cdots + x^n + \cdots = \frac{1}{1-x} \quad -1 < x < 1$$

对上式的两端求导，得

$$1 + 2x + 3x^2 + \cdots + nx^{n-1} + \cdots = \frac{1}{(1-x)^2} \quad -1 < x < 1$$

在 $x = \pm 1$ 处，上式左边级数的一般项不趋于 0，此级数发散。所以逐项求导后所得级数的收敛域为（$-1, 1$）。

如果对几何级数从 0 到 x 逐项求积分，得

$$\int_0^x (1 + x + x^2 + x^3 + \cdots + x^n + \cdots) \mathrm{d}x = \int_0^x \frac{1}{1-x} \mathrm{d}x$$

即

$$x + \frac{x^2}{2} + \frac{x^3}{3} + \cdots + \frac{x^{n+1}}{n+1} + \cdots = -\ln(1-x) \quad -1 < x < 1$$

当 $x = -1$ 时，上式左边的级数是收敛的，当 $x = 1$ 时，上式左边的级数是发散的。因此，原级数逐项求积分后得到的收敛域变为 $[-1, 1)$。

例 7.2.3

求下列幂级数的和函数与收敛域。

（1） $\sum_{n=0}^{\infty} (-1)^n (n+1) x^n$ （2） $\sum_{n=0}^{\infty} \frac{x^{2n+1}}{2n+1}$

解：（1）设幂级数的和函数为 $S(x)$，则

$$S(x) = \sum_{n=0}^{\infty} (-1)^n (n+1) x^n$$
$$= 1 - 2x + 3x^2 - 4x^3 + \cdots + (-1)^n (n+1) x^n + \cdots$$

由幂级数运算性质，两边积分，得

$$\int_0^x S(t)\mathrm{d}t = \int_0^x \sum_{n=0}^{\infty}(-1)^n(n+1)t^n\mathrm{d}t$$

$$= \sum_{n=0}^{\infty} \int_0^x (-1)^n(n+1)t^n\mathrm{d}t$$

$$= x - x^2 + x^3 - x^4 + \cdots + (-1)^n x^{n+1} + \cdots$$

$$= \frac{x}{1+x} \quad -1 < x < 1$$

对上式两边求导数，得

$$\left(\int_0^x S(t)\mathrm{d}t\right)' = \left(\frac{x}{1+x}\right)'$$

即

$$S(x) = \left(\frac{x}{1+x}\right)' = \frac{1}{(1+x)^2}$$

所以

$$\sum_{n=0}^{\infty}(-1)^n(n+1)x^n = \frac{1}{(1+x)^2} \quad -1 < x < 1$$

当 $x = \pm 1$ 时，级数

$$\sum_{n=0}^{\infty}(-1)^n(n+1)x^n$$

显然是发散的。

因此，级数

$$\sum_{n=0}^{\infty}(-1)^n(n+1)x^n$$

的收敛域为 $(-1,1)$。

（2）请读者仿照（1）完成求解过程。其和函数如下：

$$\sum_{n=0}^{\infty}\frac{x^{2n+1}}{2n+1} = \frac{1}{2}\ln\frac{1+x}{1-x} \quad -1 < x < 1$$

习题 7.2

1. 求下列幂级数的收敛半径与收敛域。

（1）$\displaystyle\sum_{n=1}^{\infty}\frac{(-1)^{n-1}}{n^2}x^n$

（2）$\displaystyle\sum_{n=1}^{\infty}\frac{x^n}{(2n-1)(2n)}$

（3）$\displaystyle\sum_{n=1}^{\infty}10^n x^n$

（4）$\displaystyle\sum_{n=1}^{\infty}\frac{2^n}{n^2+1}x^n$

（5）$\displaystyle\sum_{n=1}^{\infty}\frac{(x+2)^n}{\sqrt{n}}$

（6）$\displaystyle\sum_{n=1}^{\infty}\frac{x^{n-1}}{3^{n-1}n}$

（7）$\displaystyle\sum_{n=1}^{\infty}2^n(x+3)^n$

（8）$\displaystyle\sum_{n=1}^{\infty}(-1)^{n-1}\frac{(2x-3)^n}{2n-1}$

2. 求下列幂级数的和函数。

（1）$\displaystyle\sum_{n=1}^{\infty}(n+1)x^n$ 　　　　　　　　　　（2）$\displaystyle\sum_{n=0}^{\infty}(-1)^n\frac{x^{2n+1}}{2n+1}$

（3）$\displaystyle\sum_{n=1}^{\infty}n(n+1)x^n$ 　　　　　　　　　（4）$\displaystyle\sum_{n=1}^{\infty}\frac{x^n}{2n}$

7.3　泰勒展开式

正如前面两节所讨论的，无穷级数的求和是一项非常重要的工作。比如，求

$$1+x+x^2+\cdots+x^{n-1}+\cdots=\frac{1}{1-x}\quad|x|<1$$

的和。但是，有时候也需要我们做相反的工作，把一个已知函数表示成幂级数的形式。这就需要用到函数的泰勒（Taylor）展开式。

定义 7.3.1

假设函数 $f(x)$ 在点 $x=a$ 的附近具有任意阶导数，下面的幂级数

$$f(a)+\frac{f'(a)}{1!}(x-a)+\frac{f''(a)}{2!}(x-a)^2+\cdots+\frac{f^{(n)}(a)}{n!}(x-a)^n+\cdots\quad（7.3.1）$$

被称为函数 $f(x)$ 在 $x=a$ 处的泰勒级数。

但是，式（7.3.1）所示的泰勒级数是否收敛？或者，它收敛于哪个函数呢？很自然地，我们希望它收敛于 $f(x)$，因为它的系数都是由 $f(x)$ 的各阶导数确定的。我们来看下面的定理。

定理 7.3.1

如果函数 $f(x)$ 在点 $x=a$ 的附近具有任意阶的导数，那么 $f(x)$ 能够展开成泰勒级数，即

$$f(x)=f(a)+\frac{f'(a)}{1!}(x-a)+\frac{f''(a)}{2!}(x-a)^2+\cdots+\frac{f^{(n)}(a)}{n!}(x-a)^n+\cdots\quad（7.3.2）$$

的充分必要条件是

$$\lim_{n\to\infty}R_n=0$$

其中，$R_n=\dfrac{f^{(n+1)}(\xi)}{(n+1)!}(x-a)^{n+1}$ 被称为余项。其中，ξ 介于 x 与 a 之间。

定理的证明此处从略。式（7.3.2）被称为 $f(x)$ 的泰勒展开式。

在式（7.3.2）中，令 $a=0$，就变为

$$f(x)=f(0)+\frac{f'(0)}{1!}x+\frac{f''(0)}{2!}x^2+\cdots+\frac{f^{(n)}(0)}{n!}x^n+\cdots\quad（7.3.3）$$

被称为 $f(x)$ 的麦克劳林（Maclaurin）展开式。

例 7.3.1

将函数 $f(x) = \mathrm{e}^x$ 展开成 x 的幂级数。

解：因为 $f(x) = \mathrm{e}^x$，$f^{(n)}(x) = \mathrm{e}^x$，所以

$$f(0) = 1$$

$$f^{(n)}(0) = 1 \quad n = 1, 2, \cdots$$

于是，e^x 的麦克劳林展开式为

$$1 + \frac{x}{1!} + \frac{x^2}{2!} + \cdots + \frac{x^n}{n!} + \cdots$$

此级数的收敛域为 $(-\infty, \infty)$。下面再讨论 R_n，

$$\left| R_n \right| = \left| \frac{f^{(n+1)}(\xi)}{(n+1)!} x^{n+1} \right| \qquad （\xi 介于 x 与 0 之间）$$

$$= \left| \frac{\mathrm{e}^\xi}{(n+1)!} x^{n+1} \right| < \mathrm{e}^{|x|} \frac{|x|^{n+1}}{(n+1)!}$$

因为级数 $\displaystyle\sum_{n=1}^{\infty} \frac{|x|^{n+1}}{(n+1)!}$ 收敛，所以

$$\lim_{n \to \infty} \frac{|x|^{n+1}}{(n+1)!} = 0$$

于是

$$\lim_{n \to \infty} R_n = 0$$

因此，e^x 的麦克劳林展开式可写作

$$\mathrm{e}^x = 1 + \frac{x}{1!} + \frac{x^2}{2!} + \cdots + \frac{x^n}{n!} + \cdots \quad -\infty < x < \infty \tag{7.3.4}$$

上述方法被称为**直接展开法**。

特别地，在式（7.3.4）中令 $x = 1$，得

$$\mathrm{e} = 1 + \frac{1}{1!} + \frac{1}{2!} + \cdots + \frac{1}{n!} + \cdots = \lim_{n \to \infty} \left(1 + \frac{1}{n}\right)^n$$

下面我们再给出一些函数的麦克劳林展开式。

（1）三角函数

$$\sin x = x - \frac{x^3}{3!} + \frac{x^5}{5!} - \cdots + (-1)^n \frac{x^{2n+1}}{(2n+1)!} + \cdots \quad -\infty < x < \infty$$

$$\cos x = 1 - \frac{x^2}{2!} + \frac{x^4}{4!} - \cdots + (-1)^n \frac{x^{2n}}{(2n)!} + \cdots \quad -\infty < x < \infty$$

证明：因为

$$\sin\left(x + \frac{(2n+1)\pi}{2}\right) = (-1)^n \cos x \quad n = 0, 1, 2, \cdots$$

$$f^{(2n)}(x) = \sin\left(x + \frac{2n\pi}{2}\right)$$

$$f^{(2n+1)}(x) = \sin\left(x + \frac{(2n+1)\pi}{2}\right) = (-1)^n \cos x$$

所以

$$f^{(2n)}(0) = \sin\frac{2n\pi}{2} = \sin\pi x = 0$$

$$f^{(2n+1)}(0) = (-1)^n \cos 0 = (-1)^n$$

其中，$n = 0, 1, 2, \cdots$。

把上述结果代入式（7.3.3）中即可证明结论。

因为

$$\cos\left(x + \frac{(2n+1)\pi}{2}\right) = -(-1)^n \sin x$$

$$f^{(2n)}(x) = \cos\left(x + \frac{2n\pi}{2}\right)$$

$$f^{(2n+1)}(x) = \cos\left(x + \frac{(2n+1)\pi}{2}\right)$$

所以

$$f^{(2n)}(0) = \cos\frac{2n\pi}{2} = \cos n\pi = (-1)^n$$

$$f^{(2n+1)}(0) - -(-1)^n \sin 0 = 0$$

其中，$n = 0, 1, 2, \cdots$。

把上述结果代入式（7.3.3）中即可证明结论。

（2）对数函数

$$\ln(1+x) = x - \frac{x^2}{2} + \frac{x^3}{3} - \cdots + (-1)^{n-1}\frac{x^n}{n} + \cdots \quad -1 < x \leqslant 1$$

证明：由 $f(x) = \ln(1+x)$ 得

$$f(0) = \ln 1 = 0$$

$$f'(0) = (1+x)^{-1}\big|_{x=0} = 1$$

$$f''(0) = (-1)^{2-1}(2-1)!(1+x)^{-2}\big|_{x=0} = -1!$$

$$f'''(0) = (-1)^{3-1}(3-1)!(1+x)^{-3}\big|_{x=0} = 2!$$

$$\cdots$$

$$f^{(n)}(0) = (-1)^{n-1}(n-1)!(1+x)^{-n}\big|_{x=0} = (-1)^{n-1}(n-1)!$$

$$\cdots$$

把上述结果代入式（7.3.3）中，得

$$\ln(1+x) = \frac{1}{1!}x - \frac{1!}{2!}x^2 + \frac{2!}{3!}x^3 - \cdots + (-1)^{n-1}\frac{(n-1)!}{n!}x^n + \cdots$$

$$= x - \frac{x^2}{2} + \frac{x^3}{3} - \cdots + (-1)^{n-1}\frac{x^n}{n} + \cdots \quad -1 < x \leqslant 1$$

（3）二项式展开

① 当 n 为正整数时，下面的展开式被称为二项式定理。

$$(1+x)^n = 1 + \frac{n}{1!}x + \frac{n(n-1)}{2!}x^2 + \cdots + \frac{n(n-1)\cdots(n-m+1)}{m!}x^m + \cdots + nx^{n-1} + x^n$$

证明：令 $f(x) = (1+x)^n$，则

$$f'(x) = n(1+x)^{n-1}$$

$$f''(x) = n(n-1)(1+x)^{n-2}$$

$$\cdots$$

$$f^{(n)}(x) = n!$$

$$f^{(n+1)}(x) = 0$$

$$\cdots$$

所以

$$f(0) = 1, \ f'(0) = n, \ f''(0) = n(n-1), \ \cdots$$

$$f^{(n)}(0) = n!, \ f^{(n+1)}(0) = 0, \ \cdots$$

把上述各式代入式（7.3.3）中即可证明结论。

② 当 m 为有理数时，下面的幂级数被称为二项式级数。

$$(1+x)^m = 1 + \frac{m}{1!}x + \frac{m(m-1)}{2!}x^2 + \cdots + \frac{m(m-1)\cdots(m-n+1)}{n!}x^n + \cdots \quad -1 < x < 1$$

证明：令 $f(x) = (1+x)^m$，则

$$f'(x) = m(1+x)^{m-1}$$

$$f''(x) = m(m-1)(1+x)^{m-2}$$

$$\cdots$$

$$f^{(n)}(x) = m(m-1)\cdots(m-n+1)(1+x)^{m-n} \cdots$$

所以

$$f(0) = 1, \ f'(0) = m, \ f''(0) = m(m-1), \cdots$$

$$f^{(n)}(x) = m(m-1)\cdots(m-n+1), \cdots$$

把上述各式代入式（7.3.3）中即可证明结论。

根据上述结果，容易得到常用的两个结论：

$$\frac{1}{1+x} = 1 - x + x^2 - x^3 + \cdots + (-1)^n x^n + \cdots \quad -1 < x < 1$$

$$\frac{1}{1-x} = 1 + x + x^2 + x^3 + \cdots + x^n + \cdots \quad -1 < x < 1 \tag{7.3.5}$$

例 7.3.2

求证下列展开式

$$\ln\frac{1+x}{1-x} = 2\left(x + \frac{x^3}{3} + \frac{x^5}{5} + \cdots\right) \quad -1 < x < 1$$

证明：因为

$$\ln(1+x) = x - \frac{x^2}{2} + \frac{x^3}{3} - \frac{x^4}{4} + \frac{x^5}{5} - \cdots \quad -1 < x \leqslant 1$$

在上式中，将 x 换为 $-x$，得

$$\ln(1-x) = -x - \frac{x^2}{2} - \frac{x^3}{3} - \frac{x^4}{4} - \frac{x^5}{5} - \cdots \quad -1 \leqslant x < 1$$

将上述两式相减，得

$$\ln(1+x) - \ln(1-x) = \ln\frac{1+x}{1-x} = 2\left(x + \frac{x^3}{3} + \frac{x^5}{5} + \cdots\right) \quad -1 < x < 1$$

例 7.3.3

将 $\dfrac{1}{5-x}$ 展开成 $x-3$ 的幂级数。

解：

$$\frac{1}{5-x} = \frac{1}{2-(x-3)} = \frac{1}{2} \cdot \frac{1}{1-\dfrac{x-3}{2}}$$

根据式（7.3.5），得

$$\frac{1}{1-\dfrac{x-3}{2}} = 1 + \frac{x-3}{2} + \left(\frac{x-3}{2}\right)^2 + \cdots + \left(\frac{x-3}{2}\right)^n + \cdots$$

即

$$\frac{1}{5-x} = \frac{1}{2}\left(1 + \frac{x-3}{2} + \left(\frac{x-3}{2}\right)^2 + \cdots + \left(\frac{x-3}{2}\right)^n + \cdots\right)$$

$$= \frac{1}{2} + \frac{1}{2^2}(x-3) + \frac{1}{2^3}(x-3)^2 + \cdots + \frac{1}{2^n}(x-3)^{n-1} + \cdots$$

它的收敛域为 $-1 < \dfrac{x-3}{2} < 1$，即 $1 < x < 5$。

这种方法被称为**间接展开法**。

利用函数的泰勒展开式或麦克劳林展开式可以进行近似计算。

设函数 $f(x)$ 在 $x=a$ 的附近具有 $n+1$ 阶导数，当 $|x-a|$ 充分小时，泰勒展开式中的高阶微小量可以忽略不计。于是有下面的 n 次近似公式。

$$f(x) \approx f(a) + \frac{f'(a)}{1!}(x-a) + \frac{f''(a)}{2!}(x-a)^2 + \cdots + \frac{f^{(n)}(a)}{n!}(x-a)^n$$

特别地，当 $a=0$ 时，上式就变为

$$f(x) \approx f(0) + \frac{f'(0)}{1!}x + \frac{f''(0)}{2!}x^2 + \cdots + \frac{f^{(n)}(0)}{n!}x^n \quad \text{其中，}|x|\text{很小}$$

在实际应用中，更多地运用如下的一阶近似公式

$$f(x) \approx f(a) + f'(a)(x-a) \quad \text{其中,} |x-a| \text{很小} \tag{7.3.6}$$

$$f(x) \approx f(0) + f'(0)x \quad \text{其中,} |x| \text{很小} \tag{7.3.7}$$

或二阶近似公式

$$f(x) \approx f(a) + f'(a)(x-a) + \frac{f''(a)}{2!}(x-a)^2 \quad \text{其中,} |x-a| \text{很小}$$

$$f(x) \approx f(0) + f'(0)x + \frac{f''(0)}{2!}x^2 \quad \text{其中,} |x| \text{很小}$$

例 7.3.4

根据导数的定义，推导式（7.3.6），并用图说明所表达的关系。

解：根据函数 $f(x)$ 在点 $x=a$ 处导数 $f'(a)$ 的定义，得

$$f'(a) = \lim_{\Delta x \to 0} \frac{f(a+\Delta x) - f(a)}{\Delta x}$$

令 $\Delta x = x - a$，并将其代入上式，则有

$$f'(a) = \lim_{(x-a) \to 0} \frac{f(a+x-a) - f(a)}{x-a}$$

$$= \lim_{x \to a} \frac{f(x) - f(a)}{x-a} \approx \frac{f(x) - f(a)}{x-a}$$

所以

$$f'(a)(x-a) \approx f(x) - f(a) \quad \text{（当} |x-a| \text{很小时）}$$

即

$$f(x) \approx f(a) + f'(a)(x-a)$$

令上式右边等于 y，即

$$y = f(a) + f'(a)(x-a)$$

此式为函数 $y = f(x)$ 在点 $x=a$ 处的切线方程。

因此，$f(x) \approx f(a) + f'(a)(x-a)$ 所表达的意义是：在点 $x=a$ 附近，函数 $y = f(x)$ 可以用该处的切线近似表示出来，如图 7.3.1 所示。

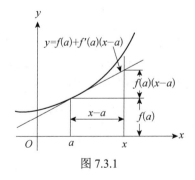

图 7.3.1

例 7.3.5

计算 arctan1.05 的近似值。

解：设 $f(x) = \arctan x$，取 $x = 1.05$，$a = 1$，于是 $|x - a| = 0.05$ 很小，则

$$f(1) = \arctan 1 = \frac{\pi}{4}$$

$$f'(a) = \frac{1}{1 + a^2} = \frac{1}{2}$$

由式（7.3.6），得

$$\arctan 1.05 \approx f(1) + f'(1) \times 0.05$$

$$= \frac{\pi}{4} + \frac{1}{2} \times 0.05 \approx 0.8104 \approx 46°26'$$

例 7.3.6

求 $e^{-0.005}$ 的近似值。

解：设 $f(x) = e^x$，则 $f'(x) = e^x$，

$$f(0) = e^0 = 1, \; f'(0) = e^0 = 1$$

因为 $|x| = |-0.005| = 0.005$ 很小，由式（7.3.7）得

$$e^{-0.005} \approx f(0) + f'(0) \times (-0.005)$$

$$= 1 - 1 \times 0.005 = 0.995$$

习题 7.3

1. 根据 $\sin x$ 的麦克劳林展开式，求 $\cos x$ 的麦克劳林展开式。

2. 利用 $\sin x$、$\cos x$、e^x 的麦克劳林展开式，证明欧拉公式

$$e^{jx} = \cos x + j\sin x$$

3. 用间接法将下列函数展开成 $x - 2$ 的幂级数，并确定其收敛区间。

（1）$f(x) = \dfrac{1}{4 - x}$ （2）$f(x) = \ln x$

（3）$f(x) = e^x$ （4）$f(x) = \dfrac{1}{x + 3}$

4. 求证下列近似公式（$|x|$ 很小）。

（1）$(1 + x)^m \approx 1 + mx$ （2）$e^x \approx 1 + x + \dfrac{x^2}{2}$

（3）$\cos x \approx 1 - \dfrac{x^2}{2}$ （4）$\ln(1 + x) \approx x - \dfrac{x^2}{2}$

5. 计算下列各数的近似值（结果精确到 0.0001）。

（1）$\sqrt{e}$ （2）$\sqrt[5]{1.2}$ （3）$\sin 18°$

6. 计算下列积分的近似值（结果精确到 0.0001）。

（1）$\displaystyle\int_0^1 \frac{\sin x}{x} \, dx$ （2）$\displaystyle\int_0^{\frac{1}{2}} e^{x^2} \, dx$

第8章 傅里叶级数

在电路分析中，大量用到脉冲、方波和半波整流电路的输出电压等，它们的波形周期都是非正弦的，分析它们的运动和变化需要运用傅里叶级数。傅里叶级数主要用来将非正弦的周期函数表示成无穷级数。本章将介绍傅里叶级数的有关知识与应用。

8.1 周期函数

定义 8.1.1

如果函数 $f(t)$ 满足关系式

$$f(t) = f(t \pm nT) \qquad (8.1.1)$$

就称 $f(t)$ 为**周期函数**，其周期为 T，n 是正整数（1，2，3，…）。图 8.1.1 所示的三角波就是一个非正弦的周期函数的图像，因为对于任意 t_0 值，都有

$$f(t_0) = f(t_0 + T) = f(t_0 - T) = f(t_0 + 2T) = \cdots$$

成立。

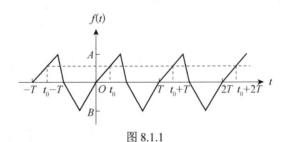

图 8.1.1

这里的周期 T 是指周期函数沿水平方向重复出现的最短时间间隔。

人们为什么会对周期函数感兴趣呢？原因之一是许多实用电源产生的波形都是周期的。比如，受正弦电源激励的整流电路产生的整流正弦波，其波形是非正弦的，但却是周期的。图 8.1.2（a）和图 8.1.2（b）分别显示了全波正弦整流波形和半波正弦整流波形。

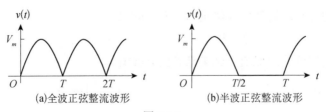

(a)全波正弦整流波形　　　　(b)半波正弦整流波形

图 8.1.2

又比如，用于控制示波器阴极射线电子束的扫描发生器，产生的周期三角波如图8.1.3所示。

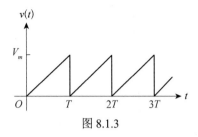

图 8.1.3

实验室测试常用的振荡器也可以产生非正弦的周期波形。在大多数测试实验室中，都可以找到能够产生方波、三角波和矩形脉冲波形的发生器。图 8.1.4 显示了几种典型波形。

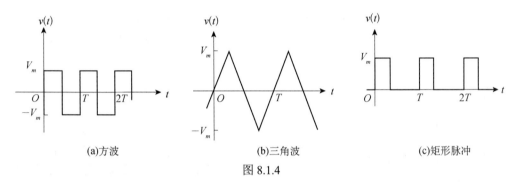

(a)方波　　　　　　　(b)三角波　　　　　　　(c)矩形脉冲

图 8.1.4

人们对周期函数感兴趣的另一个原因是，尽管发电机被设计用于产生正弦波，但实际上它不能生成纯粹的正弦波。而畸变的正弦波也是周期性的，电气工程师对产生轻微畸变的正弦电压的激励电源系统也感兴趣。最后，人们对周期函数感兴趣还源于实际电路，因为各种线性电路中的任何非线性变化都会产生非正弦的周期函数。

例 8.1.1

根据图 8.1.2（a）和图 8.1.2（b）所示波形，写出其所对应的周期函数的表达式。

解：显然，图 8.1.2（a）所示波形的周期是 T。它与函数 $f(x)=\sin x$ 在区间 $[0,\pi]$ 上的图像相同，于是，通过变换

$$x=\frac{\pi}{T}t$$

将区间 $[0,T]$ 变成区间 $[0,\pi]$，将上式代入函数 $f(x)=\sin x$，得

$$v(t)=\sin\frac{\pi}{T}t \quad 0\leqslant t\leqslant T$$

对于图 8.1.2（b），函数 $v(t)$ 在区间 $\left[0,\dfrac{T}{2}\right]$ 上与 $f(x)=\sin x$ 相等，在 $\left[\dfrac{T}{2},T\right]$ 上等于 0。令

$$x = \frac{2\pi}{T}t$$

代入函数 $f(x) = \sin x$，得

$$v(t) = \sin\frac{2\pi}{T}t$$

于是，可以把 $v(t)$ 写为

$$v(t) = \begin{cases} \sin\dfrac{2\pi}{T}t & 0 \leqslant t \leqslant \dfrac{T}{2} \\ 0 & \dfrac{T}{2} \leqslant t \leqslant T \end{cases}$$

习题 8.1

1. 写出图 8.1.3 和图 8.1.4 所示各波形对应的周期函数的表达式。
2. 根据图 8.1.5（a）和图 8.1.5（b）所示波形，求出周期函数的 ω 与 f。

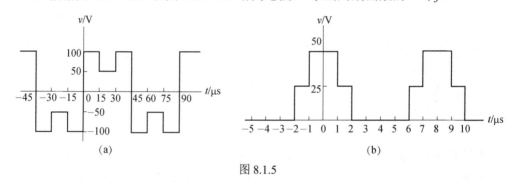

图 8.1.5

8.2　傅里叶级数

第 7 章曾讨论过一种特殊的函数项级数——幂级数，现在介绍另一种特殊的函数项级数——傅里叶级数，它在电气与电子工程领域中有非常广泛的应用。

定义 8.2.1

形如

$$a_0 + \sum_{n=1}^{\infty} (a_n \cos nx + b_n \sin nx) \tag{8.2.1}$$

的函数项级数，被称为**三角级数**。

将式（8.2.1）中所出现的三角函数系列，记为

$$\{1, \sin x, \cos x, \sin 2x, \cos 2x, \cdots, \sin nx, \cos nx, \cdots\}$$

容易证明，三角函数系列中的任意两个不同函数的乘积在区间 $[-\pi, \pi]$ 上积分均为 0。这

个性质被称为三角函数系的正交性，即

$$（1）\int_{-\pi}^{\pi} \sin nx\,\mathrm{d}x = 0$$

$$（2）\int_{-\pi}^{\pi} \cos nx\,\mathrm{d}x = 0$$

$$（3）\int_{-\pi}^{\pi} \sin mx \cos nx\,\mathrm{d}x = 0$$

$$（4）\int_{-\pi}^{\pi} \sin mx \sin nx\,\mathrm{d}x = \begin{cases} 0 & m \neq n \\ \pi & m = n \end{cases}$$

$$（5）\int_{-\pi}^{\pi} \cos mx \cos nx\,\mathrm{d}x = \begin{cases} 0 & m \neq n \\ \pi & m = n \end{cases}$$

这些结论的证明参见例 4.5.5。

法国数学家傅里叶在研究金属棒热传导问题时发现，一个周期函数可以用正交的正弦函数或余弦函数的三角级数来表示。下面讨论如何把一个周期函数展开成三角级数。

定义 8.2.2

设 $f(x)$ 是以 2π 为周期的周期函数，如果 $f(x)$ 可以展开成如下的三角级数，即

$$f(x) = a_0 + (a_1 \cos x + b_1 \sin x) + (a_2 \cos 2x + b_2 \sin 2x) + \cdots$$

或

$$f(x) = a_0 + \sum_{n=1}^{\infty} (a_n \cos nx + b_n \sin nx) \tag{8.2.2}$$

那么上式的右边被称为函数 $f(x)$ 的傅里叶级数，其中，a_0、a_n、b_n 被称为傅里叶系数。

这里，自然会出现两个问题：第一，在什么情况下，周期函数 $f(x)$ 能够展开成傅里叶级数？第二，在周期函数 $f(x)$ 能展开成傅里叶级数的情况下，如何求其中的傅里叶系数？

从应用上看，所有的周期函数都可以展开成傅里叶级数。从数学理论上讲，一个周期为 T 的函数 $f(x)$，如果满足如下的狄利克雷（Dirichlet）条件：

（1）$f(x)$ 是单值的，

（2）$f(x)$ 在一个周期内只有有限个间断点，

（3）$f(x)$ 在一个周期内至多有有限个极值点，

（4）积分

$$\int_{t_0}^{t_0+T} |f(x)|\,\mathrm{d}x$$

存在，则 $f(x)$ 就能展开成傅里叶级数。

上述条件是充分的，而不是必要的。也就是说，如果 $f(x)$ 满足了这些条件，那它就可以展开成傅里叶级数，但 $f(x)$ 展开成傅里叶级数的必要条件是未知的。事实上，任何一个由物理上可实现的信号源所产生的周期函数，都满足狄利克雷条件。

接下来解决第二个问题，如何求出傅里叶系数。

首先，在 $f(x)$ 的傅里叶级数展开式两边从 $-\pi$ 到 π 对 x 积分，得

$$\int_{-\pi}^{\pi} f(x)\mathrm{d}x = a_0 \int_{-\pi}^{\pi} \mathrm{d}x + \sum_{n=1}^{\infty}\left(a_n \int_{-\pi}^{\pi} \cos nx\mathrm{d}x + b_n \int_{-\pi}^{\pi} \sin nx\mathrm{d}x\right)$$

由三角函数系的正交性可知，上式右边括号内的各项均为 0，所以

$$\int_{-\pi}^{\pi} f(x)\mathrm{d}x = a_0[x]_{-\pi}^{\pi} = a_0[\pi-(-\pi)] = 2a_0\pi$$

$$a_0 = \frac{1}{2\pi}\int_{-\pi}^{\pi} f(x)\mathrm{d}x$$

其次，在 $f(x)$ 的傅里叶级数展开式两边同时乘以 $\cos nx$，并从 $-\pi$ 到 π 对 x 积分，得

$$\int_{-\pi}^{\pi} f(x)\cos nx\mathrm{d}x = a_0\int_{-\pi}^{\pi} \cos nx\mathrm{d}x + a_1\int_{-\pi}^{\pi} \cos x\cos nx\mathrm{d}x + a_2\int_{-\pi}^{\pi} \sin x\cos nx\mathrm{d}x + \cdots +$$

$$a_n\int_{-\pi}^{\pi} \cos 2x\cos nx\mathrm{d}x + b_0\int_{-\pi}^{\pi} \sin 2x\cos nx\mathrm{d}x + \cdots b_1\int_{-\pi}^{\pi} \cos^2 nx\mathrm{d}x + \cdots +$$

$$b_n\int_{-\pi}^{\pi} \sin nx\cos nx\mathrm{d}x$$

由三角函数系的正交性，得

$$\int_{-\pi}^{\pi} f(x)\cos nx\mathrm{d}x = a_n\int_{-\pi}^{\pi} \cos^2 nx\mathrm{d}x = a_n\pi$$

从而

$$a_n = \frac{1}{\pi}\int_{-\pi}^{\pi} f(x)\cos nx\mathrm{d}x \qquad n = 1, 2, \cdots$$

类似地，在 $f(x)$ 的傅里叶级数展开式两边同时乘以 $\sin nx$，并从 $-\pi$ 到 π 对 x 积分，得

$$b_n = \frac{1}{\pi}\int_{-\pi}^{\pi} f(x)\sin nx\mathrm{d}x \qquad n = 1, 2, \cdots$$

所以，如果函数 $f(x)$ 能够展开成傅里叶级数，那么它的傅里叶系数就可以通过下面的一组式求出。

$$a_0 = \frac{1}{2\pi}\int_{-\pi}^{\pi} f(x)\mathrm{d}x$$

$$a_n = \frac{1}{\pi}\int_{-\pi}^{\pi} f(x)\cos nx\mathrm{d}x \qquad n = 1, 2, \cdots \tag{8.2.3}$$

$$b_n = \frac{1}{\pi}\int_{-\pi}^{\pi} f(x)\sin nx\mathrm{d}x \qquad n = 1, 2, \cdots$$

例 8.2.1

设函数 $f(x)$ 是如图 8.2.1 所示的方波函数，其周期为 2π，表达式为

$$f(x) = \begin{cases} -1, & -\pi < x < 0 \\ 0, & x = 0 \\ 1, & 0 < x < \pi \end{cases}$$

试将其展开成傅里叶级数。

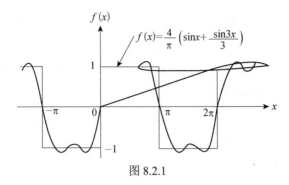

图 8.2.1

解：显然，$f(x)$ 满足狄利克雷条件。

根据式（8.2.3），得

$$a_0 = \frac{1}{2\pi}\int_{-\pi}^{\pi} f(x)\mathrm{d}x = \frac{1}{2\pi}\left[\int_{-\pi}^{0}(-1)\mathrm{d}x + \int_{0}^{\pi}1\mathrm{d}x\right]$$

$$= \frac{1}{2\pi}(-[x]_{-\pi}^{0} + [x]_{0}^{\pi})$$

$$= \frac{1}{2\pi}\left\{-\left[0-(-\pi)\right] + (\pi-0)\right\} = 0$$

$$a_n = \frac{1}{\pi}\int_{-\pi}^{\pi} f(x)\cos nx\mathrm{d}x = \frac{1}{\pi}\left[\int_{-\pi}^{0}(-\cos nx)\mathrm{d}x + \int_{0}^{\pi}\cos nx\mathrm{d}x\right]$$

$$= \frac{1}{\pi}\left(-\left[\frac{\sin nx}{n}\right]_{-\pi}^{0} + \left[\frac{\sin nx}{n}\right]_{0}^{\pi}\right) = 0 \qquad n=1,2,\cdots$$

$$b_n = \frac{1}{\pi}\int_{-\pi}^{\pi} f(x)\sin nx\mathrm{d}x = \frac{1}{\pi}\left[\int_{-\pi}^{0}(-\sin nx)\mathrm{d}x + \int_{0}^{\pi}\sin nx\mathrm{d}x\right]$$

$$= \frac{1}{\pi}\left(-\left[-\frac{\cos nx}{n}\right]_{-\pi}^{0} + \left[-\frac{\cos nx}{n}\right]_{0}^{\pi}\right)$$

$$= \frac{1}{\pi}\left[\frac{\cos 0 - \cos(-n\pi)}{n} - \frac{\cos n\pi - \cos 0}{n}\right]$$

$$= \frac{1}{\pi}\left[\frac{1-(-1)^n}{n} - \frac{(-1)^n - 1}{n}\right]$$

$$= \frac{2\left[1-(-1)^n\right]}{n\pi} = \begin{cases} 0 & n=2,4,\cdots \\ \dfrac{4}{n\pi} & n=1,3,5,\cdots \end{cases}$$

把上面各式代入式（8.2.2）中，得

$$f(x) = \frac{4}{\pi}\left(\sin x + \frac{\sin 3x}{3} + \frac{\sin 5x}{5} + \frac{\sin 7x}{7} + \cdots\right)$$

在此说明两点：

（1）图 8.2.1 中的曲线是取上式括号中的前两项时所得的，图 8.2.2 中的曲线是取上式括号中的前 4 项所得的，这表示了傅里叶级数的近似程度。图 8.2.3 中的曲线描述的是将傅里叶级数的所有项都考虑进去时的情形。因为此级数在不连续点 $x = 0, \pm\pi, \pm2\pi, \cdots$ 处不收敛，所以会产生突起。

（2）本例中，因为 $f(-x) = -f(x)$，$f(x)$ 是奇函数，从而 $a_n = 0$。此时傅里叶级数展开式中不含常数项和 $\cos nx$ 的项。

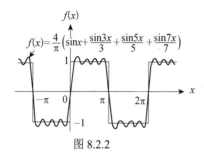

图 8.2.2

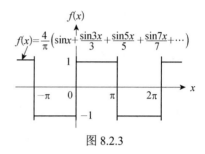

图 8.2.3

例 8.2.2

设函数 $f(x)$ 是如图 8.2.4 所示的三角形波函数，周期为 2π，其表达式为

$$f(x) = \begin{cases} -\dfrac{x}{\pi}, & -\pi \leqslant x < 0 \\[2mm] \dfrac{x}{\pi}, & 0 \leqslant x \leqslant \pi \end{cases}$$

试将其展开成傅里叶级数。

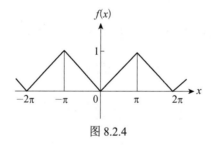

图 8.2.4

解：根据式（8.2.3），可得

$$a_0 = \frac{1}{2\pi}\int_{-\pi}^{\pi} f(x)\mathrm{d}x = \frac{1}{2\pi}\left[\int_{-\pi}^{0}\left(-\frac{x}{\pi}\right)\mathrm{d}x + \int_{0}^{\pi}\frac{x}{\pi}\mathrm{d}x\right]$$

$$= \frac{1}{2\pi^2}\left(-\left[\frac{x^2}{2}\right]_{-\pi}^{0} + \left[\frac{x^2}{2}\right]_{0}^{\pi}\right) = \frac{1}{2\pi^2}\left(-\frac{0^2 - (-\pi)^2}{2} + \frac{\pi^2 - 0^2}{2}\right) = \frac{1}{2}$$

$$a_n = \frac{1}{\pi}\int_{-\pi}^{\pi} f(x)\cos nx\,\mathrm{d}x = \frac{1}{\pi^2}\left[-\int_{-\pi}^{0} x\cos nx\,\mathrm{d}x + \int_{0}^{\pi} x\cos nx\,\mathrm{d}x\right]$$

用分部积分法，得

$$a_n = \frac{1}{\pi^2}\left\{-\left(\left[\frac{\sin nx}{n}x\right]_{-\pi}^{0} - \int_{-\pi}^{0}\frac{\sin nx}{n}\cdot 1\,\mathrm{d}x\right) + \left(\left[\frac{\sin nx}{n}x\right]_{0}^{\pi} - \int_{0}^{\pi}\frac{\sin nx}{n}\cdot 1\,\mathrm{d}x\right)\right\}$$

$$= \frac{1}{\pi^2}\left\{\left[\frac{1}{n}\left(-\frac{\cos nx}{n}\right)\right]_{-\pi}^{0} - \left[\frac{1}{n}\left(-\frac{\cos nx}{n}\right)\right]_{0}^{\pi}\right\}$$

$$= \frac{1}{n^2\pi^2}\left\{-\left[\cos 0 - \cos(-n\pi)\right] + (\cos n\pi - \cos 0)\right\}$$

$$= \frac{2\left[(-1)^n - 1\right]}{n^2\pi^2} = \begin{cases} 0 & n = 2, 4, \cdots \\ -\dfrac{4}{n^2\pi^2} & n = 1, 3, 5, \cdots \end{cases}$$

同理，可得

$$b_n = 0 \qquad n = 1, 2, \cdots$$

把上述各式代入式（8.2.2）中，得

$$f(x) = \frac{1}{2} - \frac{4}{\pi^2}\left(\frac{\cos x}{1^2} + \frac{\cos 3x}{3^2} + \frac{\cos 5x}{5^2} + \cdots\right)$$

在实际的物理问题中经常会遇到周期不是 2π 的周期函数，因此，有必要讨论周期 T 不是 2π 的函数 $f(t)$ 的傅里叶级数展开式，其中，t 表示时间变量。

事实上，通过变换 $t = \dfrac{T}{2\pi}x$，就可以把周期为 T 的函数 $f(t)$ 转换成周期为 2π 的函数，$F(x) = f\left(\dfrac{T}{2\pi}x\right)$，即

$$f(t) \xleftrightarrow{\quad t=\frac{T}{2\pi}x \quad} F(x) = f\left(\frac{T}{2\pi}x\right)$$

$$t \in [0, T] \qquad\qquad\qquad x \in [0, 2\pi]$$

把前面关于傅里叶系数的讨论运用到周期为 2π 的函数 $F(x) = f\left(\dfrac{T}{2\pi}x\right)$ 上，则有

$$F(x) = f\left(\frac{T}{2\pi}x\right) = a_0 + \sum_{n=1}^{\infty}(a_n\cos nx + b_n\sin nx)$$

其中

$$a_0 = \frac{1}{2\pi}\int_{-\pi}^{\pi} f\left(\frac{T}{2\pi}x\right)\mathrm{d}x$$

$$a_n = \frac{1}{\pi}\int_{-\pi}^{\pi} f\left(\frac{T}{2\pi}x\right)\cos nx\,\mathrm{d}x \qquad n = 1, 2, \cdots$$

$$b_n = \frac{1}{\pi}\int_{-\pi}^{\pi} f\left(\frac{T}{2\pi}x\right)\sin nx\,\mathrm{d}x \qquad n = 1, 2, \cdots$$

再令变量 $t = \dfrac{T}{2\pi}x$，则 $x = \dfrac{2\pi}{T}t = \omega t$，$\mathrm{d}x = \dfrac{2\pi}{T}\mathrm{d}t$。

将上面各式改写，得到

$$f(t) = a_0 + \sum_{n=1}^{\infty}(a_n\cos n\omega t + b_n\sin n\omega t) \tag{8.2.4}$$

其中

$$a_0 = \frac{1}{T}\int_{-\frac{T}{2}}^{\frac{T}{2}} f(t)\mathrm{d}t$$

$$a_n = \frac{2}{T}\int_{-T/2}^{T/2} f(t)\cos n\omega t\,\mathrm{d}t \qquad n = 1,2,\cdots \qquad （8.2.5）$$

$$b_n = \frac{2}{T}\int_{-T/2}^{T/2} f(t)\sin n\omega t\,\mathrm{d}t \qquad n = 1,2,\cdots$$

　　这样，我们就把任意一个周期为 T 的函数 $f(t)$ 展开成了傅里叶级数。在式（8.2.4）中，$\omega = \dfrac{2\pi}{T}$ 称为周期函数 $f(t)$ 的基频 (rad / s)。ω 的整数倍（2ω、3ω、4ω 等）称为周期函数 $f(t)$ 的谐波频率。2ω 是二次谐波，3ω 是三次谐波，$n\omega$ 是 n 次谐波。

　　从电路分析的角度看，一个非正弦的周期函数的傅里叶级数展开式意味着，将周期信号源分解为一个直流信号源 a_0 与许多正弦信号源 $a_n\cos n\omega t$ 与 $b_n\sin n\omega t$ 之和。对周期信号源激励的线性电路来说，可以运用叠加原理求其稳态响应。在具体计算时，先求出周期函数 $f(t)$ 的傅里叶级数表达式对应的各个信号源的响应，然后将单个响应相加得到总响应。

例 8.2.3

　　求如图 8.2.5 所示周期函数的傅里叶级数展开式。

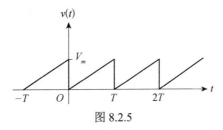

图 8.2.5

　　解：利用式（8.2.5）计算 a_0、a_n 和 b_n 时，有时需要对积分限做一些调整。对于本例来说，把积分区间设定在 0 和 T 之间能使积分变得更加简单。

　　周期函数的表达式是

$$v(t) = \frac{V_m}{T}t$$

则

$$a_0 = \frac{1}{T}\int_0^T \frac{V_m}{T}t\,\mathrm{d}t = \frac{1}{2}V_m$$

$$\begin{aligned}
a_n &= \frac{2}{T}\int_0^T \frac{V_m}{T}t\cos n\omega t\,\mathrm{d}t \\
&= \frac{2V_m}{T^2}\left[\frac{1}{n^2\omega^2}\cos n\omega t + \frac{t}{n\omega}\sin n\omega t\right]_0^T \\
&= \frac{2V_m}{T^2}\left[\frac{1}{n^2\omega^2}(\cos 2n\pi - 1)\right] = 0
\end{aligned}$$

$$b_n = \frac{2}{T} \int_0^T \frac{V_m}{T} t \sin n\omega t \, dt$$

$$= \frac{2V_m}{T^2} \left[\frac{1}{n^2 \omega^2} \sin n\omega t - \frac{t}{n\omega} \cos n\omega t \right]_0^T$$

$$= \frac{2V_m}{T^2} \left[0 - \frac{1}{n\omega} \cos 2n\pi \right] = \frac{-V_m}{n\pi}$$

所以，周期函数的傅里叶级数展开式为

$$v(t) = \frac{V_m}{2} - \frac{V_m}{\pi} \sum_{n=1}^{\infty} \frac{1}{n} \sin n\omega t$$

$$= \frac{V_m}{2} - \frac{V_m}{\pi} \sin \omega t - \frac{V_m}{2\pi} \sin 2\omega t - \frac{V_m}{3\pi} \sin 3\omega t - \cdots$$

习题 8.2

1. 设 $V_m = 9\pi \mathrm{V}$ ，求如图 8.2.6 所示的电压周期函数的傅里叶系数 a_0 、 a_n 、 b_n 。

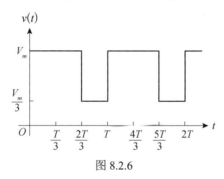

图 8.2.6

2. 根据上面的第 1 题，回答下面问题。

（1）周期电压的平均值是多少？

（2）计算 $a_1 \sim a_5$ ， $b_1 \sim b_5$ 的数值；

（3）如果 $T = 125.66 \mathrm{ms}$ ，求周期函数的基频；

（4）以赫兹（Hz）为单位，求三次谐波的频率；

（5）写出傅里叶级数的五次谐波之前的所有项。

3. 求下图所示周期电压函数的傅里叶级数展开式。

（1）求如图 8.2.7 所示方波代表的电压周期函数的傅里叶级数展开式。

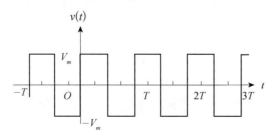

图 8.2.7

（2）求如图 8.2.8 所示全波整形正弦波代表的电压周期函数的傅里叶级数展开式。

$$v(t) = V_m \sin \frac{\pi}{T} t \qquad (0 \leqslant t \leqslant T)$$

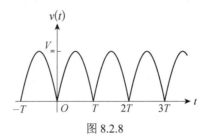

图 8.2.8

（3）求如图 8.2.9 所示半波整形正弦波代表的电压周期函数的傅里叶级数展开式。

$$v(t) = \begin{cases} V_m \sin \dfrac{2\pi}{T} t & 0 \leqslant t \leqslant \dfrac{T}{2} \\ 0 & \dfrac{T}{2} \leqslant t \leqslant T \end{cases}$$

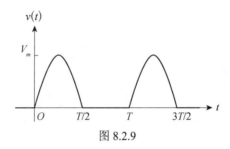

图 8.2.9

4. 已知

$$v(t) = 200 \cos \frac{2\pi}{T} t, \quad -T/4 \leqslant t \leqslant T/4$$

$$v(t) = -100 \cos \frac{2\pi}{T} t, \quad T/4 < t \leqslant 3T/4$$

求如图 8.2.10 所示电压周期函数的傅里叶级数展开式。

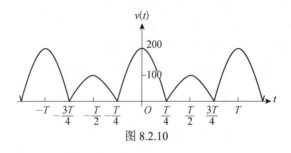

图 8.2.10

8.3 对称性对傅里叶系数的影响

通常情况下，求傅里叶系数的工作是冗长且乏味的，因此对这项工作的任何简化是有益的。本节将讨论函数对称性对傅里叶系数的影响。

偶函数对称和奇函数对称可以简化傅里叶系数的计算。

1. 偶函数对称

如果周期函数 $f(t)$ 是偶函数，即 $f(-t) = f(t)$，那么傅里叶系数公式可简化为

$$a_0 = \frac{2}{T}\int_0^{T/2} f(t)\mathrm{d}t$$

$$a_n = \frac{4}{T}\int_0^{T/2} f(t)\cos n\omega t \mathrm{d}t \qquad n = 1, 2, \cdots \qquad (8.3.1)$$

$$b_n = 0 \qquad\qquad\qquad n = 1, 2, \cdots$$

也就是说，当周期函数为偶函数时，所有系数 b_n 的值都等于零。这是因为 $f(t)$ 是偶函数，而 $\sin n\omega t$ 是奇函数，则 $f(t)\sin n\omega t$ 是奇函数，由定积分的性质可得，$b_n = 0$。

图 8.3.1 所示为一个周期偶函数的例子。

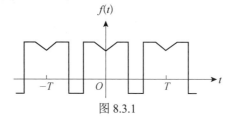

图 8.3.1

2. 奇函数对称

如果 $f(t)$ 是奇函数，即 $f(-t) = -f(t)$，此时傅里叶系数公式可简化为

$$a_0 = 0$$

$$a_n = 0 \qquad\qquad\qquad n = 1, 2, \cdots \qquad (8.3.2)$$

$$b_n = \frac{4}{T}\int_0^{T/2} f(t)\sin n\omega t \mathrm{d}t \qquad n = 1, 2, \cdots$$

也就是说，当周期函数是奇函数时，所有系数 a_n 的值都等于零。图 8.3.2 所示为一个周期奇函数的例子。

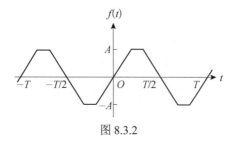

图 8.3.2

需要注意的是，沿着时间轴平移函数虽然不影响函数的周期性，但可能会破坏周期函数的奇偶性。换言之，适当地选择坐标原点位置，可以将一个周期函数变成奇函数或偶函数。例如，图 8.3.3（a）所示的三角形函数既不是奇函数也不是偶函数。然而，可将该函数平移变成图 8.3.3（b）所示的偶函数，也可将它平移变成图 8.3.3（c）所示的

奇函数。

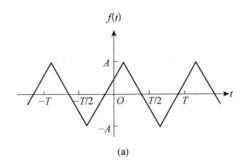

(a)

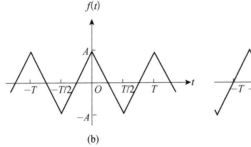

(b)

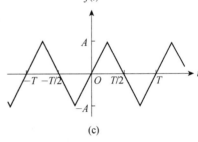

(c)

图 8.3.3

例 8.3.1

如图 8.3.4 所示，求该周期函数的傅里叶级数展开式。

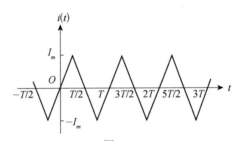

图 8.3.4

解：因为该周期函数是奇函数，所以

$$a_n = 0 \qquad n = 1, 2, \cdots$$

$$b_n = \frac{4}{T} \int_0^{T/2} i(t) \sin n\omega t \mathrm{d}t$$

$i(t)$ 的表达式为

$$i(t) = \begin{cases} \dfrac{4I_m}{T} t & 0 \leqslant t < T/4 \\[2mm] -\dfrac{4I_m}{T} t + 2I_m & T/4 \leqslant t \leqslant T/2 \end{cases}$$

因此

$$b_n = \frac{4}{T}\int_0^{T/4} \frac{4I_m}{T} t \sin n\omega t\,dt + \frac{4}{T}\int_{T/4}^{T/2}\left(-\frac{4I_m}{T}t + 2I_m\right)\sin n\omega t\,dt$$

$$= \frac{16I_m}{T^2}\int_0^{\frac{T}{4}} t\sin n\omega t\,dt - \frac{16I_m}{T^2}\int_{\frac{T}{4}}^{\frac{T}{2}} t\sin n\omega t\,dt + \frac{8I_m}{T}\int_{\frac{T}{4}}^{\frac{T}{2}} \sin n\omega t\,dt$$

$$= \frac{16I_m}{T^2}\left[\frac{1}{n^2\omega^2}\sin n\omega t - \frac{1}{n\omega} t\cos n\omega t\right]_0^{\frac{T}{4}} - \frac{16I_m}{T^2}\left[\frac{1}{n^2\omega^2}\sin n\omega t - \frac{1}{n\omega} t\cos n\omega t\right]_{\frac{T}{4}}^{\frac{T}{2}} - \frac{8I_m}{Tn\omega}[\cos n\omega t]_{\frac{T}{4}}^{\frac{T}{2}}$$

$$= \frac{32I_m}{T^2}\left[\frac{1}{n^2\omega^2}\sin\frac{n\pi}{2} - \frac{1}{n\omega}\frac{T}{4}\cos\frac{n\pi}{2}\right] - \frac{16I_m}{T^2}\left[\frac{1}{n^2\omega^2}\sin n\pi - \frac{1}{n\omega}\frac{T}{2}\cos n\pi\right] - \frac{8I_m}{Tn\omega}\left[\cos n\pi - \cos\frac{n\pi}{2}\right]$$

$$= \frac{32I_m}{T^2}\left[\frac{1}{n^2\omega^2}\sin\frac{n\pi}{2} - \frac{\pi}{2n\omega^2}\cos\frac{n\pi}{2}\right] + \frac{4I_m}{n\pi}\cos\frac{n\pi}{2}$$

$$= \frac{8I_m}{n^2\pi^2}\sin\frac{n\pi}{2} - \frac{4I_m}{n\pi}\cos\frac{n\pi}{2} + \frac{4I_m}{n\pi}\cos\frac{n\pi}{2}$$

$$= \frac{8I_m}{n^2\pi^2}\sin\frac{n\pi}{2}$$

显然，当 n 为偶数时，$b_n = 0$。所以，该周期函数的傅里叶级数展开式为

$$i(t) = \frac{8I_m}{\pi^2}\sum_{n=1,3,5\cdots}^{\infty}\frac{1}{n^2}\sin\frac{n\pi}{2}\sin n\omega t$$

$$= \frac{8I_m}{\pi^2}\left(\sin\omega t - \frac{1}{9}\sin 3\omega t + \frac{1}{25}\sin 5\omega t - \frac{1}{49}\sin 7\omega t + \cdots\right)$$

习题 8.3

1. 如图 8.3.5 所示，求该电压周期函数的傅里叶级数。

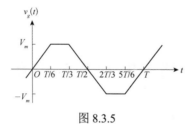

图 8.3.5

2. 如图 8.3.6 所示，求该电压周期函数的傅里叶系数，并写出 $v(t)$ 的傅里叶展开式的前四项。

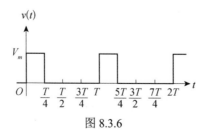

图 8.3.6

3. 已知 $v(t) = 20t\cos\dfrac{\pi}{4}t$，$-6\text{s} \leqslant t \leqslant 6\text{s}$，如果该函数是周期的，试回答：（1）该周期函数的基频(rad / s)是多少？（2）该周期函数是偶函数还是奇函数？

4. 求如图8.3.7和图8.3.8所示周期函数的傅里叶级数展开式。

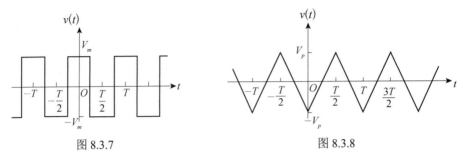

图8.3.7　　　　　　　　　　　图8.3.8

5.锯齿波函数图像

$$f(x) = \frac{x}{\pi}\ (-\pi < x < \pi)$$

如图8.3.9所示，证明其傅里叶级数展开式为

$$f(x) = \frac{2}{\pi}\left(\frac{\sin x}{1} - \frac{\sin 2x}{2} - \frac{\sin 3x}{3} - \cdots\right)$$

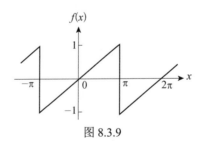

图8.3.9

8.4　傅里叶级数的三角形式

在讨论问题时，有时需要将傅里叶级数中的余弦项和正弦项合并成一个只含余弦项或只含正弦项的表达式，这样有利于简化各次谐波表示形式。

一般地，式（8.2.4）所示的傅里叶级数可以改写成

$$f(t) = a_0 + \sum_{n=1}^{\infty} A_n \cos(n\omega t - \theta_n) \tag{8.4.1}$$

其中，A_n 和 θ_n 由下式给出

$$A_n = \sqrt{a_n{}^2 + b_n{}^2}$$

$$\theta_n = \arctan\frac{b_n}{a_n}$$

式（8.4.1）被称为傅里叶级数的三角形式。

下面说明式（8.4.1）是如何得到的。

先将式（8.2.4）改写为

$$f(t) = a_0 + \sum_{n=1}^{\infty}\left[a_n \cos n\omega t + b_n \cos(n\omega t - 90°)\right] \tag{8.4.2}$$

接着用相量法将式（8.4.2）括号里的两项合并成一项，记

$$\wp\{a_n \cos n\omega t\} = a_n\angle 0°$$

$$\wp\{b_n \cos(n\omega t - 90°)\} = b_n\angle -90°$$

则

$$
\begin{aligned}
\wp\{a_n \cos n\omega t + b_n \cos(n\omega t - 90°)\} &= a_n\angle 0° + b_n\angle -90° \\
&= a_n - \mathrm{j}b_n \\
&= \sqrt{a_n^2 + b_n^2}\angle -\theta_n \\
&= A_n\angle -\theta_n
\end{aligned}
\tag{8.4.3}
$$

再对式（8.4.3）进行逆拉氏变换，得到

$$
\begin{aligned}
a_n \cos n\omega t + b_n \cos(n\omega t - 90°) &= \wp^{-1}\left[A_n\angle -\theta_n\right] \\
&= A_n \cos(n\omega t - \theta_n)
\end{aligned}
$$

如果周期函数 $f(t)$ 为偶函数，所有的 $b_n = 0$，此时 $A_n = a_n$，由 $\theta_n = \arctan\dfrac{b_n}{a_n}$ 可得 $\theta_n = 0$。

如果周期函数 $f(t)$ 为奇函数时，所有的 $a_n = 0$，此时 $A_n = b_n$，由 $\theta_n = \arctan\dfrac{b_n}{a_n}$ 可得 $\theta_n = 90°$。

例 8.4.1

如图 8.4.1 所示，计算该电压周期函数傅里叶级数的三角形式：（1）求出傅里叶系数 a_n 和 b_n 的表达式。（2）利用式（8.4.1）写出 $v(t)$ 的傅里叶级数展开式的前四项。

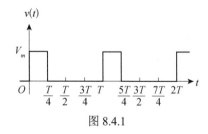

图 8.4.1

解：（1）电压 $v(t)$ 既不是偶函数也不是奇函数，由式（8.2.5）得

$$a_0 = \frac{1}{T}\int_0^{\frac{T}{4}} V_m \mathrm{d}t = \frac{V_m}{T}\cdot\frac{T}{4} = \frac{V_m}{4}$$

$$a_n = \frac{2}{T}\left[\int_0^{\frac{T}{4}} V_m \cos n\omega t \mathrm{d}t + \int_{\frac{T}{4}}^{T} 0 \times \cos n\omega t \mathrm{d}t\right]$$

$$= \frac{2V_m}{T} \left. \frac{\sin n\omega t}{n\omega} \right|_0^{\frac{T}{4}} = \frac{V_m}{n\pi} \sin \frac{n\pi}{2}$$

$$b_n = \frac{2}{T} \int_0^{\frac{T}{4}} V_m \sin n\omega t \, dt$$

$$= \frac{2V_m}{T} \left. \frac{-\cos n\omega t}{n\omega} \right|_0^{\frac{T}{4}} = \frac{V_m}{n\pi} \left(1 - \cos \frac{n\pi}{2} \right)$$

（2）当 $n = 1, 2, 3$ 时，$a_n - jb_n$ 的值分别为

$$a_1 - jb_1 = \frac{V_m}{\pi} - j\frac{V_m}{\pi} = \frac{\sqrt{2}V_m}{\pi} \angle -45°$$

$$a_2 - jb_2 = 0 - j\frac{V_m}{\pi} = \frac{V_m}{\pi} \angle -90°$$

$$a_3 - jb_3 = \frac{-V_m}{3\pi} - j\frac{V_m}{3\pi} = \frac{\sqrt{2}V_m}{3\pi} \angle -135°$$

于是，$v(t)$ 的傅里叶级数展开式为

$$v(t) = \frac{V_m}{4} + \frac{\sqrt{2}V_m}{\pi} \cos(\omega t - 45°) + \frac{V_m}{\pi} \cos(2\omega t - 90°)$$

$$+ \frac{\sqrt{2}V_m}{3\pi} \cos(3\omega t - 135°) + \cdots$$

式中，已列明前四项

习题 8.4

1. 周期函数如图 8.4.2 所示，$V_m = 9\pi \text{V}$，（1）试计算 $A_1 \sim A_5$ 和 $\theta_1 \sim \theta_5$ 的值；（2）若 $T = 125.66\text{ms}$，根据式（8.4.1）写出 $v(t)$ 傅里叶级数展开式五次谐波之前的所有项。

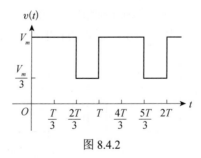

图 8.4.2

2. 某周期函数在一个周期内的表达式为

$$i(t) = \begin{cases} 4000t & 0\text{ms} \leqslant t \leqslant 1.25\text{ms} \\ 5 & 1.25\text{ms} \leqslant t \leqslant 3.75\text{ms} \\ 20 - 4000t & 3.75\text{ms} \leqslant t \leqslant 6.25\text{ms} \\ -5 & 6.25\text{ms} \leqslant t \leqslant 8.75\text{ms} \\ -40 + 4000t & 8.75\text{ms} \leqslant t \leqslant 10\text{ms} \end{cases}$$

回答下列问题。

（1）该周期函数的基频是多少？

（2）该周期函数是偶函数还是奇函数？

（3）写出 a_0、a_n 和 b_n 的表达式。

3. 求第 2 题中周期函数的傅里叶级数展开式，将其表示为三角形式。

4. 已知周期函数 $f(t) = 0.4t^2$，$-5\text{s} < t < 5\text{s}$。回答下列问题。

（1）构建一个满足上式的周期为 20s 的函数。

（2）该周期函数是奇函数还是偶函数？

（3）根据（1）中建立的周期函数，写出 $f(t)$ 的傅里叶级数展开式，再将其表示为三角形式。

第 9 章　行列式与矩阵

行列式与矩阵是非常有用的数学工具。在电路分析中，运用节点电压法和网孔电流法解决问题时会涉及线性方程组，因此，求解线性方程组是电气工程技术人员的必备知识。本章主要介绍行列式及其性质、矩阵及其运算、逆矩阵等知识。

9.1　行列式

行列式的概念是从求解线性方程组的问题中引出的，用它来描述线性方程组的解会更加简洁和清晰。现在，我们从最简单的二阶行列式入手。

定义 9.1.1

所谓**二阶行列式**是由 4 个数排列而成的一个符号：

$$\begin{vmatrix} a_{11} & a_{12} \\ a_{21} & a_{22} \end{vmatrix}$$

这个符号表示一个数值，即

$$\begin{vmatrix} a_{11} & a_{12} \\ a_{21} & a_{22} \end{vmatrix} = a_{11} \cdot a_{22} - a_{12} \cdot a_{21} \tag{9.1.1}$$

式（9.1.1）左边的符号中，横行称为行列式的行，竖列称为行列式的列，$a_{ij}\,(i, j = 1, 2)$ 称为行列式的**元素**，其中的第一个下标 i 表示元素 a_{ij} 位于第 i 行，第二个下标 j 表示元素 a_{ij} 位于第 j 列，a_{ij} 表示位于第 i 行第 j 列上的元素。左上角到右下角的对角线称为行列式的**主对角线**，左下角到右上角的对角线称为行列式的**次对角线**。

式（9.1.1）右边

$$a_{11} \cdot a_{22} - a_{12} \cdot a_{21}$$

称为**行列式的展开式**，计算出的结果称为**行列式的值**。

因此，二阶行列式表示主对角线上元素之积减去次对角线上元素之积。比如，二阶行列式

$$\begin{vmatrix} 3 & -5 \\ 4 & 2 \end{vmatrix} = 3 \times 2 - (-5) \times 4 = 26$$

三阶行列式如下：

$$\begin{vmatrix} a_{11} & a_{12} & a_{13} \\ a_{21} & a_{22} & a_{23} \\ a_{31} & a_{32} & a_{33} \end{vmatrix}$$

它有 3 行 3 列共 9 个元素，其展开式是 6 项的代数和，每一项都是行列式中位于不同行与不同列的 3 个元素的乘积，即

$$\begin{vmatrix} a_{11} & a_{12} & a_{13} \\ a_{21} & a_{22} & a_{23} \\ a_{31} & a_{32} & a_{33} \end{vmatrix} = a_{11}a_{22}a_{33} + a_{12}a_{23}a_{31} + a_{13}a_{21}a_{32} \tag{9.1.2}$$

$$- a_{13}a_{22}a_{31} - a_{11}a_{23}a_{32} - a_{12}a_{21}a_{33}$$

这种计算方法称为**行列式的对角线法则**。

例 9.1.1

计算下列行列式的值。

（1）$\begin{vmatrix} 3 & 1 \\ -5 & -2 \end{vmatrix}$
（2）$\begin{vmatrix} 2 & -1 & 4 \\ 3 & 5 & -2 \\ -1 & 2 & -1 \end{vmatrix}$

解：利用行列式的对角线法则，得

（1）$\begin{vmatrix} 3 & 1 \\ -5 & -2 \end{vmatrix} = 3 \times (-2) - (-5) \times 1 = -6 + 5 = -1$

（2）$\begin{vmatrix} 2 & -1 & 4 \\ 3 & 5 & -2 \\ -1 & 2 & -1 \end{vmatrix} = 2 \times 5 \times (-1) + 3 \times 2 \times 4 + (-1) \times (-1) \times (-2)$

$$-(-1) \times 5 \times 4 - 2 \times 2 \times (-2) - 3 \times (-1) \times (-1)$$

$$= -10 + 24 - 2 + 20 + 8 - 3 = 37$$

同理，n 阶行列式如下：

$$\begin{vmatrix} a_{11} & a_{12} & \cdots & a_{1n} \\ a_{21} & a_{22} & \cdots & a_{2n} \\ \vdots & \vdots & & \vdots \\ a_{n1} & a_{n2} & \cdots & a_{nn} \end{vmatrix}$$

它也是一个数。但是 $n(\geqslant 4)$ 阶行列式的计算不能用对角线法则。为此，我们引入如下定义。

定义 9.1.2

在 n 阶行列式

$$D = \begin{vmatrix} a_{11} & a_{12} & \cdots & a_{1n} \\ a_{21} & a_{22} & \cdots & a_{2n} \\ \vdots & \vdots & & \vdots \\ a_{n1} & a_{n2} & \cdots & a_{nn} \end{vmatrix}$$

中去掉某一个元素 $a_{ij}(i, j = 1, 2, \cdots, n)$ 所在的第 i 行上和第 j 列上的所有元素，而把余下的元素按原位置不变地排列成一个（$n-1$）阶的行列式，这个行列式称为元素 a_{ij} 的**余子式**，用 D_{ij} 表示；而式

$$A_{ij} = (-1)^{i+j} D_{ij}$$

称为元素 a_{ij} 的**代数余子式**。

例 9.1.2

求二阶行列式

$$\begin{vmatrix} a_{11} & a_{12} \\ a_{21} & a_{22} \end{vmatrix}$$

的所有余子式和代数余子式。

解：根据余子式和代数余子式的定义，得

a_{11} 的余子式 $D_{11} = a_{22}$，代数余子式 $A_{11} = (-1)^{1+1} D_{11} = a_{22}$；

a_{12} 的余子式 $D_{12} = a_{21}$，代数余子式 $A_{12} = (-1)^{1+2} D_{12} = -a_{21}$；

a_{21} 的余子式 $D_{21} = a_{12}$，代数余子式 $A_{21} = (-1)^{2+1} D_{21} = -a_{12}$；

a_{22} 的余子式 $D_{22} = a_{11}$，代数余子式 $A_{22} = (-1)^{2+2} D_{22} = a_{11}$。

例 9.1.3

求三阶行列式

$$D = \begin{vmatrix} a_{11} & a_{12} & a_{13} \\ a_{21} & a_{22} & a_{23} \\ a_{31} & a_{32} & a_{33} \end{vmatrix}$$

中的元素 a_{11}、a_{32}、a_{13} 的余子式和代数余子式。

解：a_{11} 的余子式 $D_{11} = \begin{vmatrix} a_{22} & a_{23} \\ a_{32} & a_{33} \end{vmatrix}$，代数余子式 $A_{11} = (-1)^{1+1} D_{11} = D_{11}$；

a_{32} 的余子式 $D_{32} = \begin{vmatrix} a_{11} & a_{13} \\ a_{21} & a_{23} \end{vmatrix}$，代数余子式 $A_{32} = (-1)^{3+2} D_{32} = -D_{32}$；

a_{13} 的余子式 $D_{13} = \begin{vmatrix} a_{21} & a_{22} \\ a_{31} & a_{32} \end{vmatrix}$，代数余子式 $A_{21} = (-1)^{1+3} D_{13} = D_{13}$。

二阶行列式、三阶行列式的计算除了可以用对角线法则外，还可以用下面的方法。比如，

$$\begin{vmatrix} a_{11} & a_{12} \\ a_{21} & a_{22} \end{vmatrix} = a_{11}A_{11} + a_{12}A_{12}$$

$$= a_{11}(-1)^{1+1}D_{11} + a_{12}(-1)^{1+2}D_{12} = a_{11}a_{22} - a_{12}a_{21}$$

这就是说，二阶行列式等于它的某一行上各元素与其对应的代数余子式乘积之和。

对于三阶行列式来说，也有类似结论，请读者尝试自己写出来。

一般地，n 阶行列式的计算也可用这种方法，即

n 阶行列式等于它的某一行（或列）的各元素与其对应的代数余子式乘积之和，即

$$D = \begin{vmatrix} a_{11} & a_{12} & \cdots & a_{1n} \\ a_{21} & a_{22} & \cdots & a_{2n} \\ \vdots & \vdots & & \vdots \\ a_{n1} & a_{n2} & \cdots & a_{nn} \end{vmatrix} = a_{i1}A_{i1} + a_{i2}A_{i2} + \cdots + a_{in}A_{in} \quad (i = 1, 2, \cdots, n)$$

在上式中令 $i = 1$，得

$$D = \begin{vmatrix} a_{11} & a_{12} & \cdots & a_{1n} \\ a_{21} & a_{22} & \cdots & a_{2n} \\ \vdots & \vdots & & \vdots \\ a_{n1} & a_{n2} & \cdots & a_{nn} \end{vmatrix} = a_{11}A_{11} + a_{12}A_{12} + \cdots + a_{1n}A_{1n} \tag{9.1.3}$$

我们把这种展开式称为**将行列式 D 按第一行展开**。

对于行列式的列也可以类似地展开，此处从略。

例 9.1.4

将三阶行列式 $D = \begin{vmatrix} a_{11} & a_{12} & a_{13} \\ a_{21} & a_{22} & a_{23} \\ a_{31} & a_{32} & a_{33} \end{vmatrix}$ 按第一行展开。

解：$D = \begin{vmatrix} a_{11} & a_{12} & a_{13} \\ a_{21} & a_{22} & a_{23} \\ a_{31} & a_{32} & a_{33} \end{vmatrix} = a_{11}A_{11} + a_{12}A_{12} + a_{13}A_{13}$

$$= a_{11}(-1)^{1+1}D_{11} + a_{12}(-1)^{1+2}D_{12} + a_{13}(-1)^{1+3}D_{13}$$

$$= a_{11}\begin{vmatrix} a_{22} & a_{23} \\ a_{32} & a_{33} \end{vmatrix} - a_{12}\begin{vmatrix} a_{21} & a_{23} \\ a_{31} & a_{33} \end{vmatrix} + a_{13}\begin{vmatrix} a_{21} & a_{22} \\ a_{31} & a_{32} \end{vmatrix}$$

再将上式中的二阶行列式用对角线展开，得

$$D = a_{11}a_{22}a_{33} + a_{12}a_{23}a_{31} + a_{13}a_{21}a_{32} - a_{11}a_{23}a_{32} - a_{12}a_{21}a_{33} - a_{13}a_{22}a_{31}$$

显然，这个结果与式（9.1.2）中的结果是一致的。

例 9.1.5

计算三阶行列式

$$D = \begin{vmatrix} 1 & 0 & 4 \\ 2 & 3 & -1 \\ -1 & 2 & 2 \end{vmatrix}$$

解：将行列式按第一行展开，得

$$D = 1 \times (-1)^{1+1} \begin{vmatrix} 3 & -1 \\ 2 & 2 \end{vmatrix} + 0 \times (-1)^{1+2} \begin{vmatrix} 2 & -1 \\ -1 & 2 \end{vmatrix} + 4 \times (-1)^{1+3} \begin{vmatrix} 2 & 3 \\ -1 & 2 \end{vmatrix}$$

$$= 6 + 2 + 4 \times 4 + 4 \times 3 = 36$$

读者可以用对角线法则展开，检验上述的计算结果。

例 9.1.6

计算四阶行列式

$$D = \begin{vmatrix} 2 & 1 & -1 & 6 \\ -5 & 1 & 3 & 4 \\ 2 & 0 & 1 & 0 \\ 1 & -2 & -3 & 3 \end{vmatrix}$$

解：将行列式按第一行展开，得

$$D = 2 \times (-1)^{1+1} \begin{vmatrix} 1 & 3 & 4 \\ 0 & 1 & 0 \\ -2 & -3 & 3 \end{vmatrix} + 1 \times (-1)^{1+2} \begin{vmatrix} -5 & 3 & 4 \\ 2 & 1 & 0 \\ 1 & -3 & 3 \end{vmatrix}$$

$$+ -1 \times (-1)^{1+3} \begin{vmatrix} -5 & 1 & 4 \\ 2 & 0 & 0 \\ 1 & -2 & 3 \end{vmatrix} + 6 \times (-1)^{1+4} \begin{vmatrix} -5 & 1 & 3 \\ 2 & 0 & 1 \\ 1 & -2 & -3 \end{vmatrix}$$

接下来的计算步骤请读者自行完成。

注意：（1）四阶行列式的计算不能用对角线法则；（2）在将行列式按它的某一行（列）展开时，应尽量选择含零元素较多的行（列）展开，这样能减少计算量。

习题 9.1

1. 计算下列行列式。

（1）$\begin{vmatrix} \sin\theta & -\cos\theta \\ \cos\theta & \sin\theta \end{vmatrix}$

（2）$\begin{vmatrix} 1 & 2 & 3 \\ 0 & 1 & -2 \\ 0 & 4 & 0 \end{vmatrix}$

（3）$\begin{vmatrix} 1 & 0 & 0 & 2 \\ 3 & -2 & -1 & 0 \\ 0 & 6 & 1 & 5 \\ 2 & 4 & 9 & 0 \end{vmatrix}$

（4）$\begin{vmatrix} 0 & 0 & 0 & 9 \\ 0 & 0 & 8 & 1 \\ 0 & 2 & 1 & 2 \\ 1 & 0 & 3 & 0 \end{vmatrix}$

2. 写出三阶行列式

$$\begin{vmatrix} 1 & 2 & 3 \\ 4 & 5 & 6 \\ 7 & 8 & 9 \end{vmatrix}$$

中元素 a_{13}、a_{22}、a_{32} 的代数余子式。

3. 将下列行列式 D 按第二列展开,写出第二列中各元素的代数余子式。

（1）$D = \begin{vmatrix} 3 & 2 & -1 \\ -4 & 2 & 5 \\ 0 & -1 & 7 \end{vmatrix}$
　　　　
（2）$D = \begin{vmatrix} -1 & 0 & 3 & 2 \\ 4 & -3 & 7 & 0 \\ 2 & 5 & 0 & 3 \\ 6 & 1 & 8 & -1 \end{vmatrix}$

9.2　行列式的基本性质

计算行列式的值时,虽然可以将其按某一行（或列）展开,但这不是最有效的方法。如果依据下列性质对行列式进行一些处理,会极大地提高计算效率。下面,先介绍转置行列式的概念。

将一个 n 阶行列式

$$D = \begin{vmatrix} a_{11} & a_{12} & \cdots & a_{1n} \\ a_{21} & a_{22} & \cdots & a_{2n} \\ \vdots & \vdots & & \vdots \\ a_{n1} & a_{n2} & \cdots & a_{nn} \end{vmatrix}$$

的行与列全部对应地互换位置后所得到的新行列式,称为行列式 D 的转置行列式,记为 D^T。

$$D^T = \begin{vmatrix} a_{11} & a_{21} & \cdots & a_{n1} \\ a_{12} & a_{22} & \cdots & a_{n2} \\ \vdots & \vdots & & \vdots \\ a_{1n} & a_{2n} & \cdots & a_{nn} \end{vmatrix}$$

它是将 D 的第一行放置在第一列,第二行放置在第二列,……,第 n 行放置在第 n 列而得到的。

例 9.2.1

求三阶行列式 $D = \begin{vmatrix} -3 & 2 & 0 \\ 1 & 6 & -9 \\ 10 & 7 & 8 \end{vmatrix}$ 的转置行列式。

解: D 的转置行列式为

$$D^T = \begin{vmatrix} -3 & 1 & 10 \\ 2 & 6 & 7 \\ 0 & -9 & 8 \end{vmatrix}$$

行列式具有如下重要性质，它们对行列式的计算与化简非常有用。

性质 9.2.1

行列式 D 与其转置行列式 D^T 的值相等，即 $D = D^T$。

比如，因为 $\begin{vmatrix} a_{11} & a_{12} \\ a_{21} & a_{22} \end{vmatrix} = a_{11}a_{22} - a_{12}a_{21}$，$\begin{vmatrix} a_{11} & a_{21} \\ a_{12} & a_{22} \end{vmatrix} = a_{11}a_{22} - a_{12}a_{21}$，所以

$$\begin{vmatrix} a_{11} & a_{12} \\ a_{21} & a_{22} \end{vmatrix} = \begin{vmatrix} a_{11} & a_{21} \\ a_{12} & a_{22} \end{vmatrix}$$

性质 9.2.2

交换一个行列式的任意两行（或两列），行列式的值要改变一次符号。

事实上，容易验证

$$\begin{vmatrix} a_{11} & a_{12} & a_{13} \\ a_{21} & a_{22} & a_{23} \\ a_{31} & a_{32} & a_{33} \end{vmatrix} = -\begin{vmatrix} a_{31} & a_{32} & a_{33} \\ a_{21} & a_{22} & a_{23} \\ a_{11} & a_{12} & a_{13} \end{vmatrix}$$

性质 9.2.3

如果一个行列式有两行（或列）的对应元素相等，那么此行列式的值为零。例如

$$D = \begin{vmatrix} 4 & 5 & -7 \\ 3 & -2 & 9 \\ 4 & 5 & -7 \end{vmatrix} = 0$$

因为行列式 D 的第 1 行与第 3 行的对应元素相同，由性质 9.2.2 可知，交换行列式的第 1 行与第 3 行，可得

$$D = -D$$

故 $D = 0$。

性质 9.2.4

将一个行列式某一行（或列）的所有元素都乘以同一个常数 K，等于用常数 K 乘以这个行列式。

对于二阶行列式，可以验证如下：

$$\begin{vmatrix} Ka_{11} & Ka_{12} \\ a_{21} & a_{22} \end{vmatrix} = Ka_{11}a_{22} - Ka_{12}a_{21}$$

$$= Ka_{11}a_{22} - a_{12}a_{21} = K \begin{vmatrix} a_{11} & a_{12} \\ a_{21} & a_{22} \end{vmatrix}$$

性质 9.2.5

若一个行列式某一行（或列）的所有元素均为零，则此行列式的值为零。

根据性质 9.2.4，令 $K=0$，即可证明此性质。

性质 9.2.6

将行列式某一行（或列）的所有元素都乘以同一个常数 K 后，加到另一行（或列）的对应元素上，行列式的值不变。例如

$$\begin{vmatrix} a_{11} & a_{12} & a_{13} \\ a_{21} & a_{22} & a_{23} \\ a_{31} & a_{32} & a_{33} \end{vmatrix} = \begin{vmatrix} a_{11}+Ka_{21} & a_{12}+Ka_{22} & a_{13}+Ka_{23} \\ a_{21} & a_{22} & a_{23} \\ a_{31} & a_{32} & a_{33} \end{vmatrix}$$

性质 9.2.7

如果一个行列式某一行（或列）的各元素都是两个数之和，则该行列式可以拆分为两个行列式的和。例如

$$\begin{vmatrix} a_{11}\cdots & a_{1j}+b_{1j} & \cdots & a_{1n} \\ a_{21}\cdots & a_{2j}+b_{2j} & \cdots & a_{2n} \\ \vdots & \vdots & \vdots & \\ a_{n1}\cdots & a_{nj}+b_{nj} & \cdots & a_{nn} \end{vmatrix} = \begin{vmatrix} a_{11}\cdots & a_{1j} & \cdots & a_{1n} \\ a_{21}\cdots & a_{2j} & \cdots & a_{2n} \\ \vdots & \vdots & \vdots & \\ a_{n1}\cdots & a_{nj} & \cdots & a_{nn} \end{vmatrix} + \begin{vmatrix} a_{11}\cdots & b_{1j} & \cdots & a_{1n} \\ a_{21}\cdots & b_{2j} & \cdots & a_{2n} \\ \vdots & \vdots & \vdots & \\ a_{n1}\cdots & b_{nj} & \cdots & a_{nn} \end{vmatrix}$$

注意：这里只是将第 j 列的元素进行了拆分，其他各列上的元素并没有改变。

性质 9.2.8

在 n 阶行列式 D 中，记元素 a_{ij} 的代数余子式为 A_{ij}，则

$$a_{i1}A_{j1} + a_{i2}A_{j2} + \cdots + a_{in}A_{jn} = \sum_{k=1}^{n} a_{ik}A_{jk} = \begin{cases} D, i = j \\ 0, i \neq j \end{cases}$$

证明：当 $i = j$ 时，上式变为 $a_{i1}A_{i1} + a_{i2}A_{i2} + \cdots + a_{in}A_{in} = D$，这是将行列式按第 i 行展开的。

当 $i \neq j$ 时，对于 $D = \begin{vmatrix} a_{11} & a_{12} & \cdots & a_{1n} \\ a_{21} & a_{22} & \cdots & a_{2n} \\ \vdots & \vdots & \vdots & \\ a_{n1} & a_{n2} & \cdots & a_{nn} \end{vmatrix}$，将其第一行的元素全都换成第二行的元素，

得到一个新行列式 D'。由性质 9.2.3，得

$$D' = \begin{vmatrix} a_{21} & a_{22} & \cdots & a_{2n} \\ a_{21} & a_{22} & \cdots & a_{2n} \\ \vdots & \vdots & & \vdots \\ a_{n1} & a_{n2} & \cdots & a_{nn} \end{vmatrix} = 0$$

新行列式 D' 的第一行所有元素的代数余子式与行列式 D 的第一行对应元素的代数余子式相同，都是 $A_{11}, A_{12}, \cdots, A_{1n}$。将 D' 按其第一行展开，即可得

$$a_{21} A_{11} + a_{22} A_{12} + \cdots + a_{2n} A_{1n} = 0$$

例 9.2.2

计算四阶行列式 $D = \begin{vmatrix} 4 & -2 & 2 & 2 \\ 0 & 3 & -2 & 5 \\ -3 & 2 & 6 & -1 \\ 2 & -1 & 4 & 0 \end{vmatrix}$ 的值。

解：分别把第 2 列加到第 3 列和第 4 列的对应元素上，再把第 2 列乘 2 后加到第 1 列的对应元素上，得

$$D = \begin{vmatrix} 0 & -2 & 0 & 0 \\ 6 & 3 & 1 & 8 \\ 1 & 2 & 8 & 1 \\ 0 & -1 & 3 & -1 \end{vmatrix} = 0 \times A_{11} + (-2) \times A_{12} + 0 \times A_{13} + 0 \times A_{14}$$

$$= -2 \times (-1)^{1+2} D_{12} = 2 \times \begin{vmatrix} 6 & 1 & 8 \\ 1 & 8 & 1 \\ 0 & 3 & -1 \end{vmatrix}$$

$$= 2 \times \left[6 \times 8 \times (-1) + 1 \times 3 \times 8 - 6 \times 1 \times 3 - 1 \times 1 \times (-1) \right]$$

$$= 2 \times \left[-48 + 24 - 18 + 1 \right] = -82$$

例 9.2.3

计算行列式之积 $\begin{vmatrix} a_{11} & a_{12} \\ a_{21} & a_{22} \end{vmatrix} \cdot \begin{vmatrix} b_{11} & b_{12} \\ b_{21} & b_{22} \end{vmatrix}$。

解：因为 $\begin{vmatrix} a_{11} & a_{12} \\ a_{21} & a_{22} \end{vmatrix} = a_{11} a_{22} - a_{21} a_{12}$，$\begin{vmatrix} b_{11} & b_{12} \\ b_{21} & b_{22} \end{vmatrix} = b_{11} b_{22} - b_{21} b_{12}$

所以 $\begin{vmatrix} a_{11} & a_{12} \\ a_{21} & a_{22} \end{vmatrix} \cdot \begin{vmatrix} b_{11} & b_{12} \\ b_{21} & b_{22} \end{vmatrix} = (a_{11} a_{22} - a_{21} a_{12})(b_{11} b_{22} - b_{21} b_{12})$。

在计算行列式的值时，可先利用行列式的性质，将行列式某一行（或列）的元素尽可能多地化为 0，然后再按这一行（或列）展开，使之变为低阶的行列式。重复上述操作，直到将其变为二阶行列式，即可求出行列式的值。

习题 9.2

1. 利用行列式的性质，计算下列行列式的值。

（1）$\begin{vmatrix} 2 & -3 & 5 \\ 4 & -7 & 6 \\ 4 & -6 & 10 \end{vmatrix}$
　　　　　　　　　　（2）$\begin{vmatrix} 1 & 2 & 0 \\ 0 & 1 & 0 \\ 1 & 0 & 0 \end{vmatrix}$

（3）$\begin{vmatrix} 3 & 2 & -1 \\ -4 & -7 & 5 \\ 3 & 2 & -1 \end{vmatrix}$
　　　　　　　　　（4）$\begin{vmatrix} -3 & 3 & -1 \\ 2 & -2 & 5 \\ 2 & 1 & 1 \end{vmatrix}$

2. 计算下列行列式的值。

（1）$\begin{vmatrix} 1 & 2 & 3 & 4 \\ 2 & 3 & 4 & 1 \\ 3 & 4 & 1 & 2 \\ 4 & 1 & 2 & 3 \end{vmatrix}$
　　　　　　（2）$\begin{vmatrix} 1 & 1 & 1 & 1 \\ 1 & 0 & 1 & 1 \\ 1 & 1 & 0 & 1 \\ 1 & 1 & 1 & 0 \end{vmatrix}$

3. 证明下列结论。

（1）$\begin{vmatrix} 1 & 1 & 1 \\ a & b & c \\ a^2 & b^2 & c^2 \end{vmatrix} = (a-b)(b-c)(c-a)$
　　（2）$\begin{vmatrix} a^2 & b^2 & c^2 \\ 2a & a+b & 2b \\ 1 & 1 & 1 \end{vmatrix} = (a-b)^3$

9.3　克莱姆法则

我们知道，线性方程组的解与其未知量的系数和常数项有比较密切的关系。克莱姆法就清晰地表明了这一点。

定理 9.3.1（克莱姆法则）

设 i_1、i_2 为未知数，如果 $D = \begin{vmatrix} a_{11} & a_{12} \\ a_{21} & a_{22} \end{vmatrix} \neq 0$，则线性方程组

$$\begin{cases} a_{11}\,i_1 + a_{12}\,i_2 = b_1 \\ a_{21}\,i_1 + a_{22}\,i_2 = b_2 \end{cases}$$

有唯一解，且表示为

$$\begin{cases} i_1 = \dfrac{D_1}{D} \\ i_2 = \dfrac{D_2}{D} \end{cases}$$

其中，$D = \begin{vmatrix} a_{11} & a_{12} \\ a_{21} & a_{22} \end{vmatrix}$ 称为系数行列式，$D_1 = \begin{vmatrix} b_1 & a_{12} \\ b_2 & a_{22} \end{vmatrix}$，$D_2 = \begin{vmatrix} a_{11} & b_1 \\ a_{21} & b_2 \end{vmatrix}$。

证明：记

$$a_{11}i_1 + a_{12}i_2 = b_1 \qquad\qquad ①$$

$$a_{21}i_1 + a_{22}i_2 = b_2 \qquad\qquad ②$$

由 $① \times a_{22} - ② \times a_{12}$，得

$$(a_{11}a_{22} - a_{21}a_{12})i_1 = b_1a_{22} - b_2a_{12}$$

所以

$$i_1 = \frac{b_1a_{22} - b_2a_{12}}{a_{11}a_{22} - a_{21}a_{12}} = \frac{D_1}{D}$$

同理，由 $① \times (-a_{21}) + ② \times a_{11}$，得

$$(-a_{12}a_{21} + a_{22}a_{11})i_2 = -b_1a_{21} + b_2a_{11}$$

所以

$$i_2 = \frac{a_{11}b_2 - a_{21}b_1}{a_{11}a_{22} - a_{21}a_{12}} = \frac{D_2}{D}$$

类似地，在三元线性方程组

$$\begin{cases} a_{11}i_1 + a_{12}i_2 + a_{13}i_3 = b_1 \\ a_{21}i_1 + a_{22}i_2 + a_{23}i_3 = b_2 \\ a_{31}i_1 + a_{32}i_2 + a_{33}i_3 = b_3 \end{cases}$$

中，如果系数行列式 $D = \begin{vmatrix} a_{11} & a_{12} & a_{13} \\ a_{21} & a_{22} & a_{23} \\ a_{31} & a_{32} & a_{33} \end{vmatrix} \neq 0$，则此方程组有唯一解，且可表示为

$$i_1 = \frac{D_1}{D}, \quad i_2 = \frac{D_2}{D}, \quad i_3 = \frac{D_3}{D}$$

其中，$D_1 = \begin{vmatrix} b_1 & a_{12} & a_{13} \\ b_2 & a_{22} & a_{23} \\ b_3 & a_{32} & a_{33} \end{vmatrix}$，$D_2 = \begin{vmatrix} a_{11} & b_1 & a_{13} \\ a_{21} & b_2 & a_{23} \\ a_{31} & b_3 & a_{33} \end{vmatrix}$，$D_3 = \begin{vmatrix} a_{11} & a_{12} & b_1 \\ a_{21} & a_{22} & b_2 \\ a_{31} & a_{32} & b_3 \end{vmatrix}$。

需要注意的是：

（1）用克莱姆法则解方程组有两个条件：一是未知量的个数等于方程的个数，二是系数行列式 $D \neq 0$。

（2）虽然含有多个未知量的线性方程组也可以用克莱姆法则求解，但是当方程组中的未知量个数比较多（多于3个）时，一般不用克莱姆法则求解，因为四阶行列式的运算量太大。

例 9.3.1

解方程组

$$\begin{cases} 2x + 5y = 3 \\ 4x - y = -2 \end{cases}$$

解：系数行列式 $D = \begin{vmatrix} 2 & 5 \\ 4 & -1 \end{vmatrix} = -22$

$$x = \begin{vmatrix} 3 & 5 \\ -2 & -1 \end{vmatrix} \Big/ (-22) = \frac{-3-(-10)}{-2-20} = \frac{7}{-22} = -\frac{7}{22}$$

$$y = \begin{vmatrix} 2 & 3 \\ 4 & -2 \end{vmatrix} \Big/ (-22) = \frac{-4-12}{-22} = \frac{-16}{-22} = \frac{8}{11}$$

例 9.3.2

求图 9.3.1 所示电路中的电流 I_1 和 I_2。

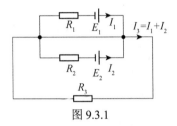

图 9.3.1

解：电流方向如图所示，由基尔霍夫电压定律，得

$$R_1 I_1 - R_2 I_2 = E_1 - E_2 \tag{①}$$
$$R_1 I_1 + R_3 I_3 = R_1 I_1 + R_3 (I_1 + I_2) = E_1 \tag{②}$$

由①和②得方程组

$$\begin{cases} R_1 I_1 \quad - R_2 I_2 = E_1 - E_2 \\ (R_1 + R_3) I_1 + R_3 I_2 = E_1 \end{cases}$$

由克莱姆法则，得

$$I_1 = \begin{vmatrix} E_1 - E_2 & -R_2 \\ E_1 & R_3 \end{vmatrix} \Big/ \begin{vmatrix} R_1 & -R_2 \\ R_1 + R_3 & R_3 \end{vmatrix}$$

$$= \frac{(E_1 - E_2)R_3 - E_1(-R_2)}{R_1 R_3 - (R_1 + R_3)(-R_2)}$$

$$= \frac{(R_2 + R_3)E_1 - R_3 E_2}{R_1 R_2 + (R_1 + R_2)R_3}$$

$$I_2 = \begin{vmatrix} R_1 & E_1 - E_2 \\ R_1 + R_3 & E_1 \end{vmatrix} \Big/ \left[R_1 R_2 + (R_1 + R_2)R_3 \right]$$

$$= \frac{R_1 E_1 - (R_1 + R_3)(E_1 - E_2)}{R_1 R_2 + (R_1 + R_2)R}$$

$$= \frac{-R_3 E_1 + (R_1 + R_3)E_2}{R_1 R_2 + (R_1 + R_2)R_3}$$

例 9.3.3

惠斯通电桥如图 9.3.2 所示，（1）求通过具有内阻 R_G 的电流表的电流 I_G；（2）求出

使 $I_G = 0$ 的条件，即求出电桥的平衡条件。

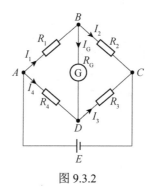

图 9.3.2

解：（1）在图 9.3.2 中，假设通过 R_1、R_2、R_3、R_4 的电流分别为 I_1、I_2、I_3、I_4。由基尔霍夫电流定律，得

$$I_1 = I_2 + I_G, \quad I_4 + I_G = I_3 \qquad ①$$

对于电路 $ABCEA$，由基尔霍夫电压定律，得

$$E = R_1 I_1 + R_2 I_2 = R_1 I_1 + R_2 (I_1 - I_G) \qquad ②$$

同样，对于电路 $ABDA$，得

$$0 = R_1 I_1 + R_G I_G - R_4 I_4 \qquad ③$$

同样，对于电路 $BCDB$，得

$$\begin{aligned} 0 &= R_2 I_2 + R_3 I_3 - R_G I_G \\ &= R_2 (I_1 - I_G) - R_3 (I_4 + I_G) - R_G I_G \end{aligned} \qquad ④$$

整理②③④，得方程组

$$\begin{cases} (R_1 + R_2) I_1 - R_2 I_G = E \\ R_1 I_1 - R_4 I_4 + R_G I_G = 0 \\ R_2 I_1 - R_3 I_4 - (R_2 + R_3 + R_G) I_G = 0 \end{cases}$$

于是

$$I_G = \frac{1}{\Delta} \begin{vmatrix} R_1 + R_2 & 0 & E \\ R_1 & -R_4 & 0 \\ R_2 & -R_3 & 0 \end{vmatrix} = \frac{(R_2 R_4 - R_1 R_3) E}{\Delta}$$

其中，$\Delta = \begin{vmatrix} R_1 + R_2 & 0 & -R_2 \\ R_1 & -R_4 & R_G \\ R_2 & -R_3 & -(R_2 + R_3 + R_G) \end{vmatrix}$

$$= (R_1 + R_2) R_4 (R_2 + R_3 + R_G) + R_2 (R_1 R_3 - R_2 R_4) + (R_1 + R_2) R_3 R_G$$

（2）令 $I_G = 0$ 得，电桥的平衡条件为

$$R_2 R_4 - R_1 R_3 = 0 \qquad 或 \qquad R_1 R_3 = R_2 R_4$$

例 9.3.4

麦克斯韦电桥如图 9.3.3 所示，（1）求出当流过接收器 R 的电流 i_R 为零时的平衡条件；（2）当 R_1、R_2、R_3、L_1 均为已知量时，求出 R_4 和 L_4。

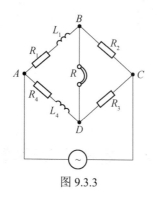

图 9.3.3

解：（1）用 $Z_1 = R_1 + j\omega L_1$ 代替 R_1，用 $Z_4 = R_4 + j\omega L_4$ 代替 R_4，根据例 9.3.3 得到的平衡条件，可知

$$Z_1 R_3 = R_2 Z_4$$

所以

$$(R_1 + j\omega L_1)R_3 = R_2(R_4 + j\omega L_4)$$

根据复数相等的意义，得平衡条件为

$$R_1 R_3 = R_2 R_4, \quad L_1 R_3 = R_2 L_4$$

（2） $R_4 = \dfrac{R_1 R_3}{R_2}$

$L_4 = \dfrac{L_1 R_3}{R_2}$

习题 9.3

1. 用克莱姆法则解下列线性方程组。

（1） $\begin{cases} i_1 + 3i_2 + 2i_3 = 0 \\ 2i_1 - i_2 + 3i_3 = 1 \\ 3i_1 - 2i_2 - i_3 = -1 \end{cases}$ （2） $\begin{cases} i_1 - i_2 + i_3 = 2 \\ i_1 + i_2 = 1 \\ i_1 + i_2 + i_3 = 8 \end{cases}$

（3） $\begin{cases} i_1 - 3i_2 + i_3 = -2 \\ 2i_1 + i_2 - i_3 = 6 \\ i_1 + 2i_2 + 2i_3 = 2 \end{cases}$

2. 在如图 9.3.4 所示电路中，为使流过电流表 G 的电流 $I_G = 0$，试求电动势 E_1、E_2 和电阻 R_1、R_2 之间的关系。图中 R_G 为 G 的内阻。

3. 维恩电桥如图 9.3.5 所示，（1）当流过内阻 R 的电流 $I_R = 0$ 时，求出维恩电桥平衡的条件；（2）如果 R_1、R_2、R_3、C_1 均为已知量，求出 R_4 和 C_4。

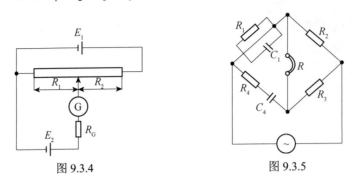

图 9.3.4　　　　　　　　图 9.3.5

9.4　矩阵及其运算

定义 9.4.1

$m \cdot n$ 个数排列成如下形式的 m 行 n 列的数表

$$
\begin{bmatrix}
a_{11} & a_{12} & \cdots & a_{1n} \\
a_{21} & a_{22} & \cdots & a_{2n} \\
\vdots & \vdots & & \vdots \\
a_{m1} & a_{m2} & \cdots & a_{mn}
\end{bmatrix}
$$

称为 **m 行 n 列的矩阵**。其中，a_{11}，a_{32},… 称为矩阵的元素，横向排列的称为行，纵向排列的称为列，a_{ij} 是第 i 行、第 j 列的元素，其中的 i 称为 a_{ij} 的行标，j 称为 a_{ij} 的列标。

上述 m 行 n 列的矩阵可简记为 $\boldsymbol{A} = [a_{ij}]_{m \times n}$。比如，$\begin{bmatrix} 1 & -4 \\ 0 & 5 \\ 3 & -6 \end{bmatrix}$ 是一个 3×2 的矩阵；

$\begin{bmatrix} a_{11} & a_{12} & a_{13} \\ a_{21} & a_{22} & a_{23} \end{bmatrix}$ 是一个 2×3 的矩阵。

当矩阵的行数与列数相等，即 $m = n$ 时，称其为 n 阶方阵。在方阵中，把其左上角与右下角的对角线称为方阵的主对角线，左下角与右上角的对角线称为方阵的次对角线。

$m = 1$ 时的矩阵称为行矩阵（行向量），比如

$$
\boldsymbol{A} = \begin{bmatrix} a_{11} & a_{12} & \cdots & a_{1n} \end{bmatrix}
$$

$n = 1$ 时的矩阵称为列矩阵（列向量），比如

$$
\boldsymbol{A} = \begin{bmatrix} a_{11} \\ a_{21} \\ \vdots \\ a_{m1} \end{bmatrix}
$$

实际上，矩阵还有其他不同的类型。比如，

（1）**零矩阵**：所有元素均为零的矩阵称为零矩阵，用 0 表示。

（2）**对角矩阵**：除了主对角线上的元素之外，其余元素均为零的方阵称为对角矩阵。例如，三阶对角矩阵为

$$A = \begin{bmatrix} a_{11} & 0 & 0 \\ 0 & a_{22} & 0 \\ 0 & 0 & a_{33} \end{bmatrix}$$

（3）**单位矩阵**：主对角线上的元素均为 1 的对角矩阵称为单位矩阵 U。例如，二阶单位矩阵、三阶单位矩阵分别为

$$U_{2\times2} = \begin{bmatrix} 1 & 0 \\ 0 & 1 \end{bmatrix} \qquad U_{3\times3} = \begin{bmatrix} 1 & 0 & 0 \\ 0 & 1 & 0 \\ 0 & 0 & 1 \end{bmatrix}$$

（4）**转置矩阵**：将矩阵 A 的行与列对应地互换位置所得到的矩阵称为 A 的转置矩阵，记为 A^T。

$$A^T = [a_{ij}]^T = [a_{ji}]$$

比如，若 $A = \begin{bmatrix} 1 & 4 \\ 2 & 5 \\ 3 & 6 \end{bmatrix}$，则 $A^T = \begin{bmatrix} 1 & 2 & 3 \\ 4 & 5 & 6 \end{bmatrix}$。

（5）**对称矩阵**：如果方阵 A 与其转置矩阵 A^T 相等，就称 A 为对称矩阵。

$$A^T = [a_{ij}]^T = [a_{ji}] = A = [a_{ij}]$$

例如，$A = \begin{bmatrix} 3 & -1 & 4 \\ -1 & 0 & 7 \\ 4 & 7 & 9 \end{bmatrix}$ 就是三阶对称矩阵。

（6）**三角矩阵**：主对角线上方的元素均为零的方阵称为下三角矩阵，比如

$$A = \begin{bmatrix} a_{11} & 0 & \cdots & 0 \\ a_{21} & a_{22} & \ddots & \\ \vdots & \vdots & \ddots & 0 \\ a_{n1} & a_{n2} & \cdots & a_{nn} \end{bmatrix}$$

是下三角矩阵。

主对角线下方的元素均为零的方阵称为上三角矩阵，比如

$$A = \begin{bmatrix} a_{11} & a_{12} & \cdots & a_{1n} \\ 0 & a_{22} & \cdots & a_{2n} \\ \vdots & \ddots & & \vdots \\ 0 & \cdots & 0 & a_{nn} \end{bmatrix}$$

是上三角矩阵。

像其他数学对象一样，我们也能对矩阵实施一些运算。设矩阵 $A = [a_{ij}]_{m\times n}$，

$B = [b_{ij}]_{m \times n}$，有如下计算法则。

（1）矩阵相等：当矩阵 A 与 B 的元素满足

$$a_{ij} = b_{ij} \qquad (i = 1, 2, \cdots, m; j = 1, 2, \cdots, n)$$

时，称矩阵 A 与 B 相等，记为 $A = B$。

（2）矩阵的和与差：

$$A \pm B = \left[a_{ij} \right] \pm \left[b_{ij} \right] = \left[a_{ij} \pm b_{ij} \right]$$

$$= \begin{bmatrix} a_{11} \pm b_{11} & a_{12} \pm b_{12} & \cdots & a_{1n} \pm b_{1n} \\ a_{21} \pm b_{21} & a_{22} \pm b_{22} & \cdots & a_{2n} \pm b_{2n} \\ \vdots & \vdots & \vdots & \vdots \\ a_{m1} \pm b_{m1} & a_{m2} \pm b_{m2} & \cdots & a_{mn} \pm b_{mn} \end{bmatrix}$$

很显然，两个矩阵只有在它们的行数与列数分别对应相等时，才能相加减。

（3）常数与矩阵之积：设 k 为任意常数，则

$$kA = [ka_{ij}]$$

（4）两个矩阵之积：m 行 n 列的矩阵与 n 行 l 列的矩阵之积是 m 行 l 列的矩阵。若矩阵 $A = [a_{ij}]_{m \times n}$，$B = [b_{ij}]_{n \times l}$，则它们的乘积为

$$A \cdot B = \left[a_{ij} \right]_{m \times n} \cdot \left[b_{ij} \right]_{n \times l} = \begin{bmatrix} a_{11} & a_{12} & \cdots & a_{1n} \\ a_{21} & a_{22} & \cdots & a_{2n} \\ \vdots & \vdots & \vdots & \vdots \\ a_{m1} & a_{m2} & \cdots & a_{mn} \end{bmatrix} \cdot \begin{bmatrix} b_{11} & b_{12} & \cdots & b_{1l} \\ b_{21} & b_{22} & \cdots & b_{2l} \\ \vdots & \vdots & \vdots & \vdots \\ b_{n1} & b_{n2} & \cdots & b_{nl} \end{bmatrix}$$

$$= \begin{bmatrix} \sum\limits_{k=1}^{n} a_{1k}b_{k1} & \sum\limits_{k=1}^{n} a_{1k}b_{k2} & \cdots & \sum\limits_{k=1}^{n} a_{1k}b_{kl} \\ \sum\limits_{k=1}^{n} a_{2k}b_{k1} & \sum\limits_{k=1}^{n} a_{2k}b_{k2} & \cdots & \sum\limits_{k=1}^{n} a_{2k}b_{kl} \\ \vdots & \vdots & \vdots & \vdots \\ \sum\limits_{k=1}^{n} a_{mk}b_{k1} & \sum\limits_{k=1}^{n} a_{mk}b_{k2} & \cdots & \sum\limits_{k=1}^{n} a_{mk}b_{kl} \end{bmatrix}_{m \times l}$$

注意，只有当左边矩阵 A 的列数与右边矩阵 B 的行数相等时，两个矩阵 A 和 B 才可以相乘。

例 9.4.1

已知矩阵 A 和 B，试计算 AB 和 BA。

（1）$A = \begin{bmatrix} 1 & -2 \\ 3 & 4 \end{bmatrix}$　　$B = \begin{bmatrix} 2 & 1 \\ -1 & 3 \end{bmatrix}$　　　　（2）$A = \begin{bmatrix} a_1 \\ a_2 \\ a_3 \end{bmatrix}$　　$B = \begin{bmatrix} b_1 & b_2 & b_3 \end{bmatrix}$

解：（1）$AB = \begin{bmatrix} 1 & -2 \\ 3 & 4 \end{bmatrix} \begin{bmatrix} 2 & 1 \\ -1 & 3 \end{bmatrix}$

$$= \begin{bmatrix} 1 \times 2 + (-2)(-1) & 1 \times 1 + (-2)3 \\ 3 \times 2 + 4(-1) & 3 \times 1 + 4 \cdot 3 \end{bmatrix}$$

$$= \begin{bmatrix} 4 & -5 \\ 2 & 15 \end{bmatrix}$$

$$\boldsymbol{BA} = \begin{bmatrix} 2 & 1 \\ -1 & 3 \end{bmatrix} \begin{bmatrix} 1 & -2 \\ 3 & 4 \end{bmatrix}$$

$$= \begin{bmatrix} 2 \times 1 + 1 \times 3 & 2(-2) + 1 \times 4 \\ -1 \times 1 + 3 \times 3 & (-1)(-2) + 3 \times 4 \end{bmatrix}$$

$$= \begin{bmatrix} 5 & 0 \\ 8 & 14 \end{bmatrix}$$

显然，$\boldsymbol{AB} \neq \boldsymbol{BA}$。

（2）$\boldsymbol{AB} = \begin{bmatrix} a_1 \\ a_2 \\ a_3 \end{bmatrix} \begin{bmatrix} b_1 & b_2 & b_3 \end{bmatrix} = \begin{bmatrix} a_1 b_1 & a_1 b_2 & a_1 b_3 \\ a_2 b_1 & a_2 b_2 & a_2 b_3 \\ a_3 b_1 & a_3 b_2 & a_3 b_3 \end{bmatrix}$

$$\boldsymbol{BA} = \begin{bmatrix} a_1 \\ a_2 \\ a_3 \end{bmatrix} \begin{bmatrix} b_1 & b_2 & b_3 \end{bmatrix} = \begin{bmatrix} a_1 b_1 + a_2 b_2 + a_3 b_3 \end{bmatrix}$$

一般地，矩阵的运算满足如下规律。

（1）**交换律**

$$\boldsymbol{A} + \boldsymbol{B} = \boldsymbol{B} + \boldsymbol{A}$$

但是 $\boldsymbol{AB} \neq \boldsymbol{BA}$，也就是说，矩阵乘法不满足交换律。

（2）**结合律**

$$(\boldsymbol{A} + \boldsymbol{B}) + \boldsymbol{C} = \boldsymbol{A} + (\boldsymbol{B} + \boldsymbol{C})$$

$$(\boldsymbol{AB})\boldsymbol{C} = \boldsymbol{A}(\boldsymbol{BC})$$

（3）**分配律**

设 λ 和 μ 为任意常数，则

$$(\lambda + \mu)\boldsymbol{A} = \lambda \boldsymbol{A} + \mu \boldsymbol{A}$$

$$\lambda(\boldsymbol{A} + \boldsymbol{B}) = \lambda \boldsymbol{A} + \lambda \boldsymbol{B}$$

$$\boldsymbol{C}(\boldsymbol{A} + \boldsymbol{B}) = \boldsymbol{CA} + \boldsymbol{CB}$$

$$(\boldsymbol{A} + \boldsymbol{B})\boldsymbol{C} = \boldsymbol{AC} + \boldsymbol{BC}$$

例 9.4.2

设矩阵

$$\boldsymbol{A} = \begin{bmatrix} 3 & 1 & 0 \\ -1 & 2 & 1 \\ 4 & 4 & 2 \end{bmatrix} \quad \boldsymbol{B} = \begin{bmatrix} 1 & 0 & 2 \\ -1 & 1 & 1 \\ 2 & 1 & 1 \end{bmatrix}$$

且 $3A-2X = B$，求矩阵 X。

解：由 $3A-2X = B$，得

$$X = \frac{1}{2}(3A - B)$$

$$= \frac{1}{2}\left(3\begin{bmatrix} 3 & 1 & 0 \\ -1 & 2 & 1 \\ 4 & 4 & 2 \end{bmatrix} - \begin{bmatrix} 1 & 0 & 2 \\ -1 & 1 & 1 \\ 2 & 1 & 1 \end{bmatrix}\right)$$

$$= \frac{1}{2}\left(\begin{bmatrix} 9 & 3 & 0 \\ -3 & 6 & 3 \\ 12 & 12 & 6 \end{bmatrix} - \begin{bmatrix} 1 & 0 & 2 \\ -1 & 1 & 1 \\ 2 & 1 & 1 \end{bmatrix}\right)$$

$$= \frac{1}{2}\begin{bmatrix} 8 & 3 & -2 \\ -2 & 5 & 2 \\ 10 & 11 & 5 \end{bmatrix} = \begin{bmatrix} 4 & 3/2 & -1 \\ -1 & 5/2 & 1 \\ 5 & 11/2 & 5/2 \end{bmatrix}$$

把 n 阶方阵 A 的元素按其原来的顺序排列的行列式，称为方阵 A 的行列式，记为 $\det A$ 或 $|A|$。比如，矩阵为

$$A = \begin{bmatrix} -2 & 5 \\ -1 & 7 \end{bmatrix}$$

则矩阵 A 的行列式表示为

$$\det A = \begin{vmatrix} -2 & 5 \\ -1 & 7 \end{vmatrix} = -14 + 5 = -9$$

方阵与行列式是两个不同的概念。方阵是一个数表，而行列式是一个数值。它们的运算规则也会不同。比如，

$$\det(A + B) \neq \det A + \det B$$

而 $\det(AB) = \det A \cdot \det B$。对此，读者可以进行验证。

习题 9.4

1. 已知矩阵

$$A = \begin{bmatrix} 1 & 1 & 0 \\ -1 & 2 & 1 \\ 0 & 1 & 0 \end{bmatrix} \qquad B = \begin{bmatrix} 1 & 0 & 2 \\ 0 & 1 & 3 \\ 2 & 2 & 1 \end{bmatrix}$$

求 $A + B$ 和 $A - 3B$。

2. 设 $3A + 2X = B$，其中

$$A = \begin{bmatrix} -2 & 5 \\ -1 & 7 \end{bmatrix} \qquad B = \begin{bmatrix} 1 & 3 \\ 0 & 2 \end{bmatrix}$$

求矩阵 X。

3. 已知

$$A = \begin{bmatrix} 2 & 1 & -4 \\ 5 & 0 & 6 \end{bmatrix}$$

求 A^T、AA^T、A^TA 。

4. 如果矩阵 A、B 都是 n 阶方阵，且 $AB = BA$，求证：

（1） $(A+B)^2 = A^2 + 2AB + B^2$

（2） $(A-B)^2 = A^2 - 2AB + B^2$

（3） $(A+B)(A-B) = A^2 - B^2$

5. 已知

$$A = \begin{bmatrix} 0 & 1 & 0 \\ 1 & 0 & 1 \\ 0 & 1 & 1 \end{bmatrix}$$

求 $\det A$ 和 $\det A^2$ 。

6. 已知

$$A = \begin{bmatrix} 0 & 1 & 0 \\ 1 & 0 & 1 \\ 0 & 1 & 1 \end{bmatrix} \qquad B = \begin{bmatrix} 1 & 0 & 3 \\ 0 & 1 & 2 \\ 3 & 0 & 4 \end{bmatrix}$$

试求 $\det A \cdot \det B$、 $\det(A+B)$、 $\det(A \cdot B)$、 $\det(B \cdot A)$ 。

7. 已知 A 为 n 阶方阵，k 是任意常数，求证： $\det(kA) = k^n \det A$ 。

9.5　逆矩阵

已知两个矩阵 A 和 B，且满足相乘的条件，可以求出这两个矩阵之积 $AB = C$ 。现在，我们提出一个相反的问题：已知两个矩阵之积 C 及其中一个矩阵 A，是否能求出另一个矩阵 B，使得 $AB = C$ 呢？

为此，我们先讨论一个简化的问题：已知方阵 A，能否求出方阵 B，使得 $AB = U$，其中，U 是单位矩阵。这就引出了下面的定义。

定义 9.5.1

设 A 为 n 阶方阵，若存在一个 n 阶方阵 B，使得
$$AB = BA = U（单位矩阵）$$
则称方阵 A 是可逆的，并称 B 为 A 的逆矩阵，记为
$$A^{-1} = B$$

例 9.5.1

已知

$$A = \begin{bmatrix} 1 & 2 \\ 2 & 3 \end{bmatrix} \qquad B = \begin{bmatrix} -3 & 2 \\ 2 & -1 \end{bmatrix}$$

试证方阵 A 是可逆的，并且 B 是 A 的逆矩阵。

证：因为

$$AB = \begin{bmatrix} 1 & 2 \\ 2 & 3 \end{bmatrix}\begin{bmatrix} -3 & 2 \\ 2 & -1 \end{bmatrix} = \begin{bmatrix} 1 & 0 \\ 0 & 1 \end{bmatrix} = U$$

$$BA = \begin{bmatrix} -3 & 2 \\ 2 & -1 \end{bmatrix}\begin{bmatrix} 1 & 2 \\ 2 & 3 \end{bmatrix} = \begin{bmatrix} 1 & 0 \\ 0 & 1 \end{bmatrix} = U$$

满足

$$AB = BA = U$$

由定义得，方阵 A 是可逆的，且

$$\begin{bmatrix} 1 & 2 \\ 2 & 3 \end{bmatrix}^{-1} = \begin{bmatrix} -3 & 2 \\ 2 & -1 \end{bmatrix}$$

所以 B 是 A 的逆矩阵

一般地，可逆矩阵具有如下性质。

（1）如果 A 是可逆的，那么 A 的逆矩阵是唯一的。

（2）如果 A 是可逆的，则 A^T 也可逆，且 $(A^T)^{-1} = (A^{-1})^T$。

（3）如果 A 和 B 是同阶的可逆矩阵，则 AB 也可逆，且 $(AB)^{-1} = B^{-1}A^{-1}$。

（4）如果 A 的行列式 $\det A \neq 0$，那么 A 是可逆的。

在此，我们略去这些性质的证明。

根据上面的性质，当矩阵 $A = [a_{ij}]$ 的行列式 $\det A \neq 0$ 时，A 必有逆矩阵。那么，如何求出 A 的逆矩阵 A^{-1} 呢？一般地，我们有如下结论：

$$A^{-1} = \frac{1}{\det A} \cdot A^* = \frac{1}{\det A} \cdot \begin{bmatrix} A_{11} & A_{21} & \cdots & A_{n1} \\ A_{12} & A_{22} & \cdots & A_{n2} \\ \vdots & \vdots & \vdots & \vdots \\ A_{1n} & A_{2n} & \cdots & A_{nn} \end{bmatrix}$$

其中，$A^* = \begin{bmatrix} A_{11} & A_{21} & \cdots & A_{n1} \\ A_{12} & A_{22} & \cdots & A_{n2} \\ \vdots & \vdots & \vdots & \vdots \\ A_{1n} & A_{2n} & \cdots & A_{nn} \end{bmatrix}$ 称为矩阵 A 的伴随矩阵。A_{ij} 是矩阵 A 的行列式 $\det A$ 中元素 a_{ij} 的代数余子式。

例 9.5.2

求矩阵 $A = \begin{bmatrix} a_{11} & a_{12} \\ a_{21} & a_{22} \end{bmatrix}$ 的逆矩阵。

解：计算矩阵 A 的行列式和下列代数余子式。

$$\det A = a_{11}a_{22} - a_{21}a_{12} \neq 0$$

$$A_{11} = (-1)^{1+1} D_{11} = a_{22}$$
$$A_{12} = (-1)^{1+2} D_{12} = -a_{21}$$
$$A_{21} = (-1)^{2+1} D_{21} = -a_{12}$$
$$A_{22} = (-1)^{2+2} D_{22} = a_{11}$$

所以

$$A^{-1} = \frac{[A_{ji}]}{\det A} = \frac{1}{\det A}\begin{bmatrix} A_{11} & A_{12} \\ A_{21} & A_{22} \end{bmatrix}^{T} = \frac{1}{\det A}\begin{bmatrix} a_{22} & -a_{12} \\ -a_{21} & a_{11} \end{bmatrix}$$

例 9.5.3

已知方阵

$$A = \begin{bmatrix} 2 & 1 & 1 \\ 3 & 1 & 2 \\ 1 & -1 & 0 \end{bmatrix}$$

判断 A 是否可逆。若 A 是可逆的，求其逆矩阵 A^{-1}。

解：因为

$$\det A = \begin{vmatrix} 2 & 1 & 1 \\ 3 & 1 & 2 \\ 1 & -1 & 0 \end{vmatrix} = 2 \neq 0$$

所以 A 可逆。

$$A_{11} = \begin{vmatrix} 1 & 2 \\ -1 & 0 \end{vmatrix} = 2, A_{21} = -\begin{vmatrix} 1 & 1 \\ -1 & 0 \end{vmatrix} = -1, A_{31} = \begin{vmatrix} 1 & 1 \\ 1 & 2 \end{vmatrix} = 1$$

$$A_{12} = -\begin{vmatrix} 3 & 2 \\ 1 & 0 \end{vmatrix} = 2, A_{22} = \begin{vmatrix} 2 & 1 \\ 1 & 0 \end{vmatrix} = -1, A_{32} = -\begin{vmatrix} 2 & 1 \\ 3 & 2 \end{vmatrix} = -1$$

$$A_{13} = \begin{vmatrix} 3 & 1 \\ 1 & -1 \end{vmatrix} = -4, A_{23} = -\begin{vmatrix} 2 & 1 \\ 1 & -1 \end{vmatrix} = 3, A_{33} = \begin{vmatrix} 2 & 1 \\ 3 & 1 \end{vmatrix} = -1$$

则 A 的伴随矩阵 $A^{*} = \begin{bmatrix} 2 & -1 & 1 \\ 2 & -1 & -1 \\ -4 & 3 & -1 \end{bmatrix}$，故

$$A^{-1} = \frac{1}{\det A} \cdot A^{*} = \frac{1}{2}\begin{bmatrix} 2 & -1 & 1 \\ 2 & -1 & -1 \\ -4 & 3 & -1 \end{bmatrix}$$

例 9.5.4

解矩阵方程。

$$\begin{bmatrix} 1 & 3 \\ 5 & 2 \end{bmatrix} X = \begin{bmatrix} 0 & 1 \\ 1 & 0 \end{bmatrix}$$

解：记 $A = \begin{bmatrix} 1 & 3 \\ 5 & 2 \end{bmatrix}$, $C = \begin{bmatrix} 0 & 1 \\ 1 & 0 \end{bmatrix}$，则方程可表示为 $AX = C$。因为

$$\det A = \begin{vmatrix} 1 & 3 \\ 5 & 2 \end{vmatrix} = -13 \neq 0$$

所以 A 可逆。A 的伴随矩阵 $A^* = \begin{bmatrix} 2 & -3 \\ -5 & 1 \end{bmatrix}$。

于是

$$A^{-1} = \frac{1}{\det A} \cdot A^* = -\frac{1}{13} \begin{bmatrix} 2 & -3 \\ -5 & 1 \end{bmatrix}$$

所以

$$X = A^{-1}C = \frac{1}{-13} \begin{bmatrix} 2 & -3 \\ -5 & 1 \end{bmatrix} \begin{bmatrix} 0 & 1 \\ 1 & 0 \end{bmatrix} = -\frac{1}{13} \begin{bmatrix} -3 & 2 \\ 5 & -5 \end{bmatrix}$$

例 9.5.5

解线性方程组。

$$\begin{cases} a_{11}x_1 + a_{12}x_2 = b_1 \\ a_{21}x_1 + a_{22}x_2 = b_2 \end{cases}$$

解：记 $A = \begin{bmatrix} a_{11} & a_{12} \\ a_{21} & a_{22} \end{bmatrix}$ 为系数矩阵，$B = \begin{bmatrix} b_1 \\ b_2 \end{bmatrix}$ 为常数项矩阵，$X = \begin{bmatrix} x_1 \\ x_2 \end{bmatrix}$ 为未知量矩阵

则

$$\begin{bmatrix} a_{11} & a_{12} \\ a_{21} & a_{22} \end{bmatrix} \begin{bmatrix} x_1 \\ x_2 \end{bmatrix} = \begin{bmatrix} a_{11}x_1 + a_{12}x_2 \\ a_{21}x_1 + a_{22}x_2 \end{bmatrix} = \begin{bmatrix} b_1 \\ b_2 \end{bmatrix}$$

从而线性方程组可改写为矩阵形式

$$AX = B$$

此时，如果系数矩阵 A 的行列式 $\det A \neq 0$，则 A 是可逆的。于是

$$X = UX = (A^{-1}A)X = A^{-1}(AX) = A^{-1}B$$

这样就求出了未知量矩阵 X。

只有系数矩阵是可逆的，线性方程组才能使用这种方法求解。

例 9.5.6

如图 9.5.1 所示，对于 4 个端子（也称 2 个端子对）组成的回路网，在输入端子 1 和 1′ 上施加电压 $\dot{V}_1$ 和电流 $\dot{I}_1$，输出端子 2 和 2′ 上施加电压 $\dot{V}_2$ 和电流 $\dot{I}_2$ 时，$\dot{V}_1$、$\dot{I}_1$ 和 $\dot{V}_2$、$\dot{I}_2$ 满足下列关系式：

$$\begin{bmatrix} \dot{V}_1 \\ \dot{I}_1 \end{bmatrix} = \begin{bmatrix} A & B \\ C & D \end{bmatrix} \begin{bmatrix} \dot{V}_2 \\ \dot{I}_2 \end{bmatrix}$$

其中，$\begin{bmatrix} A & B \\ C & D \end{bmatrix}$ 称为 4 端子矩阵或 F 矩阵，A、B、C、D 称为 4 端子常数，且满足

$$AD - BC = 1 \qquad\qquad (9.5.1)$$

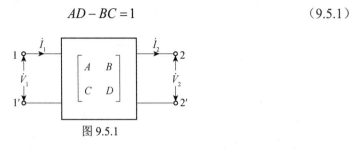

图 9.5.1

（1）在如图 9.5.2 所示的电路中求 F 矩阵，并验证式（9.5.1）成立。（2）在如图 9.5.3 所示的电路中求 F 矩阵，并验证式（9.5.1）成立。

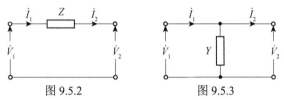

图 9.5.2　　　　　　　　　图 9.5.3

解：（1）因为 $\dot{I}_1 = \dot{I}_2$，$\dot{V}_1 - \dot{V}_2 = Z\dot{I}_1 = Z\dot{I}_2$，则

$$\dot{V}_1 = \dot{V}_2 + Z\dot{I}_2$$

$$\dot{I}_1 = 0\dot{V}_2 + \dot{I}_2$$

所以

$$\begin{bmatrix} \dot{V}_1 \\ \dot{I}_1 \end{bmatrix} = \begin{bmatrix} 1 & Z \\ 0 & 1 \end{bmatrix}\begin{bmatrix} \dot{V}_2 \\ \dot{I}_2 \end{bmatrix}$$

$$\begin{bmatrix} A & B \\ C & D \end{bmatrix} = \begin{bmatrix} 1 & Z \\ 0 & 1 \end{bmatrix}$$

于是

$$AD - BC = 1 \times 1 - Z \times 0 = 1$$

（2）因为 $\dot{V}_1 = \dot{V}_2$，$\dot{I}_1 - \dot{I}_2 = Y\dot{V}_1 = Y\dot{V}_2$，则

$$\dot{V}_1 = \dot{V}_2 + 0\dot{I}_2$$

$$\dot{I}_1 = Y\dot{V}_2 + \dot{I}_2$$

所以

$$\begin{bmatrix} \dot{V}_1 \\ \dot{I}_1 \end{bmatrix} = \begin{bmatrix} 1 & 0 \\ Y & 1 \end{bmatrix}\begin{bmatrix} \dot{V}_2 \\ \dot{I}_2 \end{bmatrix}$$

$$\begin{bmatrix} A & B \\ C & D \end{bmatrix} = \begin{bmatrix} 1 & 0 \\ Y & 1 \end{bmatrix}$$

于是

$$AD - BC = 1 \times 1 - 0 \times Y = 1$$

例 9.5.7

续接上题，在如图 9.5.4 所示的电路中，求 F 矩阵，并证明式（9.5.1）成立。

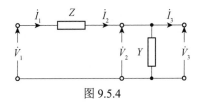

图 9.5.4

解：根据上一题的结论，可知

$$\begin{bmatrix} \dot{V}_1 \\ \dot{I}_1 \end{bmatrix} = \begin{bmatrix} 1 & Z \\ 0 & 1 \end{bmatrix}\begin{bmatrix} \dot{V}_2 \\ \dot{I}_2 \end{bmatrix} \qquad \begin{bmatrix} \dot{V}_2 \\ \dot{I}_2 \end{bmatrix} = \begin{bmatrix} 1 & 0 \\ Y & 1 \end{bmatrix}\begin{bmatrix} \dot{V}_3 \\ \dot{I}_3 \end{bmatrix}$$

所以

$$\begin{bmatrix} \dot{V}_1 \\ \dot{I}_1 \end{bmatrix} = \begin{bmatrix} 1 & Z \\ 0 & 1 \end{bmatrix}\begin{bmatrix} 1 & 0 \\ Y & 1 \end{bmatrix}\begin{bmatrix} \dot{V}_3 \\ \dot{I}_3 \end{bmatrix}$$

$$= \begin{bmatrix} 1\times1+ZY & 1\times0+Z\times1 \\ 0\times1+1Y & 0\times0+1\times1 \end{bmatrix}\begin{bmatrix} \dot{V}_3 \\ \dot{I}_3 \end{bmatrix}$$

$$= \begin{bmatrix} 1+ZY & Z \\ Y & 1 \end{bmatrix}\begin{bmatrix} \dot{V}_3 \\ \dot{I}_3 \end{bmatrix}$$

于是

$$\begin{bmatrix} A & B \\ C & D \end{bmatrix} = \begin{bmatrix} 1+ZY & Z \\ Y & 1 \end{bmatrix}$$

$$AD - BC = 1 + ZY - ZY = 1$$

习题 9.5

1. 已知 A 和 B 是同阶可逆方阵，判断 $A+B$ 是否可逆？试举例说明。

2. 设方阵 A 满足 $A^2 - A - 2U = 0$，试说明 A 是可逆的，并求其逆矩阵。

3. 已知 $AB = AC$，而方阵 A 的行列式 $\det A \neq 0$，证明 $B = C$。

4. 求下列方阵的逆矩阵。

（1）$\begin{bmatrix} 2 & 0 & 1 \\ 3 & 4 & 2 \\ 1 & -1 & 0 \end{bmatrix}$ （2）$\begin{bmatrix} 1 & 2 & 0 \\ 1 & 3 & 0 \\ 0 & 0 & 3 \end{bmatrix}$ （3）$\begin{bmatrix} 2 & 0 & 0 \\ 0 & 3 & 0 \\ 0 & 0 & 4 \end{bmatrix}$

5. 解矩阵方程。

$$\begin{bmatrix} -3 & 0 & -8 \\ 3 & 1 & 6 \\ -2 & 0 & -5 \end{bmatrix}\begin{bmatrix} x_1 \\ x_2 \\ x_3 \end{bmatrix} = \begin{bmatrix} 1 & -1 & 2 \\ -1 & 3 & 4 \\ -2 & 0 & -5 \end{bmatrix}$$

6. 利用逆矩阵解下列线性方程组。

（1）$\begin{cases} 2x_1 + x_2 + x_3 = 0 \\ x_1 - x_2 + 3x_3 = 1 \\ x_1 - 2x_2 - 4x_3 = -1 \end{cases}$ 　　　　　　　（2）$\begin{cases} 3x - y + 4z = -1 \\ x + 2y - z = 1 \\ -x + y + 2z = 0 \end{cases}$

（3）$\begin{cases} x + 3y = 1 \\ -y - z = 0 \\ -x + 4z = 0 \end{cases}$

附 表

（一）常用物理名词及其符号、单位

名词	符号（大小写）	单位（符号）
时间	t	秒（s）
角速度	ω	转/秒（rad/s）
频率	f	赫兹（Hz）
周期	T	秒（s）
电流	I, i	安[培]（A）
电阻	R	欧[姆]（Ω）
电压	$V(E), v(e)$	伏[特]（V）
电容	C	法[拉]（F）
电感	L	亨[利]（H）
功率	P	瓦[特]（W）
电导	G	西[门子]（S）
磁通量	ϕ	韦[伯]（Wb）
功	W	焦[耳]（J）
电荷量	Q	库[伦]（C）

（二）常用进制符号及其幂

进制符号（读法）	幂
n（纳）	10^{-9}
μ（微）	10^{-6}
m（毫）	10^{-3}
c（厘）	10^{-2}
d（分）	10^{-1}
k（千）	10^{3}
M（兆）	10^{6}
G（吉）	10^{9}

参考文献

[1] James W. Nilsson，Susan A. Riedel. 电路[M]. 8 版. 周玉坤，等译. 北京：电子工业出版社，2008.

[2] 邱关源. 电路[M]. 3 版. 北京：高等教育出版社，1989.

[3] 刘辉珞. 电路分析与仿真教程与实训[M]. 北京：北京大学出版社，2007.

[4] 卯本重郎. 电工数学[M]. 徐丽华译. 北京：科学出版社，2004.

[5] P. V. 奥尼尔. 高等工程数学[M]. 北京：高等教育出版社，1995.

[6] 马洁，付兴建. 控制工程数学基础[M]. 北京：清华大学出版社，2010.